シリーズ 情報科学における確率モデル 1

Series on Stochastic Models in Informatics and Data Science

統計的パターン認識と判別分析

栗田多喜夫 【共著】
日高　章理

シリーズ 情報科学における確率モデル
編集委員会

編集委員長

博士（工学）　土肥　　正（広島大学）

編 集 委 員

博士（工学）　栗田多喜夫（広島大学）

博士（工学）　岡村　寛之（広島大学）

2018 年 10 月現在

刊行のことば

　われわれを取り巻く環境は，多くの場合，確定的というよりもむしろ不確実性にさらされており，自然科学，人文・社会科学，工学のあらゆる領域において不確実な現象を定量的に取り扱う必然性が生じる．「確率モデル」とは不確実な現象を数理的に記述する手段であり，古くから多くの領域において独自のモデルが考案されてきた経緯がある．情報化社会の成熟期である現在，幅広い裾野をもつ情報科学における多様な分野においてさえも，不確実性下での現象を数理的に記述し，データに基づいた定量的分析を行う必要性が増している．

　一言で「確率モデル」といっても，その本質的な意味や粒度は各個別領域ごとに異なっている．統計物理学や数理生物学で現れる確率モデルでは，物理的な現象や実験的観測結果を数理的に記述する過程において不確実性を考慮し，さまざまな現象を説明するための描写をより精緻化することを目指している．一方，統計学やデータサイエンスの文脈で出現する確率モデルは，データ分析技術における数理的な仮定や確率分布関数そのものを表すことが多い．社会科学や工学の領域では，あらかじめモデルの抽象度を規定したうえで，人工物としてのシステムやそれによって派生する複雑な現象をモデルによって表現し，モデルの制御や評価を通じて現実に役立つ知見を導くことが目的となる．

　昨今注目を集めている，ビッグデータ解析や人工知能開発の核となる機械学習の分野においても，確率モデルの重要性は十分に認識されていることは周知の通りである．一見して，機械学習技術は，深層学習，強化学習，サポートベクターマシンといったアルゴリズムの違いに基づいた縦串の分類と，自然言語処理，音声・画像認識，ロボット制御などの応用領域の違いによる横串の分類によって特徴づけられる．しかしながら，現実の問題を「モデリング」するためには経験とセンスが必要であるため，既存の手法やアルゴリズムをそのまま

適用するだけでは不十分であることが多い。

　本シリーズでは，情報科学分野で必要とされる確率・統計技法に焦点を当て，個別分野ごとに発展してきた確率モデルに関する理論的成果をオムニバス形式で俯瞰することを目指す。各分野固有の理論的な背景を深く理解しながらも，理論展開の主役はあくまでモデリングとアルゴリズムであり，確率論，統計学，最適化理論，学習理論がコア技術に相当する。このように「確率モデル」にスポットライトを当てながら，情報科学の広範な領域を深く概観するシリーズは多く見当たらず，データサイエンス，情報工学，オペレーションズ・リサーチなどの各領域に点在していた成果をモデリングの観点からあらためて整理した内容となっている。

　本シリーズを構成する各書目は，おのおのの分野の第一線で活躍する研究者に執筆をお願いしており，初学者を対象とした教科書というよりも，各分野の体系を網羅的に著した専門書の色彩が強い。よって，基本的な数理的技法をマスターしたうえで，各分野における研究の最先端に上り詰めようとする意欲のある研究者や大学院生を読者として想定している。本シリーズの中に，読者の皆さんのアイデアやイマジネーションを掻き立てるような座右の書が含まれていたならば，編者にとっては存外の喜びである。

2018 年 11 月

編集委員長　土肥　正

まえがき

　人工知能という言葉がメディアなどでも頻繁に使われるようになり，大量の訓練データから適切なモデルを構築する機械学習が一般にも普及してきています。画像認識などの応用では，深層学習を用いたさまざまな手法が提案され，顔認識などでは人間の能力に迫る認識性能に達しています。

　パターン認識は，認識対象がいくつかのクラスに分類できるとき，観測した対象がそれらのクラスのうちのどのクラスのものかを推定する処理であると定義できます。顔認識では，顔の画像からだれかを推定します。もし対象の観測値とクラスとの確率的な関係が完全にわかっていれば，事後確率が最大となるクラスに識別する方式（ベイズ識別）が識別誤りを最小とする最適な識別方式となることが知られています。

　機械学習の最も基本的なタスクとして，回帰（regression）と識別（classification）があります。回帰では，訓練データに基づき入力から連続値の出力を予測するための関数を求めます。一方，識別では，対象を計測して得られた入力からどのクラスかを推定する関数を求めます。

　本書では，ベイズ識別の仮定と同様に，データの背後の確率的な関係が完全にわかっている場合について，変分法を用いて回帰や識別のための最適な関数を導出します。その結果，回帰のための最適な非線形関数は予測したい値（目的変数）の条件付き期待値となり，識別のための最適な非線形関数が事後確率を要素とするベクトルを出力する関数となることがわかります。このことは，回帰や識別でも，ベイズ識別と同様に，条件付き確率や事後確率が重要な役割を担っていることを示しています。また，回帰や識別のためのさまざまな手法は，条件付き確率や事後確率の有限個の訓練サンプルからの近似を通して，これらの最適な関数を近似的に実現していると解釈できることも示します。

同様に，判別分析についても，データの背後の確率的な関係が完全にわかっている場合について，判別基準を最大とする最適な判別写像を導出します。最適な非線形判別関数においても，事後確率の推定が重要な役割を担っています。線形判別分析は，事後確率の線形近似を通して，この非線形の判別写像を近似的に実現していると解釈できます。

　これらの結果の多くは，1980年代に独立行政法人産業技術総合研究所（当時は電子技術総合研究所）名誉リサーチャーの大津展之博士により導出されたものですが，本書では，それらの結果をその導出も含めて整理して紹介します。

　機械学習のための最適な関数がなにかを知り，有限個の訓練サンプルからどのようにその究極の最適な関数を近似的に実現しているかを理解するというアプローチにより，それぞれの手法の意味をより深く理解できるようになると期待しています。

　本書を執筆するにあたって，広島大学大学院工学研究科教授の土肥正氏，および岡村寛之氏からは，多くの助言をいただきました。また，コロナ社の関係各位には，いろいろと配慮していただき，心より感謝申し上げます。

2018年11月

栗田多喜夫，日高　章理

目　次

第1章　パターン認識とベイズ決定理論

1.1　パターン認識 …………………………………………………… *1*
1.2　ベイズ決定理論 ………………………………………………… *3*
　1.2.1　特徴ベクトルとクラスとの確率的関係　*3*
　1.2.2　ベイズ決定理論の定式化　*4*
　1.2.3　0-1損失の場合　*4*
1.3　正規分布の場合のベイズ識別 ………………………………… *6*
　1.3.1　二次識別関数　*6*
　1.3.2　線形識別関数　*7*
　1.3.3　テンプレートマッチング　*7*
　1.3.4　Fisher のアヤメのデータのベイズ識別　*8*

第2章　最適な回帰と識別

2.1　機　械　学　習 ………………………………………………… *10*
2.2　予測のための最適非線形回帰 ………………………………… *11*
　2.2.1　平均二乗誤差を最小とする最適な非線形関数の導出　*11*
　2.2.2　非線形回帰関数 $f_{opt}(\boldsymbol{x})$ の最適性　*13*
　2.2.3　最適な非線形回帰関数 $f_{opt}(\boldsymbol{x})$ で達成される誤差　*13*
　2.2.4　最適な非線形回帰関数の統計量　*14*
2.3　識別のための最小二乗非線形関数 …………………………… *15*
　2.3.1　識別のための非線形関数を構成する方法　*15*
　2.3.2　識別のための最適な非線形回帰関数で達成される平均二乗誤差　*17*
2.4　識別のための非線形識別関数 ………………………………… *18*

第3章　確率分布の推定

3.1　確率分布の推定法 …… 25
3.2　パラメトリックモデルによる確率分布の推定 …… 26
　3.2.1　最　尤　法　26
　3.2.2　最尤法による確率密度関数の推定の応用　30
3.3　ノンパラメトリックモデルを用いる方法 …… 31
　3.3.1　ノンパラメトリックな確率密度関数の推定　31
　3.3.2　核関数に基づく方法　32
　3.3.3　K-最近傍法　34
　3.3.4　K-最近傍法による確率分布の推定の応用　36
3.4　セミパラメトリックな手法 …… 37
　3.4.1　混合分布モデル　38
　3.4.2　混合分布モデルのパラメータの最尤推定　39
　3.4.3　EMアルゴリズム　40
　3.4.4　混合分布モデルによる確率密度関数の推定の応用　43

第4章　予測のための線形モデル

4.1　線形回帰分析 …… 45
　4.1.1　線形回帰分析のモデル　45
　4.1.2　最小二乗法　46
　4.1.3　最適な線形回帰関数 $f_{linreg}(\boldsymbol{x})$ で達成される平均二乗誤差　48
　4.1.4　最適な線形回帰関数の統計量　48
　4.1.5　線形回帰分析の応用　50
4.2　最適な非線形回帰関数との関係 …… 58
　4.2.1　予測のための最適な線形回帰関数　58
　4.2.2　最適非線形回帰関数の線形近似　60

(2.4.1　2クラス識別の場合　18
2.4.2　Kクラスの場合　20)

4.2.3　条件付き確率の線形近似　*64*
　　4.2.4　条件付き確率の線形近似による最適な非線形回帰関数の近似　*67*
4.3　線形モデルを用いた非線形回帰 ･････････････････････････････････ *68*
　　4.3.1　多項式回帰　*69*
　　4.3.2　基底関数の線形モデルによる回帰　*70*
　　4.3.3　回帰式のカーネル関数による表現　*71*
4.4　回帰分析と汎化性能 ･･･ *73*
　　4.4.1　多項式回帰と汎化性能　*73*
　　4.4.2　モデルの良さの評価　*75*
4.5　正　則　化　回　帰 ･･･ *80*
　　4.5.1　リッジ回帰　*80*
　　4.5.2　L1 正則化回帰（lasso）　*84*

第5章　識別のための線形モデル

5.1　線形識別関数とその性質 ･･･････････････････････････････････････ *85*
　　5.1.1　線形識別関数　*85*
　　5.1.2　線形識別関数の性質　*86*
　　5.1.3　線形分離可能　*88*
5.2　単純パーセプトロン ･･･ *88*
　　5.2.1　単純パーセプトロンのモデル　*88*
　　5.2.2　単純パーセプトロンの学習　*90*
　　5.2.3　アヤメのデータの単純パーセプトロンでの識別　*91*
5.3　Adaptive Linear Neuron（ADALINE） ･････････････････････････ *92*
　　5.3.1　ADALINE のモデル　*92*
　　5.3.2　ADALINE の学習　*92*
　　5.3.3　回帰分析との関係　*94*
　　5.3.4　正則化 ADALINE　*96*
　　5.3.5　アヤメのデータの ADALINE での識別　*97*
5.4　ロジスティック回帰 ･･･ *98*
　　5.4.1　ロジスティック回帰のモデル　*98*
　　5.4.2　ロジスティック回帰のパラメータの学習　*99*

5.4.3　Fisher 情報行列を用いる学習法　*101*
　　5.4.4　正則化ロジスティック回帰　*104*
　　5.4.5　アヤメのデータのロジスティック回帰での識別　*105*
5.5　サポートベクトルマシン ･･･*107*
　　5.5.1　サポートベクトルマシンのモデル　*107*
　　5.5.2　線形分離可能な場合のパラメータの学習　*108*
　　5.5.3　線形分離可能でない場合のパラメータの学習　*111*
　　5.5.4　サポートベクトルマシンとロジスティック回帰　*113*
　　5.5.5　アヤメのデータの線形サポートベクトルマシンでの識別　*115*
5.6　多クラス識別のための線形識別関数の学習 ････････････････････････*116*
　　5.6.1　多クラス識別のための線形モデル　*116*
　　5.6.2　最小二乗線形識別関数　*116*
　　5.6.3　多項ロジスティック回帰　*122*
　　5.6.4　アヤメのデータの多クラス識別　*125*
5.7　識別のための最適な非線形関数との関係 ･････････････････････････*126*
　　5.7.1　識別のための最適な線形関数　*126*
　　5.7.2　事後確率の線形近似　*129*
5.8　多層パーセプトロン ･･*131*
　　5.8.1　多層パーセプトロンのモデル　*132*
　　5.8.2　多層パーセプトロンの能力　*132*
　　5.8.3　誤差逆伝播学習法　*133*
　　5.8.4　畳込みニューラルネットワーク（CNN）　*135*

第6章　主成分分析と判別分析

6.1　主　成　分　分　析 ･･･*136*
　　6.1.1　主成分分析の問題設定　*136*
　　6.1.2　第一主成分の導出　*138*
　　6.1.3　第二主成分の導出　*140*
　　6.1.4　高次の主成分の導出　*141*
　　6.1.5　寄与率と累積寄与率　*141*
　　6.1.6　主成分分析の適用例　*143*

6.1.7　元のデータの再構成　*144*
　　　6.1.8　主成分スコアベクトル間の距離　*146*
　6.2　線形判別分析 ……………………………………………………*147*
　　　6.2.1　一次元の判別特徴の抽出　*147*
　　　6.2.2　多次元の判別特徴の構成　*151*
　　　6.2.3　2段階写像としての判別写像　*152*
　　　6.2.4　判別特徴ベクトル間の距離　*154*
　　　6.2.5　線形判別分析の適用例　*155*

第7章　カーネル法

　7.1　カーネル法とは …………………………………………………*157*
　7.2　カーネル回帰分析 ………………………………………………*160*
　　　7.2.1　カーネル回帰分析とは　*160*
　　　7.2.2　カーネル法を用いた最小二乗識別関数の学習　*162*
　7.3　カーネルサポートベクトルマシン ……………………………*165*
　　　7.3.1　カーネルサポートベクトルマシンとは　*165*
　　　7.3.2　最適なハイパーパラメータの探索　*166*
　7.4　カーネル主成分分析 ……………………………………………*169*
　7.5　カーネル判別分析 ………………………………………………*171*
　　　7.5.1　カーネル判別分析とは　*171*
　　　7.5.2　カーネル判別分析の適用例　*173*

第8章　最適非線形判別分析と判別カーネル

　8.1　最適非線形判別写像 ……………………………………………*174*
　　　8.1.1　最適非線形判別写像の導出　*174*
　　　8.1.2　事後確率ベクトルの線形判別分析　*181*
　　　8.1.3　最適非線形判別写像の線形近似　*182*
　8.2　事後確率の近似を通した非線形判別分析 ……………………*184*
　　　8.2.1　正規分布を仮定することによる非線形判別分析　*184*

8.2.2　K-最近傍法を用いた非線形判別分析　185
　　8.2.3　ロジスティック回帰に基づく非線形判別分析　185
　　8.2.4　非線形判別空間の比較　185
8.3　判別カーネル　……………………………………………188
　　8.3.1　最適非線形判別分析の双対問題　188
　　8.3.2　有効なカーネルの条件　190
　　8.3.3　判別カーネルと周辺化カーネルの関係　191
　　8.3.4　判別カーネルの族　193

付　　録　……………………………………………197
A.1　線形代数のまとめ　……………………………………197
A.2　ベクトル・行列の微分と最適化の基礎　………………207
A.3　確率統計の基礎　………………………………………211

引用・参考文献　…………………………………………217
あとがき　…………………………………………………220
索　引　……………………………………………………222

1 パターン認識とベイズ決定理論

1.1 パターン認識

　パターン認識 (pattern recognition) は，認識対象がいくつかの概念に分類できるとき，観測されたパターンをそれらの概念のうちの一つに対応させる処理である．この概念を**クラス** (class) と呼ぶ．例えば，画像中の数字の認識では，数字の画像を 10 種類の数字 $0, 1, \cdots, 9$ のいずれかに対応させる．この場合，10 種類の数字がクラスである．

　パターンを認識するプログラムを開発するためには，まず，認識対象からなんらかの特徴量を計測（抽出）する必要がある．一般には，複数の特徴量を計測し，それらを同時に認識に用いることが多い．例えば，文字認識の場合には，スキャナなどで取り込んだ画像そのものを特徴とみなすこともあるが，文字の識別に必要な本質的な特徴のみを抽出することも多い．特徴量の例として，文字線の傾き，曲率，面積などがある．そのような特徴量は，通常，まとめて**特徴ベクトル** (feature vector) $\boldsymbol{x} = \begin{bmatrix} x_1 & x_2 & \cdots & x_M \end{bmatrix}^T$ として表される．ここで，$\boldsymbol{x}^T$ は，$\boldsymbol{x}$ の転置を表す．また，M は，特徴量の個数である．最近の**深層学習** (deep learning) では，画像や音響信号そのものを入力とすることが多い．この場合にも画像や音響信号そのものを特徴ベクトルと考えることにする．

　一般に，特徴ベクトルによって張られる空間を**特徴空間** (feature space) と呼ぶ．この場合，各パターンの特徴ベクトルは，特徴空間上の 1 点として表される．もし，特徴ベクトルの選び方が適切ならば，同じクラスの特徴ベクトルは

たがいに似ており，異なるクラスの特徴ベクトルはたがいに異なっていると考えられるので，特徴空間上では，特徴ベクトルは各クラスごとにある程度まとまった塊となるはずである．このような塊を**クラスタ**（cluster）と呼ぶ．以下の議論では，認識対象のクラスの総数を K とし，各クラスを $C_1, C_2, \cdots, C_K$ と表すことにする．

図 **1.1** は，パターン認識の過程を概念的に示したものである．

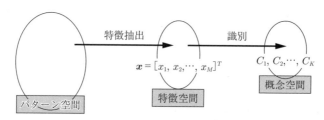

図 **1.1** パターン認識の過程

パターン認識における最も基本的な課題は，未知の認識対象を計測して得られた特徴ベクトル x からその対象がどのクラスに属するかを判定する方法を開発することである．そのためには，まず，既知の学習用のサンプル集合から特徴ベクトルとクラスとの確率的対応関係を知識として学習することが必要である．このような学習は，**教師あり学習**（supervised learning）と呼ばれている．

つぎに，学習された特徴ベクトルとクラスとの対応関係に関する確率的知識を利用して，未知の認識対象の特徴からその認識対象がどのクラスに属していたかを推定（決定）することが必要となる．その際，間違って識別する確率（誤識別率）をできるだけ小さくすることが望ましい．このような識別の問題は，認識対象に依存しないこともあって，パターン認識の初期において，**統計的決定理論**（statistical decision theory）を援用した**ベイズ決定理論**（Bayesian decision theory）として理論的に研究され，さまざまな実際的な方式が考えられている．

特に，特徴ベクトルとクラスとの確率的対応関係が完全にわかっている理想的な場合には，未知の認識対象を間違ってほかのクラスに識別する確率（誤識別率）をできるだけ小さくするような理論的に最適な識別方式が知られてい

る．これを**ベイズ識別方式**と呼ぶ．ここでは，まず，その識別方式について概説する．しかし，実際の応用では，特徴ベクトルとクラスとの確率的な対応関係が完全にわかっていることはまれであり，そのような確率的な関係をデータから推定（学習）する必要がある．そのための確率密度関数の推定法については，3章で扱う．このような確率密度関数の推定法とベイズ識別方式とを組み合わせることにより，実際的なパターン認識器を構成できるようになる．

1.2 ベイズ決定理論

パターン認識では，誤識別率をできるだけ小さくするような識別方式が最も望ましい．ここでは，まず，特徴ベクトルとクラスとの確率的な対応関係が完全にわかっている場合について，そのような識別方式を実現するための方法について述べる．この理論的に最適な識別方式がベイズ識別方式である．

1.2.1 特徴ベクトルとクラスとの確率的関係

パターン認識の問題設定では，事前確率 $P(C_k)$ と条件付き確率 $p(\boldsymbol{x}|C_k)$ は，データから比較的簡単に推定できることが多い．なお，本書では，P および p はそれぞれ離散型確率変数および連続型確率変数に対する確率を表す．

事前確率 $P(C_k)$　　識別対象がクラス C_k に属している確率 $P(C_k)$ は，**事前確率**（*prior* probability）あるいは先見確率と呼ばれている．識別対象が K 個のクラスのどれかに属しているとすると，$\sum_{k=1}^{K} P(C_k) = 1$ が満たされる．

条件付き確率 $p(\boldsymbol{x}|C_k)$　　あるクラス C_k に属する対象を計測したとき，特徴ベクトル $\boldsymbol{x}$ が観測される確率密度関数を $p(\boldsymbol{x}|C_k)$ で表す．このとき，確率密度関数の性質から $\int p(\boldsymbol{x}|C_k)d\boldsymbol{x} = 1$ が満たされる．

事前確率 $P(C_k)$ と条件付き確率 $p(\boldsymbol{x}|C_k)$ がわかれば，特徴ベクトルとクラスとの確率的な対応関係はすべて計算できる．

パターン認識で非常に重要な**事後確率**（*posterior* probability），つまり，あ

る対象から特徴ベクトル $\boldsymbol{x}$ が観測されたとき，それがクラス C_k に属している確率 $P(C_k|\boldsymbol{x})$ は，ベイズの公式（Bayes theorem）から

$$P(C_k|\boldsymbol{x}) = \frac{P(C_k)p(\boldsymbol{x}|C_k)}{p(\boldsymbol{x})} \tag{1.1}$$

のように計算できる。ここで

$$p(\boldsymbol{x}) = \sum_{k=1}^{K} P(C_k)p(\boldsymbol{x}|C_k) \tag{1.2}$$

は $\boldsymbol{x}$ の確率密度関数である。また，事後確率 $P(C_k|\boldsymbol{x})$ および $\boldsymbol{x}$ の確率密度関数 $p(\boldsymbol{x})$ についても，確率の条件

$$\sum_{k=1}^{K} P(C_k|\boldsymbol{x}) = 1, \qquad \int p(\boldsymbol{x})\,d\boldsymbol{x} = 1 \tag{1.3}$$

が成り立つ。

1.2.2 ベイズ決定理論の定式化

このように特徴ベクトルとクラスの関係が確率統計的知識として事前に完全にわかる場合には，識別の問題は以下のように統計的決定理論の枠組で完全に定式化される。

特徴ベクトル $\boldsymbol{x}$ に基づき対象がどのクラスに属するかを決定する関数を**決定関数**（decision function）または**識別関数**（classification function）と呼び，$d(\boldsymbol{x})$ とおく。クラス C_k の対象をクラス C_j に決定したときの**損失関数**（loss function）を $r(C_j|C_k)$ で表すと，損失の期待値（平均損失）は

$$R[d] = \sum_{k=1}^{K} \int r(d(\boldsymbol{x})|C_k)P(C_k|\boldsymbol{x})p(\boldsymbol{x})\,d\boldsymbol{x} \tag{1.4}$$

となる。この平均損失は決定関数の汎関数である。これを最小とする決定関数 $d(\boldsymbol{x})$ を求めるのが統計的（ベイズ）決定理論である。

1.2.3 0-1損失の場合

特に 0-1 損失，つまり，誤った識別に対して均等な損失を与える場合には，損

失関数は

$$r(C_j|C_k) = 1 - \delta_{kj} \tag{1.5}$$

で与えられる。ただし，δ_{kj} は Kronecker のデルタである。このとき，平均損失は

$$\begin{aligned}R[d] &= \sum_{k=1}^{K}\int(1-\delta_{kd(\boldsymbol{x})})P(C_k|\boldsymbol{x})p(\boldsymbol{x})\,d\boldsymbol{x} \\ &= \sum_{k=1}^{K}\int P(C_k|\boldsymbol{x})p(\boldsymbol{x})\,d\boldsymbol{x} - \sum_{k=1}^{K}\int \delta_{kd(\boldsymbol{x})}P(C_k|\boldsymbol{x})p(\boldsymbol{x})\,d\boldsymbol{x} \\ &= 1 - \int\left(\sum_{k=1}^{K}\delta_{kd(\boldsymbol{x})}P(C_k|\boldsymbol{x})\right)p(\boldsymbol{x})\,d\boldsymbol{x}\end{aligned} \tag{1.6}$$

となる。これを最小とするためには第二項の括弧内を最大とする必要がある。つまり，最適な識別関数は

$$d(\boldsymbol{x}) = C_k \quad \text{if} \quad P(C_k|\boldsymbol{x}) = \max_j P(C_j|\boldsymbol{x}) \tag{1.7}$$

となる。これは，事後確率が最大となるクラスに決定する識別方式であり，**ベイズ識別方式**と呼ばれている。

この識別関数によって達成される期待損失（最小誤識別率）は

$$P_e^* = 1 - \int \max_j P(C_j|\boldsymbol{x})p(\boldsymbol{x})d\boldsymbol{x} \tag{1.8}$$

で与えられる。

また，識別したいクラスが二つ（$K=2$）の場合には，さらに簡単になり，最適な識別方式は

$$\text{If } P(C_1|\boldsymbol{x}) \geq P(C_2|\boldsymbol{x}), \text{ then } \boldsymbol{x} \in C_1, \text{ else } \boldsymbol{x} \in C_2 \tag{1.9}$$

のように事後確率の大小を比較して識別すればよい。これは，**尤度比検定**（likelihood-ratio test）

$$\text{If } L = \frac{p(\boldsymbol{x}|C_1)}{p(\boldsymbol{x}|C_2)} \geq \theta, \text{ then } \boldsymbol{x} \in C_1, \text{ else } \boldsymbol{x} \in C_2 \tag{1.10}$$

と等価となる。ただし，しきい値 θ は，$\theta = P(C_2)/P(C_1)$ である。

1.3 正規分布の場合のベイズ識別

クラス C_k に属する対象を計測して特徴ベクトル $\boldsymbol{x}$ が観測される確率密度関数 $p(\boldsymbol{x}|C_k)$ が，平均 $\boldsymbol{\mu}_k$，分散共分散行列 Σ_k の**多変量正規分布**（multivariate normal distribution）

$$p(\boldsymbol{x}|C_k) = \frac{1}{(\sqrt{2\pi})^M \sqrt{\det(\Sigma_k)}} \exp\left\{-\frac{1}{2}(\boldsymbol{x}-\boldsymbol{\mu}_k)^T \Sigma_k^{-1}(\boldsymbol{x}-\boldsymbol{\mu}_k)\right\} \tag{1.11}$$

に従う場合について，最適な識別関数を具体的に求めてみよう。ただし，記号 $\det(\Sigma_k)$，および，Σ_k^{-1} は，それぞれ，行列 Σ_k の行列式，および，逆行列である。

1.3.1 二次識別関数

ベイズ識別方式では，事後確率を最大とするクラスに決定する識別方式が最適であるが，事後確率の大小の比較のためには，対数を取って考えても結果は変わらない。事後確率の対数をとると

$$\begin{aligned} \log P(C_k|\boldsymbol{x}) &= \log \frac{P(C_k)p(\boldsymbol{x}|C_k)}{p(\boldsymbol{x})} \\ &= \log P(C_k) + \log p(\boldsymbol{x}|C_k) - \log p(\boldsymbol{x}) \end{aligned} \tag{1.12}$$

となる。ここで，条件付き確率が正規分布に従うとすると，その対数は

$$\begin{aligned} \log P(\boldsymbol{x}|C_k) = &-\frac{M}{2}\log(2\pi) - \frac{1}{2}\log(\det(\Sigma_k)) \\ &-\frac{1}{2}(\boldsymbol{x}-\boldsymbol{\mu}_k)^T \Sigma_k^{-1}(\boldsymbol{x}-\boldsymbol{\mu}_k) \end{aligned} \tag{1.13}$$

である。これを事後確率の対数の式に代入し，クラスには無関係な項 $\log(2\pi)$，および，$\log p(\boldsymbol{x})$ を無視すると

$$g_k(\boldsymbol{x}) = \log P(C_k) - \frac{1}{2}\log(\det(\Sigma_k)) - \frac{1}{2}(\boldsymbol{x}-\boldsymbol{\mu}_k)^T \Sigma_k^{-1}(\boldsymbol{x}-\boldsymbol{\mu}_k) \tag{1.14}$$

となる.したがって,誤識別率が最小となる最適な識別のためには,この値が最大のクラスに識別すればよい.この関数 $g_k(\boldsymbol{x})$ は,実質的に $\boldsymbol{x}$ の二次関数であるので,**二次識別関数**(quadratic discriminant function)と呼ばれている.

1.3.2 線形識別関数

各クラスの分散共分散行列が等しい場合 ($\Sigma_k = \Sigma$) には,$\frac{1}{2}\log(\det(\Sigma_k))$ や $\frac{1}{2}\boldsymbol{x}^T \Sigma_k^{-1} \boldsymbol{x}$ もクラスと無関係となり,それらを無視すると

$$g_k(\boldsymbol{x}) = \boldsymbol{\mu}_k^T \Sigma^{-1}\boldsymbol{x} - \frac{1}{2}\boldsymbol{\mu}_k^T \Sigma^{-1}\boldsymbol{\mu}_k + \log P(C_k) = w_0 + \boldsymbol{w}^T \boldsymbol{x} \tag{1.15}$$

のように $\boldsymbol{x}$ に関して一次関数となる.ここで,$\boldsymbol{w}^T = \boldsymbol{\mu}_k^T \Sigma^{-1}$,および,$w_0 = -\frac{1}{2}\boldsymbol{\mu}_k^T \Sigma^{-1}\boldsymbol{\mu}_k + \log P(C_k)$ である.これは,$\boldsymbol{x}$ の線形関数であるので,**線形識別関数**(linear discriminant function)と呼ばれている.線形識別関数は,形の簡単さもあり,実際の応用で広く利用されている.

1.3.3 テンプレートマッチング

特徴量が統計的に独立で,それぞれの分散が等しく,しかも等方的な場合,つまり,$\Sigma_k = \sigma^2 I$ の場合(ただし,I は単位行列)には,事後確率の対数は,実質的に

$$g_k(\boldsymbol{x}) = -\frac{||\boldsymbol{x}-\boldsymbol{\mu}_k||^2}{2\sigma^2} + \log P(C_k) \tag{1.16}$$

のようになる.

事前確率 $P(C_k)$ がクラスによらずに等しい場合には,識別関数は,さらに簡単になり

$$g_k(\boldsymbol{x}) = -||\boldsymbol{x}-\boldsymbol{\mu}_k||^2 \tag{1.17}$$

となる。これは,特徴ベクトル x と各クラスの平均ベクトル μ_k との距離が最も近いクラスに決定する識別方式となる。つまり,各クラスの平均ベクトル μ_k をそのクラスのテンプレートと考え,それらと特徴ベクトル x とをマッチングすることで識別する方式となる。これを**テンプレートマッチング**(template matching)という。

1.3.4 Fisher のアヤメのデータのベイズ識別

Fisher のアヤメ(菖蒲, iris)のデータを用いて,ベイズ識別に基づくパターン認識のための識別関数を構成してみる。アヤメのデータは,有名な統計学者 R.A.Fisher が判別分析に適用したデータであり[19], [20]†,3種類のアヤメ(Setosa, Versicolor, Virginica)からガク(萼, sepal)の長さと幅,花びらの長さと幅の4種類の特徴を計測したデータである。各アヤメについて50個のサンプルがある。図 **1.2** は,このデータから各アヤメのガクの長さと幅を二次元座標としてプロットした図である。アヤメの種類ごとにサンプルがある程度まとまっている様子がわかる。特に,Setosa(◆)とそれ以外のアヤメとが異なる場所に集まっていることがわかる。

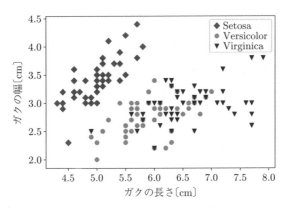

図 **1.2** アヤメのガクの長さと幅を二次元座標としてプロット

---

† 肩付き数字は,巻末の引用・参考文献の番号を示す。

1.3 正規分布の場合のベイズ識別

ここでは，各アヤメのガクの長さと幅という二つの特徴量（二次元ベクトル）からアヤメの種類を識別することを考える．ベイズ識別を適用するためには，特徴ベクトルとクラスとの関係を表す確率を求めなければならない．ここでは，各クラスの事前確率は，等確率 ($P(C_k) = 1/3 \quad (k = 1, 2, 3)$) と仮定した．また，各クラスの条件付き確率は，正規分布に従うと仮定し，その平均ベクトルと分散共分散行列は，それぞれのアヤメの計測データのサンプル平均，および，サンプル分散共分散行列とした．この設定で，二次識別関数を構成した．

図 1.3 は，各クラスの二次識別関数の値に基いて，二次元空間を識別されるクラスに色分けして示している．二次元空間が二つの領域に分割されているようすがわかる．特に，Setosa に対しては，ほぼすべてのサンプルを含むような識別ができている．また，理論どおりに識別境界が二次関数となっていることも確認できる．

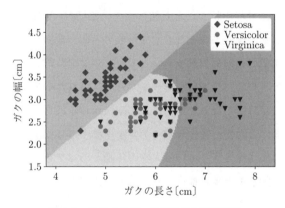

図 1.3 アヤメのデータに対する識別結果

2 最適な回帰と識別

2.1 機械学習

　深層学習やその応用としての人工知能が注目されている。例えば，**畳込みニューラルネットワーク**（convolutional neural network，**CNN**）は，画像認識などで高い認識性能を持つことが知られている[1),2)]。CNN を用いた画像認識では，画像とその画像に含まれる認識対象の名前（教師ラベル）のペアを大量に用意し，画像の正解の教師ラベルと CNN が推定したラベルとの差を最小にするようにモデルのパラメータを決定する。得られたモデルを用いると，新たな画像の識別が可能となる。同様に，顔画像から年齢を推定するような場合には，入力画像から数値を推定するモデルを構築する必要があるが，この場合にも，訓練用の顔画像と写っている人物の年齢とのペアを大量に用意し，画像中の人物の実年齢とモデルが推定した年齢との差が小さくなるようにモデルのパラメータを決定する。

　このように，モデルを定めて，訓練用のデータからある目的関数を最小（あるいは最大）にするようにモデルのパラメータを決定することを**機械学習**（machine learning）と呼んでいる。例えば，訓練用のデータから予測のためのモデルを作りたい場合には，教師信号とモデルの推定値との誤差の二乗和，すなわち**平均二乗誤差**（mean square error）を最小とするようなモデルのパラメータを求めることが多い。このような手法は**回帰分析**（regression analysis）として知られている。また，識別のためのモデルを作りたい場合には，**クロスエントロ**

ピー (cross entropy) を最小とするモデルのパラメータを求めることが多い。

ここでは、このような機械学習によって、訓練データから学習したモデルが、究極的には、なにを学習しているのかについて考えてみる。そのため、前述のベイズ決定理論と同様に、訓練サンプルが無限にあり、しかも、その背後の確率的な関係が完全にわかっていると仮定する。現実には、そのようなことはあり得ないが、すべてがわかる場合に、最適な予測、あるいは、最適な識別のためになにをすべきかについて検討することには意味がある。こうした考察から、機械学習の究極の目標がより明確になる。

2.2 予測のための最適非線形回帰

まず、入力ベクトル $\boldsymbol{x} = \begin{bmatrix} x_1 & x_2 & \cdots & x_M \end{bmatrix}^T$ から目的変数 y を予測する問題を考えよう。予測を実現する関数を

$$y \approx f(x_1, x_2, \cdots, x_M) = f(\boldsymbol{x}) \tag{2.1}$$

とする。この関数は、与えられた入力ベクトル $\boldsymbol{x}$ から目的変数 y の予測値として $f(\boldsymbol{x})$ を計算する。

回帰分析では、予測の良さの評価基準として平均二乗誤差が用いられる。確率分布が完全にわかっており、訓練サンプルが無限にある場合の平均二乗誤差は

$$\varepsilon^2(f) = \iint (y - f(\boldsymbol{x}))^2 p(y, \boldsymbol{x}) d\boldsymbol{x} dy \tag{2.2}$$

で定義される。

この平均二乗誤差を最小とするような非線形の関数 $f_{opt}(\boldsymbol{x})$ を求めることを考えよう。最適な関数を求めることは難しいと思うかもしれないが、**変分法** (variational calculus) を用いると比較的簡単に最適な関数を導出することができる。

2.2.1 平均二乗誤差を最小とする最適な非線形関数の導出

ここでは、変分法を用いて式 (2.2) で定義される平均二乗誤差を最小とする

最適な非線形関数 $f_{opt}(\boldsymbol{x})$ を導出する。

まず，最適解 $f_{opt}(\boldsymbol{x})$ の近傍での摂動

$$f_\delta(\boldsymbol{x}) = f_{opt}(\boldsymbol{x}) + \delta\eta(\boldsymbol{x}) \tag{2.3}$$

を考える。ここで，$\eta(\boldsymbol{x})$ は任意の関数とする。

これを，平均二乗誤差の式 (2.2) に代入すると

$$\begin{aligned}\varepsilon^2(f_\delta) &= \iint (y - f_\delta(\boldsymbol{x}))^2 p(y,\boldsymbol{x}) d\boldsymbol{x} dy \\ &= \iint (y - (f_{opt}(\boldsymbol{x}) + \delta\eta(\boldsymbol{x})))^2 p(y,\boldsymbol{x}) d\boldsymbol{x} dy\end{aligned} \tag{2.4}$$

となる。これを δ の関数 $\varepsilon^2(\delta)$ とみなし，δ で微分すると

$$\begin{aligned}\frac{d\varepsilon^2(\delta)}{d\delta} &= \iint -2(y - (f_{opt}(\boldsymbol{x}) + \delta\eta(\boldsymbol{x})))\eta(\boldsymbol{x}) p(y,\boldsymbol{x}) d\boldsymbol{x} dy \\ &= \iint (-2y\eta(\boldsymbol{x}) + 2(f_{opt}(\boldsymbol{x}) + \delta\eta(\boldsymbol{x}))\eta(\boldsymbol{x})) p(y,\boldsymbol{x}) d\boldsymbol{x} dy\end{aligned} \tag{2.5}$$

となる。

摂動の仮定から，平均二乗誤差は，δ が 0 のときに最小値をとるので，$\delta = 0$ での平均二乗誤差の微分は 0 となるはずであるから，式 (2.5) で $\delta = 0$ とすると

$$\frac{d\varepsilon^2(0)}{d\delta} = 2\int \eta(\boldsymbol{x}) \left(-\int yp(y,\boldsymbol{x})dy + f_{opt}(\boldsymbol{x})\int p(y,\boldsymbol{x})dy\right) d\boldsymbol{x} = 0 \tag{2.6}$$

とならなければならない。

摂動の仮定から，$\eta(\boldsymbol{x})$ は任意の関数であるから，式 (2.6) は，任意の関数 $\eta(\boldsymbol{x})$ に対して成り立つ必要がある。つまり

$$-\int yp(y,\boldsymbol{x})dy + f_{opt}(\boldsymbol{x})\int p(y,\boldsymbol{x})dy = 0 \tag{2.7}$$

でなければならない。これは，最適な非線形関数 $f_{opt}(\boldsymbol{x})$ が

$$f_{opt}(\boldsymbol{x}) = \frac{\int yp(y,\boldsymbol{x})dy}{\int p(y,\boldsymbol{x})dy} = \int \frac{yp(y,\boldsymbol{x})}{p(\boldsymbol{x})}dy = \int yp(y|\boldsymbol{x})dy \tag{2.8}$$

でなければならないことを示している．これは，予測のための最適な非線形関数の必要条件である．

2.2.2 非線形回帰関数 $f_{opt}(\boldsymbol{x})$ の最適性

変分法で求めた $f_{opt}(\boldsymbol{x})$ は，最適解の必要条件から導出したものであるから，それが最適な解となっているかどうかはわからない．ここでは，$f_{opt}(\boldsymbol{x})$ が平均二乗誤差の意味で最適な関数となっていることを示す．そのため，$f_{opt}(\boldsymbol{x})$ での平均二乗誤差 $\varepsilon^2(f_{opt})$ が，任意の関数 $g(\boldsymbol{x})$ での平均二乗誤差 $\varepsilon^2(g)$ よりも確かに小さくなることを示す．平均二乗誤差の差は

$$\varepsilon^2(g) - \varepsilon^2(f_{opt}) = \iint (y - g(\boldsymbol{x}))^2 p(y,\boldsymbol{x}) dy d\boldsymbol{x} \tag{2.9}$$
$$- \iint (y - f_{opt}(\boldsymbol{x}))^2 p(y,\boldsymbol{x}) dy d\boldsymbol{x}$$
$$= \int (g(\boldsymbol{x}) - f_{opt}(\boldsymbol{x}))^2 p(\boldsymbol{x}) d\boldsymbol{x} \geq 0 \tag{2.10}$$

となる．つまり

$$\varepsilon^2(g) \geq \varepsilon^2(f_{opt}) \tag{2.11}$$

である．これらの結果から，$f_{opt}(\boldsymbol{x})$ は，平均二乗誤差を最小とする最適な関数であることがわかる．

以上の結果をまとめると，平均二乗誤差を最小とする最適な非線形関数（最適非線形回帰関数）は，目的変数 y の条件付き期待値

$$f_{opt}(\boldsymbol{x}) = \int yp(y|\boldsymbol{x})dy \tag{2.12}$$

である．

2.2.3 最適な非線形回帰関数 $f_{opt}(\boldsymbol{x})$ で達成される誤差

最適な非線形回帰関数 $f_{opt}(\boldsymbol{x})$ で達成される平均二乗誤差を計算しておこう．

式 (2.2) の f に f_{opt} を代入すると

$$\begin{aligned}\varepsilon_N^2 &= \iint (y - f_{opt}(\boldsymbol{x}))^2 p(y, \boldsymbol{x}) d\boldsymbol{x} dy \\ &= \iint (y - \int y' p(y'|\boldsymbol{x}) dy')^2 p(y, \boldsymbol{x}) d\boldsymbol{x} dy \\ &= \int y^2 p(y) dy - \iint yy' \gamma(y, y') dy dy' \end{aligned} \quad (2.13)$$

となる。ここで，第二項に現れた $\gamma(y, y')$ は

$$\gamma(y, y') = \int p(y|\boldsymbol{x}) p(y'|\boldsymbol{x}) p(\boldsymbol{x}) d\boldsymbol{x} \quad (2.14)$$

であり，条件付き確率の積の期待値である。本書では，この $\gamma(y, y')$ を**交差係数**と呼ぶことにする。

2.2.4 最適な非線形回帰関数の統計量

最適な非線形回帰関数の統計量について見ておこう。まず，最適な非線形回帰関数が取る値 $f_{opt}(\boldsymbol{x})$ の期待値は

$$\begin{aligned}\bar{f}_{opt} &= \int f_{opt}(\boldsymbol{x}) p(\boldsymbol{x}) d\boldsymbol{x} = \iint y p(y|\boldsymbol{x}) dy p(\boldsymbol{x}) d\boldsymbol{x} \\ &= \int y \int p(y|\boldsymbol{x}) p(\boldsymbol{x}) d\boldsymbol{x} dy = \int y p(y) dy = \bar{y} \end{aligned} \quad (2.15)$$

のように，目的変数 y の期待値（平均）に一致する。

また，最適な非線形回帰関数が取る値 $f_{opt}(\boldsymbol{x})$ の分散を計算すると

$$\mathrm{V}(f_{opt}) = \int (f_{opt}(\boldsymbol{x}) - \bar{f}_{opt})^2 p(\boldsymbol{x}) d\boldsymbol{x} = \iint yy' \gamma(y, y') dy dy' - \bar{y}^2 \quad (2.16)$$

となる。ここにも交差係数 $\gamma(y, y')$ が現れている。

さらに，目的変数 y と最適な非線形回帰関数 $f_{opt}(\boldsymbol{x})$ の共分散は

$$\mathrm{COV}(y, f_{opt}) = \iint (y - \bar{y})(f_{opt}(\boldsymbol{x}) - \bar{f}_{opt}) p(y, \boldsymbol{x}) d\boldsymbol{x} dy$$

$$= \iint yy'\gamma(y,y')dydy' - \bar{y}^2 \tag{2.17}$$

となる。

これらの結果から，最適な非線形回帰関数 $f_{opt}(\boldsymbol{x})$ で達成される平均二乗誤差は

$$\varepsilon^2(f_{opt}) = \mathrm{V}(y) - \mathrm{COV}(y, f_{opt}) = \mathrm{V}(y)(1 - \rho^2) \tag{2.18}$$

のように書ける。ここで，$\mathrm{V}(y)$ は，目的変数 y の分散であり

$$\mathrm{V}(y) = \int y^2 p(y)dy - \bar{y}^2 \tag{2.19}$$

で定義される。また，ρ は，目的変数 y と最適な非線形予測関数 f_{opt} との相関係数であり

$$\rho = \frac{\mathrm{COV}(y, f_{opt})}{\sqrt{\mathrm{V}(y)\mathrm{V}(f_{opt})}} \tag{2.20}$$

で定義される。

式 (2.18) は，予測のための最も簡単なモデルである線形回帰でも成り立つ有名な関係式であり，この関係式が最適な非線形回帰関数でも成り立っている。

2.3 識別のための最小二乗非線形関数

2.3.1 識別のための非線形関数を構成する方法

識別のための非線形関数を構成する方法について考えてみよう。K 個のクラスの識別問題に対して，$k \in \{1, \cdots, K\}$ 番目のクラス C_k の代表ベクトル（教師信号）を k 番目の要素のみが 1 で，それ以外の要素がすべて 0 のベクトル $\boldsymbol{t}_k = \begin{bmatrix} 0 & \cdots & 0 & 1 & 0 & \cdots & 0 \end{bmatrix}^T$ で表し，これを目的変数として，入力特徴ベクトル $\boldsymbol{x}$ からクラス代表ベクトル $\boldsymbol{t}$ を推定する非線形関数

$$\boldsymbol{t} \approx \boldsymbol{f}(\boldsymbol{x}) \tag{2.21}$$

を構成することを考える。

2. 最適な回帰と識別

ここでも非線形関数の良さの評価基準として,教師信号（クラスの代表ベクトル）と非線形回帰関数の予測値 $f(x)$ との誤差の二乗の期待値

$$\varepsilon^2(f) = \sum_{k=1}^{K} \int ||t_k - f(x)||^2 p(C_k, x) dx \tag{2.22}$$

を最小化する基準を用いることにする。

最適非線形回帰関数を求めたのと同様に,最適解 $f_{opt}(x)$ の近傍での摂動

$$f_\delta(x) = f_{opt}(x) + \delta \eta(x) \tag{2.23}$$

を考える。

これを平均二乗誤差の式に代入すると

$$\begin{aligned}\varepsilon^2(f_\delta) &= \sum_{k=1}^{K} \int ||t_k - f_\delta(x)||^2 p(C_k, x) dx \\ &= \sum_{k=1}^{K} \int (||t_k - f_{opt}(x)||^2 - 2\eta^T(x)(t_k - f_{opt}(x))\delta \\ &\quad + \eta^T(x)\eta(x)\delta^2) p(C_k, x) dx \end{aligned} \tag{2.24}$$

となる。

これを δ の関数 $\varepsilon^2(\delta)$ とみなし,δ で微分すると

$$\begin{aligned}\frac{d\varepsilon^2(\delta)}{d\delta} &= -2\int \sum_{k=1}^{K} \eta^T(x)(t_k - f_{opt}(x)) p(C_k, x) dx \\ &\quad + 2\sum_{k=1}^{K} \int \eta^T(x)\eta(x)\delta p(C_k, x) dx \end{aligned} \tag{2.25}$$

となる。

摂動の仮定から,平均二乗誤差は,δ が 0 のときに最小値をとるので,式 (2.25) で $\delta = 0$ とすると

$$\frac{d\varepsilon^2(0)}{d\delta} = -2\int \eta^T(x) \sum_{k=1}^{K} (t_k p(C_k, x) - f_{opt}(x) p(C_k, x)) dx = 0 \tag{2.26}$$

となる．これが，任意の $\eta(\boldsymbol{x})$ に対して 0 になるためには

$$\sum_{k=1}^{K}(\boldsymbol{t}_k p(C_k,\boldsymbol{x})-\boldsymbol{f}_{opt}(\boldsymbol{x})p(C_k,\boldsymbol{x}))=0 \tag{2.27}$$

でなければならない．

これから，最適な関数 $\boldsymbol{f}_{opt}$ は

$$\boldsymbol{f}_{opt}(\boldsymbol{x})=\sum_{k=1}^{K}\boldsymbol{t}_k\frac{p(C_k,\boldsymbol{x})}{p(\boldsymbol{x})}=\sum_{k=1}^{K}\boldsymbol{t}_k P(C_k|\boldsymbol{x})=\begin{bmatrix}P(C_1|\boldsymbol{x})\\ \vdots \\ P(C_K|\boldsymbol{x})\end{bmatrix} \tag{2.28}$$

のように事後確率を並べたベクトルとなることがわかる．つまり，識別のための最適な非線形回帰関数は，事後確率を計算する関数である．一方，1章で示したベイズ識別では，誤識別を最小とする識別関数は，事後確率 $P(C_k|\boldsymbol{x})$ を最大とするクラスに識別する識別方式であった．これらの結果からも，識別においては，事後確率 $P(C_k|\boldsymbol{x})$ が本質的な役割を担っていることがわかる．

2.3.2 識別のための最適な非線形回帰関数で達成される平均二乗誤差

最適な非線形回帰関数の場合と同様に，識別のための最適な非線形回帰関数 $\boldsymbol{f}_{opt}(\boldsymbol{x})$ で達成される平均二乗誤差を計算してみよう．式 (2.28) の最適な非線形回帰関数を平均二乗誤差の式 (2.22) に代入すると

$$\begin{aligned}\varepsilon^2(\boldsymbol{f}_{opt})&=\sum_{k=1}^{K}\int||\boldsymbol{t}_k-\boldsymbol{f}_{opt}(\boldsymbol{x})||^2 p(C_k,\boldsymbol{x})d\boldsymbol{x}\\ &=\sum_{k=1}^{K}P(C_k)-\sum_{k=1}^{K}\gamma(C_k,C_k)=1-\sum_{k=1}^{K}\gamma(C_k,C_k)\end{aligned} \tag{2.29}$$

となる．ここで，$\gamma(C_i,C_j)$ は

$$\gamma(C_i,C_j)=\int P(C_i|\boldsymbol{x})P(C_j|\boldsymbol{x})p(\boldsymbol{x})d\boldsymbol{x} \tag{2.30}$$

であり，事後確率の積の期待値として定義され，クラス間の確率的な関係を要約した確率上の統計量である．これは，識別のための最適な非線形回帰関数で達成される誤差は，$\gamma(C_k,C_k)$ のみに依存して決まることを意味している．

2.4 識別のための非線形識別関数

識別問題のための深層学習やロジスティック回帰などでは，最適化の目的関数としてクロスエントロピーが使われることが多い．ここでは，クロスエントロピーを最小化する最適な非線形関数についても見ておこう．

2.4.1 2クラス識別の場合

まず，簡単のため2クラスの識別の場合について考える．$t \in \{0, 1\}$を教師信号とし，識別のための関数を$f(\boldsymbol{x})$とする．このとき，クロスエントロピーは

$$CE(f) = -\int \sum_{t=0,1} \left(t \log f(\boldsymbol{x}) + (1-t) \log(1 - f(\boldsymbol{x})) \right) p(t, \boldsymbol{x}) d\boldsymbol{x}$$
$$= -\int \left(\log f(\boldsymbol{x}) p(t=1, \boldsymbol{x}) + \log(1 - f(\boldsymbol{x})) p(t=0, \boldsymbol{x}) \right) d\boldsymbol{x}$$
(2.31)

で定義される．

クロスエントロピーは，非線形関数の出力値$f(\boldsymbol{x})$を$t=1$となる事後確率の推定値とみなした場合の対数尤度と関係づけて説明することができる．2クラスの場合，$t=1$の事後確率が$f(\boldsymbol{x})$で与えられるなら，$t=0$の事後確率の推定値は$1 - f(\boldsymbol{x})$となる．したがって，この場合の尤度は

$$L = \begin{cases} f(\boldsymbol{x}) & \text{for } t = 1 \\ 1 - f(\boldsymbol{x}) & \text{for } t = 0 \end{cases} \quad (2.32)$$

となる．これをまとめて

$$L = f(\boldsymbol{x})^t (1 - f(\boldsymbol{x}))^{1-t} \quad (2.33)$$

のように書く．この対数を取った対数尤度は

$$l = \log L = t \log f(\boldsymbol{x}) + (1-t) \log(1 - f(\boldsymbol{x})) \quad (2.34)$$

となる．クロスエントロピーは，これを t と x の取りうる値に対して期待値をとって符号を反転させたものである．つまり，全データに対する対数尤度の期待値の符号を反転させたものと解釈できる．

最適非線形回帰関数を求めたのと同様に，このクロスエントロピーを最小化する最適な非線形関数 $f_{opt}(x)$ を変分法を用いて導出する．最適解 $f_{opt}(x)$ の近傍での摂動

$$f_\delta(x) = f_{opt}(x) + \delta\eta(x) \tag{2.35}$$

を考える．

これをクロスエントロピーの式に代入すると

$$CE(\delta) = -\int (\log(f_{opt}(x) + \delta\eta(x))p(t=1,x) \\ + \log(1 - f_{opt}(x) - \delta\eta(x))p(t=0,x))dx \tag{2.36}$$

となる．ここで，$CE(\delta)$ を δ で微分すると

$$\frac{dCE(\delta)}{d\delta} = -\int \left(\frac{\eta(x)p(t=1,x)}{f_{opt}(x) + \delta\eta(x)} - \frac{\eta(x)p(t=0,x)}{1 - (f_{opt}(x) + \delta\eta(x))} \right) dx \tag{2.37}$$

となる．

摂動の仮定から，クロスエントロピーは $\delta = 0$ のときに最小値をとるので，上式で $\delta = 0$ とすると

$$\frac{dCE(0)}{d\delta} = -\int \eta(x) \left(\frac{p(t=1,x)}{f_{opt}(x)} - \frac{p(t=0,x)}{1 - f_{opt}(x)} \right) dx \tag{2.38}$$

となる．ここで，摂動の仮定から $\eta(x)$ は任意の関数であるから，最小値を持つための条件は

$$\frac{p(t=1,x)}{f_{opt}(x)} - \frac{p(t=0,x)}{1 - f_{opt}(x)} = 0 \tag{2.39}$$

となる．これから

$$p(t=1,\boldsymbol{x}) = f_{opt}(\boldsymbol{x})(p(t=0,\boldsymbol{x}) + p(t=1,\boldsymbol{x})) = f_{opt}(\boldsymbol{x})p(\boldsymbol{x})$$
(2.40)

となり，最適な非線形関数は

$$f_{opt}(\boldsymbol{x}) = \frac{p(t=1,\boldsymbol{x})}{p(\boldsymbol{x})} = P(t=1|\boldsymbol{x}) \tag{2.41}$$

となる．つまり，この場合にも最適な非線形関数は，事後確率 $P(t=1|\boldsymbol{x})$ であることがわかる．

2.4.2 Kクラスの場合

K クラスの場合について考える．識別のための非線形回帰の場合と同様に，K 個のクラスの識別問題に対して，$\boldsymbol{x}$ の教師ラベルが $k \in \{1,\cdots,K\}$ 番目のクラス C_k の場合には，先の C_k の代表ベクトルとして，k 番目の要素のみが 1 で，それ以外の要素がすべて 0 のベクトル $\boldsymbol{t}_k = \begin{bmatrix} 0 & \cdots & 0 & 1 & 0 & \cdots & 0 \end{bmatrix}^T$ を用いることにする．このとき，K クラスの識別に対するクロスエントロピーは

$$\begin{aligned}
CE(\boldsymbol{f}) = & -\int \sum_{k=1}^{K} \Bigg(\sum_{j=1}^{K-1} t_k^{(j)} \log f^{(j)}(\boldsymbol{x}) \\
& + \Bigg(1 - \sum_{l=1}^{K-1} t_k^{(l)}\Bigg) \log\Bigg(1 - \sum_{l=1}^{K-1} f^{(l)}(\boldsymbol{x})\Bigg)\Bigg) p(C_k,\boldsymbol{x}) d\boldsymbol{x} \\
= & -\int \Bigg(\sum_{k=1}^{K-1} p(C_k,\boldsymbol{x}) \log f^{(k)}(\boldsymbol{x}) \\
& + p(C_K,\boldsymbol{x}) \log\Bigg(1 - \sum_{l=1}^{K-1} f^{(l)}(\boldsymbol{x})\Bigg)\Bigg) d\boldsymbol{x}
\end{aligned} \tag{2.42}$$

のように書ける．ここで，$t_k^{(j)}$ および $f^{(j)}(\boldsymbol{x})$ は，それぞれ，$\boldsymbol{t}_k$ および $\boldsymbol{f}(\boldsymbol{x})$ の j 番目の要素である．

これまでと同様に，このクロスエントロピーを最小化する最適な非線形関数を変分法を用いて導出する．最適解の近傍での摂動

2.4 識別のための非線形識別関数

$$f_\delta(x) = f_{opt}(x) + \delta\eta(x) \tag{2.43}$$

を考える。これをクロスエントロピーの式 (2.42) に代入すると

$$CE(\delta) = -\int \sum_{k=1}^{K-1} p(C_k, x) \log(f_{opt}^{(k)}(x) + \delta\eta^{(k)}(x))dx$$
$$- \int p(C_K, x) \log\left(1 - \sum_{k=1}^{K-1}(f_{opt}^{(k)}(x) + \delta\eta^{(k)}(x))\right) dx \tag{2.44}$$

となる。ここで，$CE(\delta)$ を δ で微分すると

$$\frac{dCE(\delta)}{d\delta} = -\int \left(\sum_{k=1}^{K-1} \frac{\eta^{(k)}(x)p(C_k, x)}{f_{opt}^{(k)}(x) + \delta\eta^{(k)}(x)} - \frac{\sum_{k=1}^{K-1} \eta^{(k)}(x)p(C_K, x)}{1 - \sum_{k=1}^{K-1}(f_{opt}^{(k)}(x) + \delta\eta^{(k)}(x))} \right) dx \tag{2.45}$$

となる。摂動の仮定から，クロスエントロピーは $\delta = 0$ のときに最小値をとるので，上式で $\delta = 0$ とすると

$$\frac{dCE(0)}{d\delta} = -\int \sum_{k=1}^{K-1} \eta^{(k)}(x) \left(\frac{p(C_k, x)}{f_{opt}^{(k)}(x)} - \frac{p(C_K, x)}{1 - \sum_{k=1}^{K-1} f_{opt}^{(k)}(x)} \right) dx$$
$$= 0 \tag{2.46}$$

となる。摂動の仮定から $\eta^{(k)}(x)$ $k = 1, \cdots, K-1$ は任意の関数であるから，最小値を持つための条件は

$$\frac{p(C_k, x)}{f_{opt}^{(k)}(x)} - \frac{p(C_K, x)}{1 - \sum_{k=1}^{K-1} f_{opt}^{(k)}(x)} = 0 \quad (k = 1, \cdots, K-1) \tag{2.47}$$

ここで，$\alpha = 1 - \sum_{k=1}^{K-1} f_{opt}^{(k)}(x)$ とおくと，最適な非線形関数の必要条件は

2. 最適な回帰と識別

$$f_{opt}^{(k)} = \frac{\alpha p(C_k, \boldsymbol{x})}{p(C_K, \boldsymbol{x})} \quad (k=1,\cdots,K-1) \tag{2.48}$$

と書ける。これから

$$\alpha = 1 - \sum_{k=1}^{K-1} f_{opt}^{(k)}(\boldsymbol{x}) = 1 - \sum_{k=1}^{K-1} \frac{\alpha p(C_k, \boldsymbol{x})}{p(C_K, \boldsymbol{x})} = 1 - \alpha \sum_{k=1}^{K-1} \frac{p(C_k, \boldsymbol{x})}{p(C_K, \boldsymbol{x})} \tag{2.49}$$

となり

$$\alpha = \frac{1}{1+\sum_{k=1}^{K-1}\frac{p(C_k,\boldsymbol{x})}{p(C_K,\boldsymbol{x})}} = \frac{p(C_K,\boldsymbol{x})}{p(C_K,\boldsymbol{x})+\sum_{k=1}^{K-1}p(C_k,\boldsymbol{x})}$$
$$= \frac{p(C_K,\boldsymbol{x})}{p(\boldsymbol{x})} \tag{2.50}$$

となる。したがって，求める最適非線形関数は

$$f_{opt}^{(k)} = \frac{\alpha p(C_k,\boldsymbol{x})}{p(C_K,\boldsymbol{x})} = \frac{p(C_K,\boldsymbol{x})p(C_k,\boldsymbol{x})}{p(\boldsymbol{x})p(C_K,\boldsymbol{x})} = \frac{p(C_k,\boldsymbol{x})}{p(\boldsymbol{x})} = P(C_k|\boldsymbol{x}) \tag{2.51}$$

となる。つまり，クロスエントロピーを最小とする最適な非線形識別関数は，事後確率 $P(C_k|\boldsymbol{x})$ を要素とするベクトル

$$\boldsymbol{f}_{opt}(\boldsymbol{x}) = \begin{bmatrix} P(C_1|\boldsymbol{x}) \\ \vdots \\ P(C_K|\boldsymbol{x}) \end{bmatrix} \tag{2.52}$$

である。

変分法で求めた $\boldsymbol{f}_{opt}(\boldsymbol{x})$ は，最適解の必要条件を満たしているが，それが最適な解となっているかはわからない。$\boldsymbol{f}_{opt}(\boldsymbol{x})$ がクロスエントロピーを最小とする最適解であることを確かめるために，$\boldsymbol{f}_{opt}(\boldsymbol{x})$ で達成されるクロスエントロピーが，確率の条件

2.4 識別のための非線形識別関数

$$\sum_{k=1}^{K} g^{(k)} = 1, \ g^{(k)} \geq 0 \quad (k = 1, \cdots, K) \tag{2.53}$$

を満たす任意の関数 $g(x)$ のクロスエントロピーよりも小さくなることを確かめておく。

定義より，$g(x)$ のクロスエントロピーは

$$\begin{aligned} CE(g) &= \int \left(-\sum_{k=1}^{K} P(C_k, x) \log g^{(k)}(x) \right) dx \\ &= \int \left(-\sum_{k=1}^{K} P(C_k|x) \log g^{(k)}(x) \right) p(x) dx \end{aligned} \tag{2.54}$$

となる。したがって，$g(x)$ のクロスエントロピーと $f_{opt}(x)$ のクロスエントロピーの差は

$$\begin{aligned} CE(g) - CE(f_{opt}) &= \int \left(-\sum_{k=1}^{K} P(C_k|x) \log g^{(k)}(x) \right) p(x) dx \\ &\quad - \int \left(-\sum_{k=1}^{K} P(C_k|x) \log P(C_k|x) \right) p(x) dx \\ &= \int \left(-\sum_{k=1}^{K} P(C_k|x) \log \frac{g^{(k)}(x)}{P(C_k|x)} \right) p(x) dx \\ &= \int D_{KL}(f_{opt}(x) \| g(x)) p(x) dx \end{aligned} \tag{2.55}$$

となる。ここで

$$D_{KL}(f_{opt}(x) \| g(x)) = -\sum_{k=1}^{K} P(C_k|x) \log \frac{g^{(k)}(x)}{P(C_k|x)} \tag{2.56}$$

は，**Kullback-Leibler 情報量**と呼ばれる確率分布間の近さの尺度として知られている量であり，$D_{KL}(f_{opt}(x) \| g(x)) \geq 0$ であることが知られている。したがって，$f_{opt}(x)$ はクロスエントロピーを最小とする最適な非線形関数であることがわかる。また，$D_{KL}(f_{opt}(x) \| g(x)) = 0$ となるのは，$f_{opt}(x) = g(x)$ のときだけであることも知られている。つまり，$f_{opt}(x)$ がクロスエントロピーを最小とする唯一の解である。

これらの結果から，最適化の目的関数を平均二乗誤差の最小化にしても，クロスエントロピーの最小化にしても，ともかく，識別のために最適な非線形関数は，事後確率を要素とするベクトルを推定することであることがわかる。つまり，識別においては，事後確率を推定することが非常に重要であることを示している。

つぎに，最適な非線形識別関数 $\boldsymbol{f}_{opt}(\boldsymbol{x})$ で達成されるクロスエントロピーを求めておこう。式 (2.42) に最適な非線形識別関数 $\boldsymbol{f}_{opt}(\boldsymbol{x})$ を代入すると

$$
\begin{aligned}
CE(\boldsymbol{f}_{opt}) &= \int \left(-\sum_{k=1}^{K} p(C_k, \boldsymbol{x}) \log P(C_k|\boldsymbol{x}) \right) d\boldsymbol{x} \\
&= \int \left(-\sum_{k=1}^{K} P(C_k|\boldsymbol{x}) \log P(C_k|\boldsymbol{x}) \right) p(\boldsymbol{x}) d\boldsymbol{x} \\
&= \int H(C|\boldsymbol{x}) p(\boldsymbol{x}) d\boldsymbol{x} = H(C|X) \qquad (2.57)
\end{aligned}
$$

となる。ここで，$H(C|\boldsymbol{x})$ および $H(C|X)$ は

$$H(C|\boldsymbol{x}) = -\sum_{k=1}^{K} P(C_k|\boldsymbol{x}) \log P(C_k|\boldsymbol{x}) \qquad (2.58)$$

$$H(C|X) = \int H(C|\boldsymbol{x}) p(\boldsymbol{x}) d\boldsymbol{x} \qquad (2.59)$$

である。これらは**条件付きエントロピー**（conditional entropy）と呼ばれている。つまり，最適な非線形識別関数 $\boldsymbol{f}_{opt}(\boldsymbol{x})$ で達成されるクロスエントロピーは，入力ベクトルからクラスへの**相互情報量**（mutual information）に一致することを示している。

以上の議論と入力ベクトルとクラスとの相互情報量 $I(C, X)$ が

$$I(C, X) = H(C) - H(C|X) \qquad (2.60)$$

で定義されることを考え合わせると，クロスエントロピーを最小とする最適な非線形識別関数 $\boldsymbol{f}_{opt}(\boldsymbol{x})$ は，入力ベクトルとクラスとの相互情報量 $I(C, X)$ を最大とする非線形識別関数であるともいえる。

3 確率分布の推定

3.1 確率分布の推定法

　1章で紹介したベイズ決定理論は期待損失最小の意味で最適な識別方式を与えるが，そのためには，事前に各クラスと特徴ベクトルとの間の確率的な関係が完全にわかっていなければならない．同様に，2章で紹介した予測や識別のための最適な非線形関数を計算するには，事前に条件付き確率や事後確率が完全にわかっていなければならない．しかし，実際の応用では，データの背後の確率的構造があらかじめ完全にわかっていることはまれで，それらを訓練用のデータ（訓練データ）から推定する必要がある．訓練データから確率分布を推定することができれば，推定結果を利用してベイズ識別方式に基づく識別器を設計したり，予測や識別のための非線形関数を構成することが可能になり，それを未知のサンプルに適用すれば予測や識別が可能となる．

　訓練データから確率分布を推定するには，大きく分けてパラメトリック，ノンパラメトリック，セミパラメトリックの三つの方法がある．パラメトリックな方法とは，比較的少数のパラメータを持つ**パラメトリックモデル**（parametric models）を用いて確率密度関数を表現し，訓練データからモデルのパラメータを推定する方法である．この方法は，比較的簡単で，最もよく利用される方法であるが，モデルが真の分布を表現しきれない場合には問題がある．ノンパラメトリックな方法とは，パラメトリックモデルのような特定の関数型を仮定せず，訓練データに依存して分布の形を決める方法である．この方法は，**ノンパラメ**

トリックモデル（non-parametric models）を用いる方法と呼ばれている。この方法では，逆に，パラメータの数がデータとともに増大し，扱い難くなってしまう恐れがある。セミパラメトリックな方法とは，パラメトリックモデルを用いる方法とノンパラメトリックな方法の中間的なもので，複雑な分布を表現するためにパラメータの数を系統的に増やせるようにすることで，パラメトリックモデルよりも一般的な関数型を表現できるようなモデル，すなわち**セミパラメトリックモデル**（semi-parametric models）を用いる方法である。代表的なセミパラメトリックモデルは，**混合分布モデル**（mixture distribution models）である。

以下では，それぞれについて，その代表的な方法について解説するが，有限個の訓練データから確率分布を推定することはそれほど簡単ではない。特に，高次元の空間での有限の訓練データからの推定はかなり難しい。

3.2 パラメトリックモデルによる確率分布の推定

パラメトリックモデルを用いて確率密度関数を推定するには，まず，確率分布をいくつかの調整可能なパラメータを用いて表現する必要がある。正規分布は，最も簡単で，しかも，最も広く用いられているパラメトリックモデルの一つである。つぎに，訓練データからパラメータを推定する必要があるが，そのための代表的な手法は，**最尤法**（maximum likelihood）と**ベイズ推定**（Bayesian inference）である。これらの手法は，概念的には，かなり異なった手法である。以下では，最尤法について紹介する。

3.2.1 最 尤 法

最尤法では，訓練データから導かれる尤度が最大となるパラメータを求める。いま，求めたい確率分布が P 個のパラメータ $\boldsymbol{\theta} = (\theta_1, \cdots, \theta_P)$ を用いて $p(\boldsymbol{x}; \boldsymbol{\theta})$ のように表されているとする。N 個の独立なサンプルからなる訓練データ $X = \{\boldsymbol{x}_1, \cdots, \boldsymbol{x}_N\}$ が与えられたとき，これらのサンプルが確率分布 $p(\boldsymbol{x}; \boldsymbol{\theta})$

の独立なサンプルである尤もらしさ，すなわち尤度 (likelihood) は

$$L(\boldsymbol{\theta}) = \prod_{i=1}^{N} p(\boldsymbol{x}_i; \boldsymbol{\theta}) \tag{3.1}$$

で定義される．

最尤法では，この尤度を最大とするようなパラメータ $\boldsymbol{\theta}$ を求める．実際には，尤度の対数，すなわち**対数尤度**（log-likelihood）を取って

$$l(\boldsymbol{\theta}) = \sum_{i=1}^{N} \log p(\boldsymbol{x}_i; \boldsymbol{\theta}) \tag{3.2}$$

を最大とするパラメータを求めることが多い．

〔1〕 **一次元正規分布の最尤推定**　まず，最も簡単な場合として，一次元のデータに対して，1次元の正規分布

$$p(x; \mu, \sigma^2) = \frac{1}{\sqrt{2\pi\sigma^2}} \exp\left(-\frac{(x-\mu)^2}{2\sigma^2}\right)$$

を用いて確率密度関数を推定する問題を考えてみよう．

一次元の正規分布は，二つのパラメータ μ と σ^2 を持っている．確率密度関数を定めるためには，これらのパラメータを訓練データから推定する必要がある．いま，N 個の独立な訓練用のサンプルの集合 $\{x_1, x_2, \cdots, x_N\}$ が与えられたとする．この訓練データに対する尤度は

$$L(\mu, \sigma^2) = \prod_{i=1}^{N} p(x_i; \mu, \sigma^2) = \prod_{i=1}^{N} \frac{1}{\sqrt{2\pi\sigma^2}} \exp\left(-\frac{(x_i-\mu)^2}{2\sigma^2}\right) \tag{3.3}$$

となる．したがって，その対数（対数尤度）は

$$\begin{aligned} l(\mu, \sigma^2) &= \sum_{i=1}^{N} \log p(x_i; \mu, \sigma^2) \\ &= \sum_{i=1}^{N} \left(-\frac{1}{2}\log(2\pi) - \frac{1}{2}\log\sigma^2 - \frac{1}{2\sigma^2}(x_i-\mu)^2\right) \end{aligned} \tag{3.4}$$

となる．対数尤度 $l(\mu, \sigma^2)$ は，パラメータ μ に関して二次関数であり，パラメータ σ^2 に関して最大値を1個のみ持つ関数である．

最適なパラメータを求めるために，対数尤度のパラメータに関する偏微分を 0 とおくと

$$\frac{\partial l(\mu, \sigma^2)}{\partial \mu} = \frac{1}{\sigma^2} \sum_{i=1}^{N} (x_i - \mu) = 0 \tag{3.5}$$

および

$$\frac{\partial l(\mu, \sigma^2)}{\partial \sigma^2} = \sum_{i=1}^{N} \left(-\frac{1}{2\sigma^2} + \frac{1}{2(\sigma^2)^2}(x_i - \mu)^2 \right) = 0 \tag{3.6}$$

となる。これらを整理すると，最適なパラメータは

$$\hat{\mu} = \frac{1}{N} \sum_{i=1}^{N} x_i \tag{3.7}$$

$$\hat{\sigma}^2 = \frac{1}{N} \sum_{i=1}^{N} (x_i - \hat{\mu})^2 \tag{3.8}$$

となる。これは，最尤推定により求めた最適なパラメータが，それぞれ，サンプル平均およびサンプル分散に一致することを意味しており，直観とも非常に良く合う結果である。

〔2〕 **多次元正規分布の最尤推定** M 次元のデータに対する確率分布を推定する場合も，一次元のデータの場合と同様に，最尤法を用いることができる。ここでは，多変量正規分布

$$p(\boldsymbol{x}|\boldsymbol{\mu}, \Sigma) = \frac{1}{(2\pi)^{M/2} \det(\Sigma)^{1/2}} \exp\left(-\frac{1}{2}(\boldsymbol{x} - \boldsymbol{\mu})^T \Sigma^{-1} (\boldsymbol{x} - \boldsymbol{\mu}) \right) \tag{3.9}$$

で定義される。このモデルのパラメータは，平均ベクトル $\boldsymbol{\mu}$ と分散共分散行列 Σ である。

いま，N 個の独立な訓練用のサンプルの集合 $\{\boldsymbol{x}_1, \boldsymbol{x}_2, \cdots, \boldsymbol{x}_N\}$ が与えられたとする。このとき，訓練データに対する尤度は

$$L(\boldsymbol{\mu}, \Sigma) = \prod_{i=1}^{N} p(\boldsymbol{x}_i | \boldsymbol{\mu}, \Sigma)$$

$$= \prod_{i=1}^{N} \frac{1}{(2\pi)^{M/2} \det(\Sigma)^{1/2}} \exp\left(-\frac{1}{2}(\boldsymbol{x}_i - \boldsymbol{\mu})^T \Sigma^{-1}(\boldsymbol{x}_i - \boldsymbol{\mu})\right) \tag{3.10}$$

となる.

したがって,対数尤度は

$$l(\boldsymbol{\mu}, \Sigma) = -\frac{MN}{2}\log 2\pi - \frac{N}{2}\log(\det(\Sigma))$$
$$-\frac{1}{2}\sum_{i=1}^{N}(\boldsymbol{x}_i - \boldsymbol{\mu})^T \Sigma^{-1}(\boldsymbol{x}_i - \boldsymbol{\mu}) \tag{3.11}$$

となる.

最適なパラメータ $\boldsymbol{\mu}$ を求めるために,対数尤度を $\boldsymbol{\mu}$ で偏微分して $\boldsymbol{0}$ とおくと

$$\frac{\partial l(\boldsymbol{\mu}, \Sigma)}{\partial \boldsymbol{\mu}} = -\frac{1}{2}\sum_{i=1}^{N}\left(\Sigma^{-1}(\boldsymbol{x}_i - \boldsymbol{\mu})\right) = \boldsymbol{0} \tag{3.12}$$

となる.これから,最適な $\boldsymbol{\mu}$ は

$$\hat{\boldsymbol{\mu}} = \frac{1}{N}\sum_{i=1}^{N}\boldsymbol{x}_i \tag{3.13}$$

となる.

最適なパラメータ Σ を求めるために,その逆行列を $\Lambda = \Sigma^{-1}$ とおき,第3項をトレースを用いて表すと,対数尤度は

$$l(\hat{\boldsymbol{\mu}}, \Lambda) = -\frac{MN}{2}\log 2\pi + \frac{N}{2}\log(\det(\Lambda))$$
$$-\frac{1}{2}\sum_{i=1}^{N}\mathrm{tr}\left(\Lambda(\boldsymbol{x}_i - \boldsymbol{\mu})(\boldsymbol{x}_i - \boldsymbol{\mu})^T\right) \tag{3.14}$$

のように書き直すことができる.これを,Λ で偏微分して O とおくと

$$\frac{\partial l(\hat{\boldsymbol{\mu}}, \Lambda)}{\partial \Lambda} = \frac{N}{2}\Lambda^{-1} - \frac{1}{2}\sum_{i=1}^{N}(\boldsymbol{x}_i - \boldsymbol{\mu})(\boldsymbol{x}_i - \boldsymbol{\mu})^T = O \tag{3.15}$$

となる。ここで、行列微分の公式

$$\frac{\partial \log(\det(A))}{\partial A} = (A^{-1})^T \tag{3.16}$$

$$\frac{\partial \mathrm{tr}(AB)}{\partial A} = B^T \tag{3.17}$$

を用いた。これから、最適な $\Sigma = \Lambda^{-1}$ は

$$\hat{\Sigma} = \frac{1}{N} \sum_{i=1}^{N} (\bm{x}_i - \hat{\bm{\mu}})(\bm{x}_i - \hat{\bm{\mu}})^T \tag{3.18}$$

となる。

以上をまとめると、多次元正規分布に対する最尤推定の意味で最適なパラメータは

$$\hat{\bm{\mu}} = \frac{1}{N} \sum_{i=1}^{N} \bm{x}_i \tag{3.19}$$

$$\hat{\Sigma} = \frac{1}{N} \sum_{i=1}^{N} (\bm{x}_i - \hat{\bm{\mu}})(\bm{x}_i - \hat{\bm{\mu}})^T \tag{3.20}$$

となる。これは、一次元の正規分布の場合と同様に、平均ベクトル $\bm{\mu}$ の最尤推定 $\hat{\bm{\mu}}$ がサンプル平均ベクトルとなり、分散共分散行列 Σ の最尤推定 $\hat{\Sigma}$ がサンプル分散共分散行列となることを表している。

3.2.2 最尤法による確率密度関数の推定の応用

1章のアヤメのデータのベイズ識別の節では、3種類のアヤメ (Setosa, Versicolor, Virginica) からガクの長さと幅を計測した二次元のベクトルのサンプルから事後確率の対数を計算し、その値が最大となるクラスに識別する識別方式について紹介した。そこでは、各アヤメの確率密度関数 $\{p(\bm{x}|C_k)|k=1,2,3\}$ を二次元正規分布と仮定して、それらの平均ベクトルと分散共分散行列を、それぞれのアヤメの計測データのサンプル平均、および、サンプル分散共分散行列とした。これは、まさに、ここで紹介した最尤推定を用いて、訓練データから各アヤメの確率密度関数を推定していることに相当する。つまり、1章のア

ヤメのデータのベイズ識別の例では，訓練データから最尤推定により各アヤメの確率密度関数を推定し，それから事後確率を推定することで，最適なベイズ識別を近似的に実現していると解釈できる。

3.3 ノンパラメトリックモデルを用いる方法

ノンパラメトリックという用語は，推定したい確率密度関数の形がデータに依存して決まり，あらかじめ指定されないという意味で用いている。ヒストグラムは，最も簡単なノンパラメトリックな手法の一つである。しかし，ヒストグラムによって推定された密度関数は，滑らかではない。また，高次元への拡張が難しいなどの問題がある。ここでは，それらを改善する手法として，**核関数に基づく方法** (kernel-based methods) および **K-最近傍法** (K-nearest-neighbors methods) について紹介する。

3.3.1 ノンパラメトリックな確率密度関数の推定

ノンパラメトリックな確率密度関数の推定のための基本的な考え方は，直観的には比較的単純である。ある領域内に多くのサンプルがあれば密度が高く，サンプルが少なければ密度が低い。ノンパラメトリックな確率密度関数の推定は，この考え方を具現化したものであり，以下のように定義される。

いま，あるベクトル $\boldsymbol{x}^*$ が未知の確率密度関数 $p(\boldsymbol{x})$ からのサンプルであるとすると，このベクトル $\boldsymbol{x}^*$ がある領域 R の内側に入る確率 P は

$$P = \int_R p(\boldsymbol{x}) d\boldsymbol{x} \tag{3.21}$$

で与えられる。確率密度関数 $p(\boldsymbol{x})$ が連続で，領域 R 内でほとんど変化しない場合には，確率 P は

$$P = \int_R p(\boldsymbol{x}) d\boldsymbol{x} \approx p(\boldsymbol{x}^*) V \tag{3.22}$$

と近似できる。ただし，V は領域 R の体積である。

32   3. 確率分布の推定

つぎに，独立な N 個のサンプルが与えられた場合を考えよう．この場合，N 個のサンプルのうちの K 個が領域 R に入る確率は，二項分布の定義から

$$\Pr(K) = \binom{N}{K} P^K (1-P)^{N-K} \tag{3.23}$$

で与えられる．ここで，$\binom{N}{K}$ は，N 個の元を含む集合から K 個を取る組合せの数（二項係数）である．また，K の期待値は

$$E[K] = NP \tag{3.24}$$

となる．二項分布は平均付近で鋭いピークを持つので，比 K/N は確率 P の良い推定値であると考えられる．

これらの結果から，確率密度関数は

$$p(\boldsymbol{x}^*) \approx \frac{K}{NV} \tag{3.25}$$

のように推定できることがわかる．

ただし，このような近似が成り立つためには，つぎのような相反する要請を満足するように領域 R を選ばなければならない．まず，領域 R 内で確率密度関数 $p(\boldsymbol{x})$ があまり変化しないためには，領域 R は十分小さくなければならない．一方，二項分布が鋭いピークを持つためには，領域 R に入るサンプルの数が十分多くなければならないので，領域 R はある程度大きくなければならない．

3.3.2 核関数に基づく方法

ここでは，領域 R の体積 V を固定して，データから K を決定することを考える．領域 R として，点 $\boldsymbol{x}^*$ を中心とする辺の長さが h の超立方体 (hypercube) を考えよう．このとき，領域 R の体積は

$$V = h^M \tag{3.26}$$

となる．原点を中心とする辺の長さが 1 の超立方体は，核関数

$$H(\boldsymbol{u}) = \begin{cases} 1 & |u_j| < 1/2, \ j = 1, \cdots, M \\ 0 & \text{otherwise} \end{cases} \tag{3.27}$$

を用いて表すことができる．したがって，$H\left(\frac{(\boldsymbol{x}^* - \boldsymbol{x}_i)}{h}\right)$ はデータ点 $\boldsymbol{x}_i$ が $\boldsymbol{x}^*$ を中心とする一辺が h の超立方体の内側にあるときにのみ 1 となり，それ以外の場合は 0 となる．このような核関数 $H(\boldsymbol{u})$ は，**Parzen の窓関数**（Parzen window）と呼ばれている．この核関数を用いると，N 個のデータのうち領域 R 内に入るデータの個数 K は

$$K = \sum_{i=1}^{N} H\left(\frac{(\boldsymbol{x}^* - \boldsymbol{x}_i)}{h}\right) \tag{3.28}$$

のように表される．点 $\boldsymbol{x}^*$ での確率密度関数の値 $p(\boldsymbol{x}^*)$ は，式 (3.26) および式 (3.28) を式 (3.25) に代入することにより

$$\tilde{p}(\boldsymbol{x}^*) = \frac{1}{N} \sum_{i=1}^{N} \frac{1}{h^M} H\left(\frac{(\boldsymbol{x}^* - \boldsymbol{x}_i)}{h}\right) \tag{3.29}$$

で推定できる．

ただし，Parzen の窓関数を用いた推定法では推定された密度分布は滑らかではない．これを滑らかにするためには，核関数として滑らかなものを利用する必要がある．滑らかな核関数として，一般に，多変量正規分布に基づく核関数が用いられることが多い．この場合には，求めたい確率密度関数の値 $\tilde{p}(\boldsymbol{x}^*)$ は

$$\tilde{p}(\boldsymbol{x}^*) = \frac{1}{N} \sum_{i=1}^{N} \frac{1}{(2\pi h^2)^{M/2}} \exp\left(-\frac{||\boldsymbol{x}^* - \boldsymbol{x}_i||^2}{2h^2}\right) \tag{3.30}$$

のように推定される．

核関数に基づく方法では，領域の大きさ h を変更することにより推定される密度分布の滑らかさが制御できる．しかしながら，もし推定される密度分布の滑らかさを大きくしすぎると，バイアスが大きくなり良い推定結果が得られなくなる．一方，滑らかさが十分でない場合には，密度分布が個々の学習データに強く依存するようになり，推定結果の分散が大きくなってしまう．したがって，良い推定結果を得るためには，滑らかさのパラメータを適切な値に決めることが重要となる．

3.3.3 K-最近傍法

核関数に基づく方法では,領域 R の体積 V を固定して,データから K を決定した。K-最近傍法では,逆に K を固定して,V を決定することにより確率分布を推定する。そのため点 $\boldsymbol{x}^*$ を中心とする超球を考え,その超球内にちょうど K 個のデータ点が含まれるまで超球の半径をしだいに大きくしていき,ちょうど K 個のデータ点が含まれるようになった超球の体積を $V(\boldsymbol{x}^*)$ とすると,その点での確率密度関数の値は,式 (3.25) から

$$\tilde{p}(\boldsymbol{x}^*) = \frac{K}{NV(\boldsymbol{x}^*)} \tag{3.31}$$

のように推定できる。

K-最近傍法では,超球に含まれるデータ点の個数 K を大きくすると,推定される密度分布はしだいに滑らかになる。核関数に基づく方法の場合と同様に,滑らかさを大きくしすぎると,バイアスが大きくなり良い推定結果が得られなくなり,滑らかさが不十分な場合には,密度分布が個々の学習データに強く依存して,推定結果の分散が大きくなってしまう。ここでも,滑らかさのパラメータを適切な値に決めることが重要となる。

1 章で紹介したベイズ決定理論から,識別誤りが最小となる最適な識別方式(ベイズ識別方式)は,事後確率が最大となるクラスに識別する方式であった。ここでは,これを近似する識別方式として,訓練データから K-最近傍法を利用して事後確率を推定し,それを識別に利用する方法を考えよう。

いま,L 個のクラス $\{C_1, C_2, \cdots, C_L\}$ があり,訓練データとして,各クラス C_k $(k = 1, \cdots, L)$ から N_k $(k = 1, \cdots, L)$ 個の特徴ベクトル $\{\boldsymbol{x}_1^{(k)}, \boldsymbol{x}_2^{(k)}, \cdots, \boldsymbol{x}_{N_k}^{(k)}\}$ が得られたとする。また,全学習データ数は $N = \sum_{k=1}^{L} N_k$ とする。

このとき,点 $\boldsymbol{x}^*$ を中心とする超球を考え,その中にちょうど K 個の学習データを含むまで超球の半径を大きくしていったときの超球の体積を $V(\boldsymbol{x}^*)$ とする。また,その超球内には,クラス C_k $(k = 1, \cdots, L)$ のデータが K_k $(k = 1, \cdots, L)$ 個含まれているとする。

K-最近傍法を用いると,点 $\boldsymbol{x}^*$ での確率密度関数の値は

$$\tilde{p}(\bm{x}^*) = \frac{K}{NV(\bm{x}^*)} \tag{3.32}$$

となる.また,クラス C_k の条件付き確率密度関数の値は

$$\tilde{p}(\bm{x}^*|C_k) = \frac{K_k}{N_k V(\bm{x}^*)} \tag{3.33}$$

のように推定できる.一方,事前確率は

$$\tilde{P}(C_k) = \frac{N_k}{N} \tag{3.34}$$

のように推定できる.したがって,ベイズの定理より,点 $\bm{x}^*$ が与えられたときの,クラス C_k の事後確率は

$$\tilde{P}(C_k|\bm{x}^*) = \frac{\tilde{P}(C_k)\tilde{p}(\bm{x}^*|C_k)}{\tilde{p}(\bm{x}^*)} = \frac{K_k}{K} \tag{3.35}$$

となる.これは,点 $\bm{x}^*$ の近傍の K 個の訓練サンプル中に含まれるクラス C_k のサンプル数の割合である.

1章のベイズ決定理論から,誤り確率を最小とするような最適な識別のためには,推定した事後確率の値が最大となるクラスに識別すればよい.このような識別方法は,**K-最近傍識別規則**(K-nearest-neighbors classification rule)と呼ばれている.

特に,$K=1$ の場合には,入力特徴ベクトル $\bm{x}^*$ に最も近い訓練サンプルのクラスに識別する方式となる.この識別方式は,**最近傍識別**(nearest-neighbor classification)と呼ばれている.

Cover と Hart は,最近傍識別の誤識別率について重要な定理を証明している[4]).1章で示したように,事後確率 $P(C_i|\bm{x})$ が最大のクラスに識別するベイズ識別で達成される期待損失(最小誤識別率)P_e^* は

$$P_e^* = 1 - \int \max_i P(C_i|\bm{x}) p(\bm{x}) d\bm{x} \tag{3.36}$$

で与えられる.ベイズ識別は確率が完全にわかっている場合の最適な識別方式であるから,この誤差は達成可能な最小の誤差である.訓練サンプルが無限に存在する場合の最近傍識別での誤識別率 P は,ベイズ識別で達成可能な最小誤

識別率 P_e^* を用いて

$$P_e^* \leq P \leq P_e^* \left(2 - \frac{M}{M-1}P_e^*\right) \tag{3.37}$$

のように評価できる[3]。これは，訓練サンプルが無限にある場合には，最近傍識別で達成される誤識別率は，最適な識別方式であるベイズ識別の誤識別率の2倍を超えないということを意味している。

しかし，現実には，訓練サンプルは有限個であり，高次元の特徴ベクトルに対して，つぎのような欠点がある。特徴ベクトルの次元が高くなると，近傍のサンプルとの距離が大きくなる傾向がある。そのため高次元空間でのK-最近傍法を用いた推定値はバイアスを持ってしまい，K-最近傍識別の識別性能が低下することが知られている。これを改善するために，入力特徴ベクトルごとに，その近傍のサンプル集合から適応的に距離尺度を定義する手法や大局的に特徴の次元を圧縮する手法などが提案されている[5]。

また，K-最近傍法では，すべての訓練サンプルを記憶しておく必要がある。このため，近傍を探すための計算コストが大きい。これらは，K-最近傍法のもう一つの欠点である。これを改善するために，記憶しておくサンプルの数を削減するための手法や，計算を高速化するための手法が提案されている[3,5]。

3.3.4　K-最近傍法による確率分布の推定の応用

図3.1に，Fisherのアヤメのデータからガクの長さと幅を計測した二次元のデータを訓練データとして，K-最近傍法を適用した結果を示す。図(a)は $K=3$ の場合の結果であり，図(b)は $K=15$ の場合の結果である。多少複雑に入り組んでいるが3種類のアヤメを識別できそうな識別境界が構成されていることがわかる。特に，Setosaは正しく識別できている。また，K の値を大きくすると識別境界が滑らかになることも確認できる。

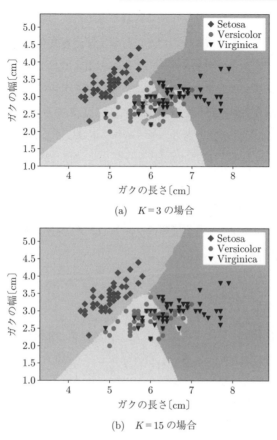

(a) $K=3$ の場合

(b) $K=15$ の場合

図 **3.1** アヤメのデータに対する K-最近傍法

3.4 セミパラメトリックな手法

　これまで確率密度関数の推定方法として，パラメトリックモデルに基づく方法とノンパラメトリックな方法について述べた．パラメトリックモデルに基づく方法は，新しいデータに対する確率密度の計算が比較的簡単であるが，真の分布と仮定したモデルが異なる場合には必ずしも良い推定結果が得られないかもしれない．

一方，ノンパラメトリックな手法は，真の確率密度関数がどのような関数であっても推定できるが，新しいデータに対して確率密度を評価するための計算量が学習用のデータ数の増大に伴ってどんどん増えてしまう。

セミパラメトリックな手法は，パラメトリックモデルに基づく方法とノンパラメトリックな方法の中間的な手法であり，これらの手法の良い点を取り入れ，欠点を改善するような手法である。セミパラメトリックな方法の代表例として，混合分布モデルに基づく方法がある。

3.4.1 混合分布モデル

M 次元のベクトル $\bm{x}$ の確率密度関数 $p(\bm{x})$ が，Q 個の確率密度関数 $\{p(\bm{x}|q); q = 1, \cdots, Q\}$ の重み付き線形結合

$$p(\bm{x}) = \sum_{q=1}^{Q} \omega_q p(\bm{x}|q) \tag{3.38}$$

によってモデル化できるとする。このような分布は，**混合分布**（mixture distribution）と呼ばれている。また，重み係数 ω_q は，**混合パラメータ**（mixinig parameter）と呼ばれており，条件

$$\sum_{q=1}^{Q} \omega_q = 1, \quad 0 \leq \omega_q \leq 1 \tag{3.39}$$

を満たすものとする。同様に，各確率密度関数 $p(\bm{x}|q)$ は

$$\int p(\bm{x}|q) d\bm{x} = 1 \tag{3.40}$$

を満たすものとする。

以下では，確率密度関数として，平均 $\bm{\mu}_q$，分散共分散行列 $\Sigma_q = \sigma_q^2 I$ の正規分布

$$p(\bm{x}|q) = \frac{1}{(2\pi\sigma_q^2)^{M/2}} \exp\left(-\frac{||\bm{x} - \bm{\mu}_q||^2}{2\sigma_q^2}\right) \tag{3.41}$$

の場合を例にパラメータの推定法について説明する。

3.4.2 混合分布モデルのパラメータの最尤推定

各確率密度関数が式 (3.41) の多次元正規分布に従う場合の混合分布は，パラメータとして，重み係数 ω_q，各確率密度の平均 $\boldsymbol{\mu}_q$ および分散 σ_q を持つので，訓練データからそれらを推定する必要がある。N 個のサンプルを含む訓練データ $\{\boldsymbol{x}_n | n = 1, \cdots, N\}$ が与えられているとし，最尤法でこれらのパラメータを推定することを考える。

与えられた訓練用データに対する尤度は

$$L = \prod_{n=1}^{N} p(\boldsymbol{x}_n) = \prod_{n=1}^{N} \left(\sum_{q=1}^{Q} \omega_q p(\boldsymbol{x}_n | q) \right) \tag{3.42}$$

となる。したがって，対数尤度 l は

$$l = \log L = \sum_{n=1}^{N} \log p(\boldsymbol{x}_n) = \sum_{n=1}^{N} \log \left(\sum_{q=1}^{Q} \omega_j p(\boldsymbol{x}_n | q) \right) \tag{3.43}$$

となる。

対数尤度 l を最大とするパラメータは，非線形最適化手法を用いて求めることができる。ただし，パラメータの選び方によっては，対数尤度が無限大になってしまうので，それを避けるための工夫が必要となる。対数尤度 l はパラメータに関して微分可能な連続関数であるから，パラメータ $\boldsymbol{\mu}_q$ および σ_q で偏微分すると

$$\frac{\partial l}{\partial \boldsymbol{\mu}_q} = \sum_{n=1}^{N} \frac{\omega_q p(\boldsymbol{x}_n | q)}{p(\boldsymbol{x}_n)} \frac{(\boldsymbol{x}_n - \boldsymbol{\mu}_q)}{2\sigma_q^2} = \sum_{n=1}^{N} P(q | \boldsymbol{x}_n) \frac{(\boldsymbol{x}_n - \boldsymbol{\mu}_q)}{2\sigma_q^2} \tag{3.44}$$

$$\frac{\partial l}{\partial \sigma_j} = \sum_{n=1}^{N} \frac{\omega_q p(\boldsymbol{x}_n | q)}{p(\boldsymbol{x}_n)} \left(-\frac{d}{\sigma_q} + \frac{||\boldsymbol{x}_n - \boldsymbol{\mu}_q||^2}{\sigma_j^3} \right)$$

$$= \sum_{n=1}^{N} P(q | \boldsymbol{x}_n) \left(-\frac{d}{\sigma_q} + \frac{||\boldsymbol{x}_n - \boldsymbol{\mu}_q||^2}{\sigma_q^3} \right) \tag{3.45}$$

となる。ただし

$$P(q | \boldsymbol{x}_n) = \frac{\omega_q p(\boldsymbol{x}_n | q)}{p(\boldsymbol{x}_n)} \tag{3.46}$$

である。

一方，混合パラメータ ω_q は，条件の式 (3.39) を満たす必要がある。補助パラメータ γ_q を用いて

$$\omega_q = \frac{\exp(\gamma_q)}{\sum_{k=1}^{Q} \exp(\gamma_k)} \tag{3.47}$$

のように定義すると，混合パラメータ ω_q は条件を満たすようになる。これは Softmax 関数と呼ばれている。

対数尤度 l を補助パラメータ γ_q で偏微分すると

$$\frac{\partial l}{\partial \gamma_q} = \sum_{k=1}^{Q} \frac{\partial l}{\partial \omega_k} \frac{\partial \omega_k}{\partial \gamma_q} = \sum_{n=1}^{N} (P(q|\boldsymbol{x}_n) - \omega_q) \tag{3.48}$$

となる。

また，対数尤度の微分を 0 とおくことにより，尤度を最大とする最尤解に関して

$$\hat{\omega}(q) = \frac{1}{N} \sum_{n=1}^{N} P(q|\boldsymbol{x}_n) \tag{3.49}$$

$$\hat{\boldsymbol{\mu}}_q = \frac{\sum_{n=1}^{N} P(q|\boldsymbol{x}_n)\boldsymbol{x}_n}{\sum_{n=1}^{N} P(q|\boldsymbol{x}_n)} \tag{3.50}$$

$$\hat{\sigma}_q^2 = \frac{1}{M} \frac{\sum_{n=1}^{N} P(q|\boldsymbol{x}_n)||\boldsymbol{x}_n - \hat{\boldsymbol{\mu}}_q||^2}{\sum_{n=1}^{N} P(q|\boldsymbol{x}_n)} \tag{3.51}$$

のような関係が成り立つことがわかる。これは，最尤解が各要素への帰属度を表す事後確率 $P(q|\boldsymbol{x}_n)$ を重みとして計算されることを示している。

3.4.3　EM アルゴリズム

EM アルゴリズム (expectation maximization algorithm) は，混合分布モデルのパラメータの推定にも利用できる不完全データからの学習アルゴリズムで

あり，最急降下法と同様に解を逐次改良することにより，しだいに最適な解に近づけていく手法である．直感的にわかりやすく，しかも初期段階での収束性が速いことが知られている．統計学では EM アルゴリズムの基本的な考え方は古くから知られていたが，EM アルゴリズムの一般的な定式化は Dempster らによって行われた[6]．また，Amari は EM アルゴリズムの幾何学的な意味を明らかにし，なぜ EM アルゴリズムがうまく働くかの幾何学的なイメージを与えた[7]．

混合分布モデルの各要素の確率密度関数が，平均 $\boldsymbol{\mu}_q$，分散共分散行列 $\Sigma_q = \sigma_q^2 I$ の正規分布の場合，もし各サンプルがどの正規分布から生成されたのかがすべてわかっていれば，パラメータの推定は非常に簡単になる．しかし，実際には，どの正規分布から生成されたのかもわからないため，それも訓練データから推定する必要がある．

EM アルゴリズムを適用するためには，与えられたベクトル $\boldsymbol{x}$ とそのベクトルがどの正規分布から生成されたのかを表す番号 z を含めた $(\boldsymbol{x}, z)$ を完全データとみなし，$\boldsymbol{x}$ を不完全データとみなす．

この場合，完全データ $(\boldsymbol{x}, z)$ の分布は

$$f(\boldsymbol{x}, z) = \omega_z p(\boldsymbol{x}|z) \tag{3.52}$$

のように書ける．また，この分布に従う N 個の完全データに対する対数尤度は

$$\hat{l} = \sum_{n=1}^{N} \log f(\boldsymbol{x}_n, z_n) = \sum_{n=1}^{N} \log \left(\omega_{z_n} p(\boldsymbol{x}_n|z_n) \right) \tag{3.53}$$

となる．

EM アルゴリズムでは，パラメータの適当な初期値 $\boldsymbol{\theta}^{(0)}$ から始めて，E ステップ (expectation step) と M ステップ (maximization step) と呼ばれる二つの手続きを繰り返すことにより，パラメータの値を逐次更新する．

いま，繰返し回数 t でのパラメータの推定値を $\boldsymbol{\theta}^{(t)}$ とすると，E ステップと M ステップでは，それぞれつぎのような計算を行う．

- **E ステップ**：完全データの対数尤度 $\hat{l}$ のデータ $\boldsymbol{x}$ とパラメータ $\boldsymbol{\theta}^{(t)}$ に関する条件付き期待値

$$J(\boldsymbol{\theta}|\boldsymbol{\theta}^{(t)}) = E[\log f(\boldsymbol{x}, z)|\boldsymbol{\theta}^{(t)}] \tag{3.54}$$

を計算する。

・Mステップ：$J(\boldsymbol{\theta}|\boldsymbol{\theta}^{(t)})$ を最大とするパラメータを求め新しい推定値 $\boldsymbol{\theta}^{(t+1)}$ とする。

平均 $\boldsymbol{\mu}_q$，分散共分散行列 $\Sigma_q = \sigma_q^2 I$ の正規分布の混合分布の場合には，$J(\boldsymbol{\theta}|\boldsymbol{\theta}^{(t)})$ を最大とするパラメータは陽に求まり，EMアルゴリズムの繰返し計算は

$$\hat{\omega}_q^{(t+1)} = \frac{1}{N} \sum_{n=1}^{N} P(q|\boldsymbol{x}_n, \boldsymbol{\theta}^{(t)}) \tag{3.55}$$

$$\hat{\boldsymbol{\mu}}_q^{(t+1)} = \frac{\sum_{n=1}^{N} P(q|\boldsymbol{x}_n, \boldsymbol{\theta}^{(t)})\boldsymbol{x}_n}{\sum_{n=1}^{N} P(q|\boldsymbol{x}_n, \boldsymbol{\theta}^{(t)})} \tag{3.56}$$

$$\hat{\sigma}_q^{2\ (t+1)} = \frac{1}{M} \frac{\sum_{n=1}^{N} P(q|\boldsymbol{x}_n, \boldsymbol{\theta}^{(t)})\|\boldsymbol{x}_n - \hat{\boldsymbol{\mu}}_q\|^2}{\sum_{n=1}^{N} P(q|\boldsymbol{x}_n, \boldsymbol{\theta}^{(t)})} \tag{3.57}$$

のようになる。これは，先に導出した式 (3.51) とまったく同じであり，各要素への帰属度を表す事後確率の現時点での推定値 $P(q|\boldsymbol{x}_n, \boldsymbol{\theta}^{(t)})$ を重みとして，パラメータを更新することを繰り返せばよいことになる。

このようなEステップとMステップの繰返しで得られるパラメータは，尤度を単調に増加させることが知られている。このことから，ほかの同様な反復アルゴリズムに比べて数値的に安定な挙動を示すことが知られている。また，逆行列の計算が不要で，Newton法などの非線形最適化手法に比べて簡単である。しかも，多くの例ではほかの手法に比べて良い解に収束することが知られており，繰返しの初期の段階ではNewton法と同程度に速い。ただし，解の近くでは収束が遅くなるので，注意が必要である。また，大域的な収束は保証されていない。つまり，初期値の選び方で結果が変わるので，実際の応用では注意が必要である。

3.4.4 混合分布モデルによる確率密度関数の推定の応用

Fisher のアヤメのデータからガクの長さと幅を計測した二次元のデータを訓練データとして，各クラスの確率密度関数を混合正規分布と仮定し，それらのパラメータを推定した．推定結果から事後確率の対数を計算することで，1章のベイズ識別を近似的に実現することができる．図 3.2 にそのようにして識別関数を構成した結果を示す．図 (a) は各クラスの確率分布を3個の二次元正規分布の混合分布として推定した場合の結果である．一方，図 (b) は5個の二次元正規分布の混合分布として推定した場合の結果である．

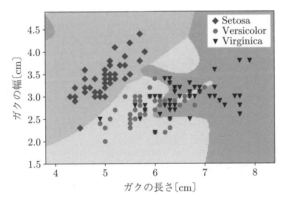

(a) 3個の二次元正規分布の混合分布として推定

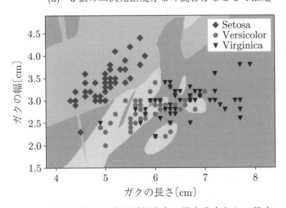

(b) 5個の二次元正規分布の混合分布として推定

図 3.2 アヤメのデータの正規混合分布を用いた識別

この図から3種類のアヤメを識別する識別境界が構成できていることがわかる。特に，混合分布の要素数を大きくすると識別境界がより複雑になることも確認できる。

4 予測のための線形モデル

4.1 線形回帰分析

　1章と2章では，データの背後の確率分布が完全にわかっている場合の最適な識別や予測の非線形関数がどのようなものかについて述べた．特に，2章では，予測のための最適な非線形関数は，条件付き期待値 $f_{opt}(\boldsymbol{x}) = \int y p(y|\boldsymbol{x}) dy$ であることを示した．3章では，訓練データから確率分布を推定する手法を紹介した．したがって，3章で紹介した方法を用いて訓練データから確率分布を推定し，その結果から予測のための最適な非線形関数 $f_{opt}(\boldsymbol{x})$ を近似するモデルを求めることができる．

　本章では，そのような確率分布の推定を経由しないで，訓練データから，入力ベクトルから目的変数の値を推定する関数を直接構成する手法，すなわち**線形回帰分析** (linear regression analysis) を紹介する．

　まず，最も簡単な場合として，予測のための非線形関数を近似する関数が説明変数に関して線形であるようなモデルについて考えよう．このようなモデルは，**線形回帰モデル** (linear regression model) と呼ばれている．

4.1.1 線形回帰分析のモデル

　ここでは，M 個の説明変数 $x_1, x_2, \cdots, x_M$ から目的変数 y を予測する問題を考える．いま，説明変数を並べたベクトルを $\boldsymbol{x} = \begin{bmatrix} x_1 & x_2 & \cdots & x_M \end{bmatrix}^T$ とする．また，N 個の訓練サンプルの集合を $\{(\boldsymbol{x}_i, y_i) | i = 1, \cdots, N\}$ で表す．

説明変数を並べたベクトル $\boldsymbol{x}$ から目的変数 y を予測するための関数として，線形モデル

$$y \approx f(\boldsymbol{x}) = \beta_0 + \beta_1 x_1 + \beta_2 x_2 + \cdots + \beta_M x_M$$
$$= \beta_0 + \sum_{j=1}^{M} \beta_j x_j = \beta_0 + \boldsymbol{\beta}^T \boldsymbol{x} \tag{4.1}$$

を考える。このモデルのパラメータは，$\beta_0, \beta_1, \beta_2, \cdots, \beta_M$ である。つまり，このモデルは $M+1$ 個のパラメータを持つ。ここで，$\boldsymbol{\beta} = \begin{bmatrix} \beta_1 & \beta_2 & \cdots & \beta_M \end{bmatrix}^T$ とする。

4.1.2 最小二乗法

線形回帰分析では，最小二乗法によりモデルのパラメータを決定する。つまり，目的変数の実際の値 y_i と線形モデルでの予測値 $\hat{y}_i = \beta_0 + \boldsymbol{\beta}^T \boldsymbol{x}_i$ との差（誤差）e_i の二乗平均（平均二乗誤差）が最も小さくなるようなパラメータを求める。

誤差は

$$e_i = y_i - (\beta_0 + \boldsymbol{\beta}^T \boldsymbol{x}) \tag{4.2}$$

のように表すことができるので，平均二乗誤差は

$$\varepsilon_{emp}^2(\beta_0, \boldsymbol{\beta}) = \frac{1}{N} \sum_{i=1}^{N} e_i^2 = \frac{1}{N} \sum_{i=1}^{N} \left(y_i - (\beta_0 + \boldsymbol{\beta}^T \boldsymbol{x}_i)\right)^2 \tag{4.3}$$

のようになる。これは，パラメータ β_0 および $\boldsymbol{\beta}$ に関して二次関数である。したがって，平均二乗誤差 $\varepsilon_{emp}^2(\beta_0, \boldsymbol{\beta})$ を各パラメータで偏微分して 0 とおけば，最適なパラメータを求めることができる。

平均二乗誤差 $\varepsilon_{emp}^2(\beta_0, \boldsymbol{\beta})$ をパラメータ β_0 で偏微分して 0 とおくと

$$\frac{\partial \varepsilon_{emp}^2(\beta_0, \boldsymbol{\beta})}{\partial \beta_0} = -\frac{1}{N} \sum_{i=1}^{N} \left(y_i - (\beta_0 + \boldsymbol{\beta}^T \boldsymbol{x})\right) \tag{4.4}$$

4.1 線形回帰分析

$$= \bar{y} - \beta_0 - \boldsymbol{\beta}^T \bar{\boldsymbol{x}} = 0 \tag{4.5}$$

となる。ここで

$$\bar{y} = \frac{1}{N} \sum_{i=1}^{N} y_i \tag{4.6}$$

$$\bar{\boldsymbol{x}} = \frac{1}{N} \sum_{i=1}^{N} \boldsymbol{x}_i \tag{4.7}$$

である。これから，最適な β_0 は

$$\beta_0^* = \bar{y} - \boldsymbol{\beta}^T \bar{\boldsymbol{x}} \tag{4.8}$$

となる。これを，先の平均二乗誤差の式 (4.3) に代入すると

$$\begin{aligned}\varepsilon_{emp}^2(\beta_0^*, \boldsymbol{\beta}) &= \frac{1}{N} \sum_{i=1}^{N} \left((y_i - \bar{y}) - \boldsymbol{\beta}^T (\boldsymbol{x}_i - \bar{\boldsymbol{x}})\right)^2 \\ &= \sigma_y^2 - 2\boldsymbol{\beta}^T \Sigma_{xy} + \boldsymbol{\beta}^T \Sigma_{xx} \boldsymbol{\beta}\end{aligned} \tag{4.9}$$

となる。ここで，σ_y^2, Σ_{xy}, および，Σ_{xx} は，それぞれ，目的変数 y の分散，説明変数ベクトル $\boldsymbol{x}$ と目的変数 y の共分散を並べたベクトル，および，説明変数ベクトル $\boldsymbol{x}$ の分散共分散行列であり

$$\sigma_y^2 = \frac{1}{N} \sum_{i=1}^{N} (y_i - \bar{y})^2 \tag{4.10}$$

$$\Sigma_{xy} = \frac{1}{N} \sum_{i=1}^{N} (\boldsymbol{x}_i - \bar{\boldsymbol{x}})(y_i - \bar{y}) \tag{4.11}$$

$$\Sigma_{xx} = \frac{1}{N} \sum_{i=1}^{N} (\boldsymbol{x}_i - \bar{\boldsymbol{x}})(\boldsymbol{x}_i - \bar{\boldsymbol{x}})^T \tag{4.12}$$

で定義される。

これをパラメータベクトル $\boldsymbol{\beta}$ で偏微分して $\boldsymbol{0}$ とおくと

$$\frac{\partial \varepsilon_{emp}^2(\beta_0^*, \boldsymbol{\beta})}{\partial \boldsymbol{\beta}} = -2\Sigma_{xy} + 2\Sigma_{xx} \boldsymbol{\beta} = \boldsymbol{0} \tag{4.13}$$

となる。これから、パラメータベクトル $\boldsymbol{\beta}$ に関して、連立方程式

$$\Sigma_{xx}\boldsymbol{\beta} = \Sigma_{xy} \tag{4.14}$$

が得られる。もし説明変数ベクトル $\boldsymbol{x}$ の分散共分散行列 Σ_{xx} が逆行列を持つなら、最適なパラメータベクトル $\boldsymbol{\beta}^*$ は

$$\boldsymbol{\beta}^* = \Sigma_{xx}^{-1}\Sigma_{xy} \tag{4.15}$$

となる。したがって、最適な線形予測関数は

$$f_{linreg}(\boldsymbol{x}) = \beta_0^* + \boldsymbol{\beta}^{*T}\boldsymbol{x} = \bar{y} + \Sigma_{xy}^T\Sigma_{xx}^{-1}(\boldsymbol{x} - \bar{\boldsymbol{x}}) \tag{4.16}$$

となる。

4.1.3 最適な線形回帰関数 $f_{linreg}(\boldsymbol{x})$ で達成される平均二乗誤差

ここでも、この最適な線形回帰関数 $f_{linreg}(\boldsymbol{x})$ で達成される最小の平均二乗誤差を計算しておく。線形回帰の平均二乗誤差の式 (4.5) に最適なパラメータ β_0^* および $\boldsymbol{\beta}^*$ を代入すると

$$\begin{aligned}\varepsilon_{emp}^2(\beta_0^*, \boldsymbol{\beta}^*) &= \sigma_y^2 - 2\Sigma_{xy}^T\Sigma_{xx}\Sigma_{xy} + \Sigma_{xy}^T\Sigma_{xx}^{-1}\Sigma_{xx}\Sigma_{xx}^{-1}\Sigma_{xy} \\ &= \sigma_y^2 - \Sigma_{xy}^T\Sigma_{xx}^{-1}\Sigma_{xy} = \sigma_y^2\left(1 - \frac{\Sigma_{xy}^T\Sigma_{xx}^{-1}\Sigma_{xy}}{\sigma_y^2}\right)\end{aligned} \tag{4.17}$$

となる。この括弧内の第二項に現れた

$$R^2 = \frac{\Sigma_{xy}^T\Sigma_{xx}^{-1}\Sigma_{xy}}{\sigma_y^2} \tag{4.18}$$

は、線形回帰分析における決定関数と呼ばれている。この値が 1 に近いほど訓練データに対する近似精度が良いモデルであるといえる。

4.1.4 最適な線形回帰関数の統計量

2 章と同様に、最適な線形回帰関数 $f_{linreg}(\boldsymbol{x})$ の統計量を調べてみよう。ま

ず，最適な線形回帰関数に訓練サンプルの説明変数ベクトルを入力したときに取る値のサンプル平均は

$$\bar{f}_{linreg} = \frac{1}{N}\sum_{i=1}^{N} f_{linreg}(\boldsymbol{x}_i) = \frac{1}{N}\sum_{i=1}^{N}\left(\bar{y} + \Sigma_{xy}^T \Sigma_{xx}^{-1}(\boldsymbol{x}_i - \bar{\boldsymbol{x}})\right)$$

$$= \bar{y} + \Sigma_{xy}^T \Sigma_{xx}^{-1}\left(\frac{1}{N}\sum_{i=1}^{N}\boldsymbol{x}_i - \bar{\boldsymbol{x}}\right) = \bar{y} \quad (4.19)$$

となる。つまり，目的変数 y のサンプル平均に一致する。

同様に，最適な線形回帰関数が取る値のサンプル分散は

$$V(f_{linreg}) = \frac{1}{N}\sum_{i=1}^{N}\left(f_{linreg}(\boldsymbol{x}_i) - \bar{f}_{linreg}\right)^2$$

$$= \frac{1}{N}\sum_{i=1}^{N}\left(\bar{y} + \Sigma_{xy}^T \Sigma_{xx}^{-1}(\boldsymbol{x}_i - \bar{\boldsymbol{x}}) - \bar{y}\right)^2$$

$$= \Sigma_{xy}^T \Sigma_{xx}^{-1}\left(\frac{1}{N}\sum_{i=1}^{N}(\boldsymbol{x}_i - \bar{\boldsymbol{x}})(\boldsymbol{x}_i - \bar{\boldsymbol{x}})^T\right)\Sigma_{xx}^{-1}\Sigma_{xy}$$

$$= \Sigma_{xy}^T \Sigma_{xx}^{-1} \Sigma_{xx} \Sigma_{xx}^{-1} \Sigma_{xy} = \Sigma_{xy}^T \Sigma_{xx}^{-1} \Sigma_{xy} \quad (4.20)$$

となる。

さらに，目的変数 y と最適な線形回帰関数 $f_{linreg}(\boldsymbol{x})$ とのサンプル共分散は

$$COV(y, f_{linreg}) = \frac{1}{N}\sum_{i=1}^{N}(y_i - \bar{y})(f_{linreg}(\boldsymbol{x}_i) - \bar{f}_{linreg})$$

$$= \Sigma_{xy}^T \Sigma_{xx}^{-1}\left(\frac{1}{N}\sum_{i=1}^{N}(\boldsymbol{x}_i - \bar{\boldsymbol{x}})(y_i - \bar{y})\right)$$

$$= \Sigma_{xy}^T \Sigma_{xx}^{-1} \Sigma_{xy} \quad (4.21)$$

となる。

これらの結果から，式 (4.17) の最適な線形回帰関数で達成される平均二乗誤差は

$$\varepsilon_{emp}^2(\beta_0^*, \boldsymbol{\beta}^*) = \sigma_y^2 - \Sigma_{xy}^T \Sigma_{xx}^{-1} \Sigma_{xy} = \sigma_y^2 - COV(y, f_{linreg}) \quad (4.22)$$

のようにも書ける。したがって，決定係数 R^2 は

$$R^2 = \frac{\Sigma_{xy}^T \Sigma_{xx}^{-1} \Sigma_{xy}}{\sigma_y^2} = \frac{\text{COV}(y, f_{linreg})^2}{\sigma_y^2 \text{V}(f_{linreg})} \quad (4.23)$$

のようにも書ける。ここで，目的変数 y とその予測値 $f_{lingreg}(\boldsymbol{x})$ との相関係数を

$$\rho = \frac{\text{COV}(y, f_{linreg})}{\sqrt{\sigma_y^2 \text{V}(f_{linreg})}} \quad (4.24)$$

のように定義すると，決定係数 R^2 は，$R^2 = \rho^2$ であることがわかる。

4.1.5 線形回帰分析の応用

線形回帰分析は，非常に多くの分野で利用されている。ここでは，コンクリートのスランプ試験のデータ[8]への適用例と高次局所自己相関特徴を用いた画像計測への応用例を紹介する。

〔1〕 **コンクリートのスランプ試験のデータへの適用** 固まる前の生コンクリートの流動性を示す値（スランプ値）を求めるための試験（スランプ試験）では，スランプコーンと呼ばれる試験用の入れ物に生コンクリートを入れて，突棒で撹拌したのちスランプコーンを抜き取り，コンクリートの頂部の高さがなんセンチ下がったかを計測する。この数値が大きければ生コンクリートの流動性が高いと考えられる。一般に，コンクリートの中の水分を多くするとスランプが大きくなるが，水を過剰に加えるとコンクリートの強度が低下する。水を過剰に使用することなく，コンクリートの流動性を確保することが重要である。Yeh, I-Cheng は，コンクリートのスランプ試験のデータ[8]を研究用に公開している。これは，スランプ試験に関係する 10 個の変数について，103 回の実験結果を計測したデータである。

ここでは，このデータから一部の計測値を利用して，コンクリートの圧縮強度を予測する線形回帰モデルを構築してみる。説明変数としては，セメントの量 x_1〔kg/m^3〕，灰の量 x_2〔kg/m^3〕，および，水の量 x_3〔kg/m^3〕の三つを用い，それらからコンクリートの圧縮強度 y〔MPa〕を予測する。

まず，このデータを理解するために，セメントの量 x_1，灰の量 x_2，および水の量 x_3 に対する，コンクリートの圧縮強度 y の散布図を**図 4.1** に示す．これらの散布図からは，はっきりした傾向は見えないが，セメントの量と灰の量を

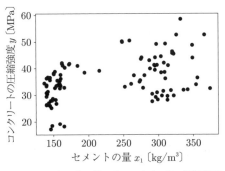

(a) セメントの量 x_1 とコンクリートの圧縮強度 y

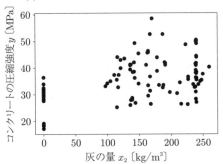

(b) 灰の量 x_2 とコンクリートの圧縮強度 y

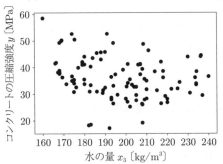

(c) 水の量 x_3 とコンクリートの圧縮強度 y

図 4.1 コンクリートデータの散布図

増やすと圧縮強度が増加し,逆に,水の量を増やすと圧縮強度が低下する傾向があることがわかる。

前節で示したように,予測のための線形回帰モデルとして

$$y \approx \beta_0 + \beta_1 x_1 + \beta_2 x_2 + \beta_3 x_3 \tag{4.25}$$

を考え,103 個のサンプルに対する残差平方和を最小とするパラメータを求めてみた。

その結果,予測のための線形回帰モデルとして

$$\hat{y} = 23.7311 + 0.0896\,x_1 + 0.0754\,x_2 - 0.0991\,x_3 \tag{4.26}$$

が得られた。この線形回帰モデルは,セメントの量を $1\,\mathrm{kg/m^3}$ 増やすとコンクリートの圧縮強度が $0.089\,\mathrm{MPa}$ だけ向上し,灰の量を $1\,\mathrm{kg/m^3}$ 増やすと圧縮強度が $0.0754\,\mathrm{MPa}$ だけ向上し,逆に,水の量を $1\,\mathrm{kg/m^3}$ 増やすと圧縮強度が $0.0991\,\mathrm{MPa}$ だけ低下することを示している。この線形回帰モデルの決定係数は,0.832 であった。これは,この線形回帰モデルを用いて,かなり良い予測が可能であることを示している。

この線形回帰モデルを利用すると,訓練データには含まれていない説明変数の値(例えば,セメントの量が $200\,\mathrm{kg/m^3}$,灰の量が $150\,\mathrm{kg/m^3}$,水の量が $100\,\mathrm{kg/m^3}$)に対しても目的変数の値を推定することができる。実際,この例では,コンクリートの圧縮強度の推定値は

$$\begin{aligned}\hat{y} &= 23.7311 + 0.0896 \times 200 + 0.0754 \times 150 - 0.0991 \times 100 \\ &= 43.0511\end{aligned}$$

となる。

〔2〕 **高次局所自己相関特徴と重回帰分析による画像計測**　　Otsu らは,画像の認識や計測のために有効な基本的な画像特徴として,自己相関関数を拡張した**高次局所自己相関**(higher-order local autocorrelation, **HLAC**)を用いた画像特徴量を提案し,それらの特徴を多変量データ解析手法を用いて統合して有効な特徴を抽出する画像計測・認識手法を提案した[16]。

自己相関関数の高次への拡張は，高次自己相関関数と呼ばれている[9]。参照点 r での対象画像の輝度値を $I(r)$ とすると，P 次自己相関関数は，参照点周りの P 個の変位 $(a_1, \cdots, a_P)$ に対して

$$x(a_1, \cdots, a_P) = \int I(r)I(r+a_1) \cdots I(r+a_P)dr \qquad (4.27)$$

で定義される．

このように定義される高次自己相関関数は，次数 P や変位 $(a_1, \cdots, a_P)$ の取り方により無数に定義できる．一般に，画像では近くの画素間の局所的な相関のほうが重要であると考えられるので，変位を取る範囲を局所領域に限定することにする．例えば，次数 P を高々二次までとして，変位を参照点 r の周りの局所的な 3×3 画素の領域に限定する．つまり，局所的な領域内での 3 点までの相関関係を特徴として採用する．この場合には，平行移動により等価な特徴を除くと，二値画像に対して，特徴の数は全部で 25 個になる．図 4.2 に 25 個の局所パターンを示す．この図で，No.3 の局所パターンは，参照点の画素値とその右上の画素値との相関を計算することを意味する．また，No.6 の局所パターンは，参照点の画素値とその左右の画素値との相関を計算することを意味

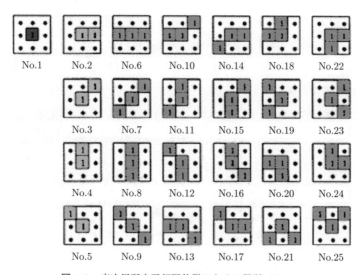

図 4.2 高次局所自己相関特徴のための局所パターン

する。濃淡画像に対しても，同様に平行移動により等価な特徴を除くと35個の特徴が得られる。各特徴の計算は，局所パターンの対応する画素の輝度値の積を全画像に対して足し合わせればよい。

高次局所自己相関特徴は，画像枠内の対象の位置が変わっても変化しない特徴であり，しかも，画像中に複数の対象があった場合，画像全体に対する特徴は，各対象の特徴の和になる。つまり，画像内の対象に対して加法性を満たす特徴である。これらの性質は画像計測にとっても好ましいものである。画像から抽出した高次局所自己相関特徴と線形回帰による例からの学習を組み合わせ，例となる画像とそれに対する望みの計測結果を学習することにより，システムが自動的に計測課題に有効な推定方法を習得できるようになる。

学習に用いる N 枚の画像の集合を $\{I_i | i = 1, \cdots, N\}$ とする。また，画像 I_i に対する望みの計測結果を y_i とする。このとき，各画像 I_i から高次局所自己相関特徴ベクトルを $\boldsymbol{x}_i$ を抽出し，特徴ベクトルと望みの計測結果との対の集合 $\{(\boldsymbol{x}_i, y_i) | i = 1, \cdots, N\}$ を訓練データとして，線形回帰モデルを当てはめると，新たな入力画像に対する計測値を予測できるようになる。

具体的な応用例として，画面内の2種類の直径の異なる粒子の個数を同時に計測する課題に対して線形回帰モデルを構築してみた。学習用データとしては無作為に生成した2種類の粒子を含む40枚の画像を用いた。この場合，望みの計測値としては，$\boldsymbol{y} = \begin{bmatrix} 大きい粒子の個数 & 小さい粒子の個数 \end{bmatrix}^T$ を用いた。図 **4.3** にテスト用の画像の例を示す。学習したパラメータを用いて粒子数を推定すると，画像 (a) に対して $\boldsymbol{z} = \begin{bmatrix} 4.10 & 5.88 \end{bmatrix}^T$，画像 (b) に対して $\boldsymbol{z} = \begin{bmatrix} 3.09 & 0.888 \end{bmatrix}^T$，画像 (c) に対して $\boldsymbol{z} = \begin{bmatrix} 1.97 & 3.02 \end{bmatrix}^T$ であった。正確ではないが，ある程度の推定結果が得られていることがわかる。

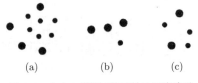

図 **4.3** 大小2種類の粒子数の同時計測

学習用のデータを変更することにより，同じ手法を別の課題に適用することができる．そこで，対象の形によらない位相的特徴を計測する課題を学習させてみた．まず，図 4.4 に示すような画像から高次局所自己相関特徴を抽出し，それを説明変数として画面内の分離した孤立対象の個数を推定する線形回帰モデルを構築した．画像内の孤立対象の個数は対象の形に無関係である．線形回帰モデルのパラメータを求めるために，さまざまな形の分離対象を含む 48 枚の画像を用意し，各画像から高次局所相関特徴を抽出した．また，各画像中の孤立対象の個数を目的変数の値とした．48 枚の訓練用画像から求めた線形回帰モデルは

$$y = x_1 - x_2 - \frac{1}{2}x_3 - x_4 - \frac{1}{2}x_5 + \frac{1}{2}x_{18} + \frac{1}{2}x_{20} + \frac{1}{2}x_{22} + \frac{1}{2}x_{24}$$
(4.28)

となった．25 個のこのモデルに含まれていない説明変数に対するパラメータは，すべて 0 であった．つまり，得られたモデルのパラメータは，0，±1，または，±1/2 であった．この線形回帰モデルを用いて画像中の孤立対象の個数を推定させてみると，任意の画像に対して正しく推定できた ((a) 3, (b) 12, (c) 105)．

(a)　　　(b)　　　(c)

図 4.4　孤立対象の個数の計測

このモデルで画像中の孤立対象の個数が正確に推定できるようになった理由について調べてみると，訓練データから構築した線形回帰モデルが，位相数学における Euler の多面体定理と関係していることがわかった．

Euler の多面体定理は，穴の空いていない多面体，つまり，球面に位相同型な多面体の頂点の数，辺の数，面の数について

$$\text{頂点の数} - \text{辺の数} + \text{面の数} = 2$$
(4.29)

が成り立つというものである．画像中の孤立対象の個数の例のような，二次元図形（画像）の場合には，二次元図形を各三角形が穴を含まなくなるまで十分

4. 予測のための線形モデル

細かく三角形に分割（三角分割）したとき，その三角形の面の数 F，辺の数 S，頂点の数 P に関して

$$E = F - S + P \tag{4.30}$$

が位相変換のもとで不変となる．例えば，図 4.5(a) のように二つの孤立対象を含む二次元画像に対して，黒画素の点を頂点として，三角分割すると，三角形の頂点の数 P，辺の数 S，面の数 F は，それぞれ，24, 46, 24 となる．したがって，不変量の値は

$$E_1 = 24 - 46 + 24 = 2 \tag{4.31}$$

となる．これは，ちょうど孤立対象の個数に一致する．

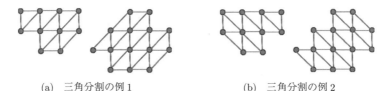

(a) 三角分割の例 1　　　　(b) 三角分割の例 2

図 4.5　二次元図形の三角分割の例

二次元の二値画像から抽出した高次局所自己相関特徴は，この三角分割の頂点の数，辺の数，面の数を計算していることに対応する．具体的には，No.1 の局所パターンに対応する特徴は，頂点の数を計算しており，No.2, No.3, No.4 の局所パターンに対応する特徴は，それぞれ，横線の数，斜め線の数，縦線の数を計算していることに対応する．同様に，面の数は，No.18 と No.22 の局所パターンに対応する特徴で計算できる．したがって，このような三角分割から孤立対象の個数を推定する推定式は

$$E_1 = x_1 - (x_2 + x_3 + x_4) + (x_{18} + x_{22}) \tag{4.32}$$

で与えられる．

じつは，三角分割の仕方はこれだけではなく，図 (b) のように分割すること

もできる。この場合には，頂点の数は，No.1 の局所パターンで計算でき，線の数は，No.2, No.4, No.5 の局所パターンで計算でき，面の数は，No.20, No.24 の局所パターンで計算できる。したがって，このような三角分割から孤立対象の個数を推定する推定式は

$$E_2 = x_1 - (x_2 + x_4 + x_5) + (x_{20} + x_{24}) \tag{4.33}$$

で与えられる。

画像中の孤立対象の個数を推定するために 48 枚の訓練画像から求めた線形回帰式（式 (4.28)）は，三角分割から導出した孤立対象の個数を推定するための二つの予測式 E_1 と E_2 の平均

$$y = \frac{E_1 + E_2}{2} \tag{4.34}$$

になっている。つまり，画像中の孤立対象の個数を推定するために 48 枚の訓練画像から求めた線形回帰式（式 (4.28)）は，三角分割から導出した孤立対象の個数を推定するための二つの予測式 E_1, E_2 の平均として，孤立対象を推定していると解釈できる。

ここで重要なのは，Euler の公式をプログラムとしてシステムに教えたのではなく，学習例からシステムが自動的に学んだ点である。また，この場合には，平行移動だけでなく回転に対しても不変となっていて，画像を画面内でどのように置いても正しく計測できるようになった。

同様に，高次局所自己相関特徴と線形回帰を組み合わせた画像計測手法により，孤立対象中の穴の個数（図 4.6）も正確に推定することが可能となる（(a) 2, (b) 6, (c) 19）。

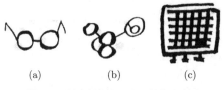

図 4.6　孤立対象中の穴の個数の計測

4.2 最適な非線形回帰関数との関係

本節では,2章で導出したデータの背後の確率分布が完全にわかっている場合の予測のための最適な非線形回帰関数 $f_{opt}(\boldsymbol{x})$ と,本章で導出した有限の訓練サンプルが与えられた場合の最適な線形回帰関数 $f_{linreg}(\boldsymbol{x})$ がどのような関係になっているのかについて,もう少し詳しく見てみよう。

4.2.1 予測のための最適な線形回帰関数

ここでは,2章と同様に,データの背後の確率分布が完全にわかっており,データが無限にある場合に対して,平均二乗誤差を最小とするような最適な線形回帰関数を導出する。線形回帰のためのモデルとして,4.1節と同様に,線形モデル

$$y \approx f(\boldsymbol{x}) = \beta_0 + \boldsymbol{\beta}^T \boldsymbol{x} \tag{4.35}$$

を考える。ただし,ここでは,$\boldsymbol{\beta}$ には,β_0 を含めないで,$\boldsymbol{\beta}^T = \begin{bmatrix} \beta_1 & \beta_2 & \cdots & \beta_M \end{bmatrix}$ とした。

データの背後の確率分布が完全にわかっており,データが無限にある場合には,平均二乗誤差は

$$\varepsilon_L^2(\beta_0, \boldsymbol{\beta}) = \iint \left(y - (\beta_0 + \boldsymbol{\beta}^T \boldsymbol{x})\right)^2 p(\boldsymbol{x}, y) d\boldsymbol{x} dy \tag{4.36}$$

のように書ける。これは,パラメータ β_0 および $\boldsymbol{\beta} = \begin{bmatrix} \beta_1, \cdots, \beta_M \end{bmatrix}^T$ に関して二次関数であるから,平均二乗誤差 $\varepsilon_L^2(\beta_0, \boldsymbol{\beta})$ をパラメータで偏微分して 0 とおけば,最適なパラメータを求めることができる。

平均二乗誤差 $\varepsilon_L^2(\beta_0, \boldsymbol{\beta})$ をパラメータ β_0 で偏微分して 0 とおくと

$$\frac{\partial \varepsilon_L^2(\beta_0, \boldsymbol{\beta})}{\partial \beta_0} = -2 \iint (y - (\beta_0 + \boldsymbol{\beta}^T \boldsymbol{x})) p(\boldsymbol{x}, y) d\boldsymbol{x} dy$$

$$= -2 \left(\iint y p(\boldsymbol{x}, y) d\boldsymbol{x} dy - \iint (\beta_0 + \boldsymbol{\beta}^T \boldsymbol{x}) p(\boldsymbol{x}, y) d\boldsymbol{x} dy \right)$$

4.2 最適な非線形回帰関数との関係

$$= -2\left(\bar{y} - (\beta_0 + \boldsymbol{\beta}^T\bar{\boldsymbol{x}})\right) = 0 \tag{4.37}$$

となる。ここで

$$\bar{y} = \iint yp(\boldsymbol{x},y)d\boldsymbol{x}dy = \int yp(y)dy \tag{4.38}$$

$$\bar{\boldsymbol{x}} = \iint \boldsymbol{x}p(\boldsymbol{x},y)d\boldsymbol{x}dy = \int \boldsymbol{x}p(\boldsymbol{x})d\boldsymbol{x} \tag{4.39}$$

である。これから

$$\beta_0^* = \bar{y} - \boldsymbol{\beta}^T\bar{\boldsymbol{x}} \tag{4.40}$$

となる。これを，先の平均二乗誤差の式 (4.36) に代入すると

$$\varepsilon_L^2(\beta_0^*,\boldsymbol{\beta}) = \iint \left((y-\bar{y}) - \boldsymbol{\beta}^T(\boldsymbol{x}-\bar{\boldsymbol{x}})\right)^2 p(\boldsymbol{x},y)d\boldsymbol{x}dy \tag{4.41}$$

となる。これを，パラメータ $\boldsymbol{\beta}$ で偏微分して $\boldsymbol{0}$ とおくと

$$\begin{aligned}\frac{\partial \varepsilon_L^2(\beta_0^*,\boldsymbol{\beta})}{\partial \boldsymbol{\beta}} = &-2\iint (\boldsymbol{x}-\bar{\boldsymbol{x}})(y-\bar{y})p(\boldsymbol{x},y)d\boldsymbol{x}dy \\ &+ 2\left(\iint (\boldsymbol{x}-\bar{\boldsymbol{x}})(\boldsymbol{x}-\bar{\boldsymbol{x}})^T p(\boldsymbol{x},y)d\boldsymbol{x}dy\right)\boldsymbol{\beta} = \boldsymbol{0}\end{aligned} \tag{4.42}$$

となる。これから，パラメータベクトル $\boldsymbol{\beta}$ に関して，連立方程式

$$\Sigma_{xx}\boldsymbol{\beta} = \Sigma_{xy} \tag{4.43}$$

が得られる。ここで

$$\Sigma_{xx} = \int (\boldsymbol{x}-\bar{\boldsymbol{x}})(\boldsymbol{x}-\bar{\boldsymbol{x}})^T p(\boldsymbol{x})d\boldsymbol{x} \tag{4.44}$$

$$\Sigma_{xy} = \iint (\boldsymbol{x}-\bar{\boldsymbol{x}})(y-\bar{y})p(\boldsymbol{x},y)d\boldsymbol{x}dy \tag{4.45}$$

は，説明変数ベクトル $\boldsymbol{x}$ の分散共分散行列，および，説明変数ベクトル $\boldsymbol{x}$ と目的変数 y の共分散ベクトルである。もし，Σ_{xx} が正則で逆行列を持つなら，最適なパラメータ $\boldsymbol{\beta}^*$ は

$$\boldsymbol{\beta}^* = \Sigma_{xx}^{-1}\Sigma_{xy} \tag{4.46}$$

となる.したがって,最適な線形予測関数は

$$f_{linopt}(\boldsymbol{x}) = \beta_0^* + \boldsymbol{\beta}^*\boldsymbol{x} = \bar{y} + \Sigma_{xy}^T\Sigma_{xx}^{-1}(\boldsymbol{x}-\bar{\boldsymbol{x}}) \tag{4.47}$$

となる.これは,線形回帰の最適な予測関数 $f_{linreg}(\boldsymbol{x})$ と同じ形をしている.つまり,線形回帰では,この予測関数に現れる $\bar{y}$, $\bar{\boldsymbol{x}}$, Σ_{xx}, および,Σ_{xy} を訓練サンプルから推定し,それらを用いて予測関数 $f_{linreg}(\boldsymbol{x})$ を構成していると解釈できる.

この最適な線形予測関数で達成される最小の平均二乗誤差は

$$\begin{aligned}\varepsilon_L^2(\beta_0^*,\boldsymbol{\beta}^*) &= \iint \left((y-\bar{y}) - \boldsymbol{\beta}^{*T}(\boldsymbol{x}-\bar{\boldsymbol{x}})\right)^2 p(\boldsymbol{x},y)d\boldsymbol{x}dy \\ &= \iint (y-\bar{y})^2 p(\boldsymbol{x},y)d\boldsymbol{x}dy \\ &\quad -2\boldsymbol{\beta}^*\left(\iint (\boldsymbol{x}-\bar{\boldsymbol{x}})(y-\bar{y})p(\boldsymbol{x},y)d\boldsymbol{x}dy\right) \\ &\quad +\boldsymbol{\beta}^*\left(\iint (\boldsymbol{x}-\bar{\boldsymbol{x}})(\boldsymbol{x}-\bar{\boldsymbol{x}})^T p(\boldsymbol{x},y)d\boldsymbol{x}dy\right)\boldsymbol{\beta}^* \\ &= \sigma_y^2 - 2\Sigma_{xy}^T\Sigma_{xx}^{-1}\Sigma_{xy} + \Sigma_{xy}^T\Sigma_{xx}^{-1}\Sigma_{xx}\Sigma_{xx}^{-1}\Sigma_{xy} \\ &= \sigma_y^2 - \Sigma_{xy}^T\Sigma_{xx}^{-1}\Sigma_{xy} = \sigma_y^2\left(1 - \frac{\Sigma_{xy}^T\Sigma_{xx}^{-1}\Sigma_{xy}}{\sigma_y^2}\right)\end{aligned} \tag{4.48}$$

となる.ここで

$$\sigma_y^2 = \int (y-\bar{y})^2 p(y)dy \tag{4.49}$$

は,目的変数 y の分散である.

4.2.2 最適非線形回帰関数の線形近似

2章で導出した予測のための最適な非線形回帰関数 $f_{opt}(\boldsymbol{x})$ を近似する線形写像を求めてみよう.ここでも,線形モデルとして

4.2 最適な非線形回帰関数との関係

$$f(\boldsymbol{x}) = a_0 + \sum_{i=1}^{M} a_i x_i = a_0 + \boldsymbol{a}^T \boldsymbol{x} \tag{4.50}$$

を考える。このモデルのパラメータは，a_0 および $\boldsymbol{a} = \begin{bmatrix} a_1 & a_2 & \ldots & a_M \end{bmatrix}^T$ である。

4.2.1 項と同様に，データの背後の確率分布が完全にわかっており，データが無限にある場合に対して，平均二乗誤差は

$$\varepsilon_A^2(a_0, \boldsymbol{a}) = \iint \left(f_{opt}(\boldsymbol{x}) - (a_0 + \boldsymbol{a}^T \boldsymbol{x}) \right)^2 p(\boldsymbol{x}, y) d\boldsymbol{x} dy \tag{4.51}$$

のように書ける。

平均二乗誤差 $\varepsilon_A^2(a_0, \boldsymbol{a})$ をパラメータ a_0 で偏微分して 0 とおくと

$$\begin{aligned}
\frac{\partial \varepsilon_A^2(a_0, \boldsymbol{a})}{\partial a_0} &= -2 \iint \left(f_{opt}(\boldsymbol{x}) - (a_0 + \boldsymbol{a}^T \boldsymbol{x}) \right) p(\boldsymbol{x}, y) d\boldsymbol{x} dy \\
&= -2 \left(\bar{f}_{opt} - (a_0 + \boldsymbol{a}^T \bar{\boldsymbol{x}}) \right) = 0
\end{aligned} \tag{4.52}$$

となる。ここで

$$\begin{aligned}
\bar{f}_{opt} &= \int f_{opt}(\boldsymbol{x}) p(\boldsymbol{x}) d\boldsymbol{x} \\
&= \int \left(\int y p(y|\boldsymbol{x}) dy \right) p(\boldsymbol{x}) d\boldsymbol{x} = \int y p(y) dy = \bar{y}
\end{aligned} \tag{4.53}$$

である。これから

$$a_0^* = \bar{y} - \boldsymbol{a}^T \bar{\boldsymbol{x}} \tag{4.54}$$

となる。これを，平均二乗誤差 $\varepsilon_A(a_0, \boldsymbol{a})$ の式に代入すると

$$\varepsilon_A^2(a_0^*, \boldsymbol{a}) = \iint \left((f_{opt}(\boldsymbol{x}) - \bar{y}) - \boldsymbol{a}^T (\boldsymbol{x} - \bar{\boldsymbol{x}}) \right)^2 p(\boldsymbol{x}, y) d\boldsymbol{x} dy \tag{4.55}$$

となる。これを，パラメータ $\boldsymbol{a}$ で偏微分して $\boldsymbol{0}$ とおくと

$$\frac{\partial \varepsilon_A^2(a_0^*, \boldsymbol{a})}{\partial \boldsymbol{a}} = -2 \iint (\boldsymbol{x} - \bar{\boldsymbol{x}})(f_{opt}(\boldsymbol{x}) - \bar{y}) p(\boldsymbol{x}, y) d\boldsymbol{x} dy$$

$$+ 2\left(\iint (\boldsymbol{x}-\bar{\boldsymbol{x}})(\boldsymbol{x}-\bar{\boldsymbol{x}})^T p(\boldsymbol{x},y)d\boldsymbol{x}dy\right)\boldsymbol{a} = \boldsymbol{0} \quad (4.56)$$

となる。これから,パラメータベクトル $\boldsymbol{a}$ に関して,連立方程式

$$\Sigma_{xx}\boldsymbol{a} = \Sigma_{xf} \quad (4.57)$$

が得られる。ここで

$$\begin{aligned}\Sigma_{xf} &= \iint (\boldsymbol{x}-\bar{\boldsymbol{x}})(f_{opt}(\boldsymbol{x})-\bar{y})p(\boldsymbol{x},y)d\boldsymbol{x}dy \\ &= \iint (\boldsymbol{x}-\bar{\boldsymbol{x}})(\int zp(z|\boldsymbol{x})dz - \bar{y})p(\boldsymbol{x},y)d\boldsymbol{x}dy \\ &= \iint (\boldsymbol{x}-\bar{\boldsymbol{x}})zp(\boldsymbol{x},z)d\boldsymbol{x}dz - \iint (\boldsymbol{x}-\bar{\boldsymbol{x}})\bar{y}p(\boldsymbol{x},y)d\boldsymbol{x}dy \\ &= \iint (\boldsymbol{x}-\bar{\boldsymbol{x}})(y-\bar{y})p(\boldsymbol{x},y)d\boldsymbol{x}dy = \Sigma_{xy} \quad (4.58)\end{aligned}$$

となる。もし Σ_{xx} が逆行列を持つなら,最適なパラメータ $\boldsymbol{a}^*$ は

$$\boldsymbol{a}^* = \Sigma_{xx}^{-1}\Sigma_{xf} = \Sigma_{xx}^{-1}\Sigma_{xy} \quad (4.59)$$

となる。したがって,最適な線形予測関数は

$$f_{approx}(\boldsymbol{x}) = a_0^* + \boldsymbol{a}^{*}\boldsymbol{x} = \bar{y} + \Sigma_{xy}^T \Sigma_{xx}^{-1}(\boldsymbol{x}-\bar{\boldsymbol{x}}) \quad (4.60)$$

となり,先に導出した $f_{linopt}(\boldsymbol{x})$ と完全に一致する。つまり,予測のための最適な非線形回帰関数 $f_{opt}(\boldsymbol{x})$ の最小二乗線形近似は,予測のための最適な線形回帰関数 $f_{linopt}(\boldsymbol{x})$ とまったく同じ関数になる。

この最適な線形回帰関数で達成される最小の平均二乗誤差は

$$\begin{aligned}\varepsilon_A^2(a_0^*,\boldsymbol{a}^*) &= \iint \left((f_{opt}(\boldsymbol{x})-\bar{y})-\boldsymbol{a}^{*T}(\boldsymbol{x}-\bar{\boldsymbol{x}})\right)^2 p(\boldsymbol{x},y)d\boldsymbol{x}dy \\ &= \iint (f_{opt}(\boldsymbol{x})-\bar{y})^2 p(\boldsymbol{x},y)d\boldsymbol{x}dy\end{aligned}$$

4.2 最適な非線形回帰関数との関係

$$\begin{aligned}
&- 2\boldsymbol{a}^{*T} \iint (\boldsymbol{x} - \bar{\boldsymbol{x}})(f_{opt}(\boldsymbol{x}) - \bar{y}) p(\boldsymbol{x}, y) d\boldsymbol{x} dy \\
&+ \boldsymbol{a}^{*T} \left(\iint (\boldsymbol{x} - \bar{\boldsymbol{x}})(\boldsymbol{x} - \bar{\boldsymbol{x}})^T p(\boldsymbol{x}, y) d\boldsymbol{x} dy \right) \boldsymbol{a}^* \\
&= \iint y y' \gamma(y, y') dy dy' - \bar{y}^2 - \Sigma_{xy}^T \Sigma_{xx}^{-1} \Sigma_{xy}
\end{aligned} \quad (4.61)$$

となる。ここで, $\gamma(y, y')$ は 2 章で示した式 (2.14) の交差係数であり, 条件付き確率の積の期待値

$$\gamma(y, y') = \int p(y|\boldsymbol{x}) p(y'|\boldsymbol{x}) p(\boldsymbol{x}) d\boldsymbol{x} \quad (4.62)$$

である。

2 章で示したように, 最適な非線形回帰関数で達成される平均二乗誤差は

$$\varepsilon_N^2 = \int y^2 p(y) dy - \iint y y' \gamma(y, y') dy dy' \quad (4.63)$$

で与えられた。一方, 最適な線形回帰関数で達成される平均二乗誤差は

$$\varepsilon_L^2(\beta_0^*, \boldsymbol{\beta}^*) = \sigma_y^2 - \Sigma_{xy}^T \Sigma_{xx}^{-1} \Sigma_{xy} = \int y^2 p(y) dy - \bar{y}^2 - \Sigma_{xy}^T \Sigma_{xx}^{-1} \Sigma_{xy} \quad (4.64)$$

となった。これらと, ここで導出した最適な非線形回帰関数を線形近似したときの平均二乗誤差 $\varepsilon_A(a_0^*, \boldsymbol{a}^*)$ の間には

$$\varepsilon_L^2(\beta_0^*, \boldsymbol{\beta}^*) = \varepsilon_N^2 + \varepsilon_A^2(a_0^*, \boldsymbol{a}^*) \quad (4.65)$$

のような関係が成り立つことがわかる。つまり, これは, 最適な線形回帰関数で達成される平均二乗誤差が, モデルを非線形の任意の関数を許すように拡張

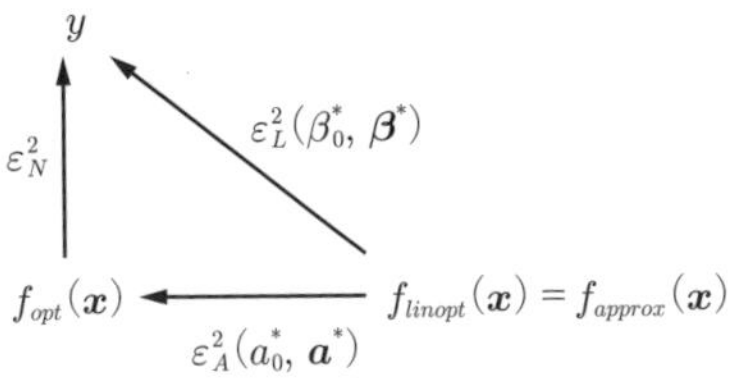

図 4.7 平均二乗誤差の関係

しても残ってしまう平均二乗誤差 ε_N^2 と，モデルを線形に制約したことにより生じた平均二乗誤差 $\varepsilon_A^2(a_0^*, \boldsymbol{a}^*)$ に分解できることを意味している（図 **4.7**）。

4.2.3 条件付き確率の線形近似

2 章では，平均二乗誤差を最小とする最適な非線形回帰関数は

$$f_{opt}(\boldsymbol{x}) = \int y p(y|\boldsymbol{x}) dy \tag{4.66}$$

であることを示した。この最適な非線形回帰関数を計算するためには，条件付き確率 $p(y|\boldsymbol{x})$ を知る必要がある。

ここでは，これを線形モデルで近似することを考えてみる。これまでと同様に，線形モデルとして

$$p(y|\boldsymbol{x}) \approx f(\boldsymbol{x},y) = a_0 + \sum_{i=1}^{M} a_i x_i = a_0 + \boldsymbol{a}^T \boldsymbol{x} \tag{4.67}$$

を考える。

データの背後の確率分布が完全にわかっており，データが無限にある場合に対して，平均二乗誤差は

$$\varepsilon_C^2(a_0, \boldsymbol{a}) = \iint \left(p(y|\boldsymbol{x}) - (a_0 + \boldsymbol{a}^T \boldsymbol{x}) \right)^2 p(\boldsymbol{x}, y') d\boldsymbol{x} dy' \tag{4.68}$$

のように書ける。

平均二乗誤差 $\varepsilon_C^2(a_0, \boldsymbol{a})$ をパラメータ a_0 で偏微分して 0 とおくと

$$\begin{aligned} \frac{\partial \varepsilon_C^2(a_0, \boldsymbol{a})}{\partial a_0} &= -2 \iint \left(p(y|\boldsymbol{x}) - (a_0 + \boldsymbol{a}^T \boldsymbol{x}) \right) p(\boldsymbol{x}, y') d\boldsymbol{x} dy' \\ &= -2 \left(p(y) - (a_0 + \boldsymbol{a}^T \bar{\boldsymbol{x}}) \right) = 0 \end{aligned} \tag{4.69}$$

となる。これから

$$a_0^* = p(y) - \boldsymbol{a}^T \bar{\boldsymbol{x}} \tag{4.70}$$

4.2 最適な非線形回帰関数との関係

となる。これを，平均二乗誤差 $\varepsilon_C(a_0, \boldsymbol{a})$ の式に代入すると

$$\varepsilon_C^2(\boldsymbol{a}) = \iint \left(p(y|\boldsymbol{x}) - p(y) - \boldsymbol{a}^T(\boldsymbol{x} - \bar{\boldsymbol{x}})\right)^2 p(\boldsymbol{x}, y') d\boldsymbol{x} dy' \tag{4.71}$$

となる。これを，パラメータ $\boldsymbol{a}$ で偏微分して $\boldsymbol{0}$ とおくと

$$\begin{aligned}\frac{\partial \varepsilon_C^2(\boldsymbol{a})}{\partial \boldsymbol{a}} = &-2 \iint (\boldsymbol{x} - \bar{\boldsymbol{x}})(p(y|\boldsymbol{x}) - p(y)) p(\boldsymbol{x}, y') d\boldsymbol{x} dy' \\ &+ 2 \left(\iint (\boldsymbol{x} - \bar{\boldsymbol{x}})(\boldsymbol{x} - \bar{\boldsymbol{x}})^T p(\boldsymbol{x}, y') d\boldsymbol{x} dy' \right) \boldsymbol{a} = \boldsymbol{0}\end{aligned} \tag{4.72}$$

となる。これから，パラメータベクトル $\boldsymbol{a}$ に関して，連立方程式

$$\Sigma_{xx} \boldsymbol{a} = \Sigma_{xp} \tag{4.73}$$

が得られる。ここで

$$\begin{aligned}\Sigma_{xp} &= \iint (\boldsymbol{x} - \bar{\boldsymbol{x}})(p(y|\boldsymbol{x}) - p(y)) p(\boldsymbol{x}, y') d\boldsymbol{x} dy' \\ &= \int (\boldsymbol{x} - \bar{\boldsymbol{x}})(p(y|\boldsymbol{x}) - p(y)) p(\boldsymbol{x}) d\boldsymbol{x} = p(y)(\bar{\boldsymbol{x}}_y - \bar{\boldsymbol{x}})\end{aligned} \tag{4.74}$$

となる。このとき，この第 1 項に現れる $\bar{\boldsymbol{x}}_y$ は，入力ベクトル $\boldsymbol{x}$ の条件付き期待値

$$\bar{\boldsymbol{x}}_y = \int \boldsymbol{x} p(\boldsymbol{x}|y) d\boldsymbol{x} \tag{4.75}$$

である。

もし，Σ_{xx} が逆行列を持つなら，最適なパラメータ $\boldsymbol{a}^*$ は

$$\boldsymbol{a}^* = p(y) \Sigma_{xx}^{-1} (\bar{\boldsymbol{x}}_y - \bar{\boldsymbol{x}}) \tag{4.76}$$

となる。したがって，最適な線形予測関数は

$$\begin{aligned}l(y|\boldsymbol{x}) &= a_0^* + \boldsymbol{a}^{*}\boldsymbol{x} = p(y) + p(y)(\bar{\boldsymbol{x}}_y - \bar{\boldsymbol{x}})^T \Sigma_{xx}^{-1}(\boldsymbol{x} - \bar{\boldsymbol{x}}) \\ &= p(y) \left(1 + (\bar{\boldsymbol{x}}_y - \bar{\boldsymbol{x}})^T \Sigma_{xx}^{-1} (\boldsymbol{x} - \bar{\boldsymbol{x}})\right)\end{aligned} \tag{4.77}$$

となる。

これが，条件付き確率 $p(y|\boldsymbol{x})$ の最小二乗線形近似である．これは，あくまで確率密度関数の線形近似であるから，負の値を取ってしまうこともあり，確率密度関数の条件を満たさないが，以下のような確率密度関数のいくつかの性質は満足している．

例えば，確率分布と同様に

$$\begin{aligned}
\int l(y|\boldsymbol{x})dy &= \int p(y)\left(1 + (\bar{\boldsymbol{x}}_y - \bar{\boldsymbol{x}})^T \Sigma_{xx}^{-1}(\boldsymbol{x} - \bar{\boldsymbol{x}})\right)dy \\
&= \int p(y)dy + \left(\int p(y)\bar{\boldsymbol{x}}_y dy - \bar{\boldsymbol{x}}\right)^T \Sigma_{xx}^{-1}(\boldsymbol{x} - \bar{\boldsymbol{x}}) \\
&= 1 + \left(\iint \boldsymbol{x} p(y) p(\boldsymbol{x}|y) d\boldsymbol{x} dy - \bar{\boldsymbol{x}}\right)^T \Sigma_{xx}^{-1}(\boldsymbol{x} - \bar{\boldsymbol{x}}) \\
&= 1 + (\bar{\boldsymbol{x}} - \bar{\boldsymbol{x}})^T \Sigma_{xx}^{-1}(\boldsymbol{x} - \bar{\boldsymbol{x}}) = 1 \quad (4.78)
\end{aligned}$$

が成り立つ。

また，周辺分布は

$$\begin{aligned}
\int l(y|\boldsymbol{x})p(\boldsymbol{x})d\boldsymbol{x} &= \int p(y)\left(1 + (\bar{\boldsymbol{x}}_y - \bar{\boldsymbol{x}})^T \Sigma_{xx}^{-1}(\boldsymbol{x} - \bar{\boldsymbol{x}})\right)p(\boldsymbol{x})d\boldsymbol{x} \\
&= p(y) + p(y)(\bar{\boldsymbol{x}}_y - \bar{\boldsymbol{x}})^T \Sigma_{xx}^{-1}\left(\int \boldsymbol{x} p(\boldsymbol{x})d\boldsymbol{x} - \bar{\boldsymbol{x}}\right) \\
&= p(y) + p(y)(\bar{\boldsymbol{x}}_y - \bar{\boldsymbol{x}})^T \Sigma_{xx}^{-1}(\bar{\boldsymbol{x}} - \bar{\boldsymbol{x}}) = p(y) \quad (4.79)
\end{aligned}$$

あるいは

$$\begin{aligned}
\int l(y|\boldsymbol{x})p(\boldsymbol{x})dy &= \int p(y)\left(1 + (\bar{\boldsymbol{x}}_y - \bar{\boldsymbol{x}})^T \Sigma_{xx}^{-1}(\boldsymbol{x} - \bar{\boldsymbol{x}})\right)p(\boldsymbol{x})dy \\
&= p(\boldsymbol{x}) + p(\boldsymbol{x})\left(\int p(y)\bar{\boldsymbol{x}}_y dy - \bar{\boldsymbol{x}}\right)^T \Sigma_{xx}^{-1}(\boldsymbol{x} - \bar{\boldsymbol{x}}) \\
&= p(\boldsymbol{x}) + p(\boldsymbol{x})(\bar{\boldsymbol{x}} - \bar{\boldsymbol{x}})^T \Sigma_{xx}^{-1}(\boldsymbol{x} - \bar{\boldsymbol{x}}) = p(\boldsymbol{x}) \quad (4.80)
\end{aligned}$$

となる。

4.2.4 条件付き確率の線形近似による最適な非線形回帰関数の近似

最適な非線形回帰関数 $f_{opt}(\boldsymbol{x}) = \int y p(y|\boldsymbol{x}) dy$ の条件付き確率 $p(y|\boldsymbol{x})$ を，この条件付き確率の線形近似 $l(y|\boldsymbol{x})$ で置き換えた関数 $\int y l(y|\boldsymbol{x}) dy$ がどのような関数になるかを計算してみよう．

$$\int y l(y|\boldsymbol{x}) dy = \int y \left(p(y)(1 + (\bar{\boldsymbol{x}}_y - \bar{\boldsymbol{x}})^T \Sigma_{xx}^{-1} (\boldsymbol{x} - \bar{\boldsymbol{x}})) \right) dy$$

$$= \bar{y} + \left(\int y p(y) \int \boldsymbol{x} p(\boldsymbol{x}|y) d\boldsymbol{x} dy - \bar{y}\bar{\boldsymbol{x}} \right)^T \Sigma_{xx}^{-1} (\boldsymbol{x} - \bar{\boldsymbol{x}})$$

$$= \bar{y} + \Sigma_{xy}^T \Sigma_{xx}^{-1} (\boldsymbol{x} - \bar{\boldsymbol{x}}) \tag{4.81}$$

となる．これは，先の平均二乗誤差を最小とする線形回帰関数 $f_{linopt}(\boldsymbol{x})$ とまったく同じものである．以上の結果から，平均二乗誤差を最小とする線形回帰関数 $f_{linopt}(\boldsymbol{x})$ は，条件付き確率 $p(y|\boldsymbol{x})$ の線形近似 $l(y|\boldsymbol{x})$ を通して，最適な非線形回帰関数 $f_{opt}(\boldsymbol{x})$ を近似していると解釈できる．

2章で最適な非線形回帰関数の統計量を計算したが，そこには，式 (2.14) の交差係数 $\gamma(y, y')$ が現れた．ここでは，この交差係数

$$\gamma(y, y') = \int p(y|\boldsymbol{x}) p(y'|\boldsymbol{x}) p(\boldsymbol{x}) d\boldsymbol{x} \tag{4.82}$$

における条件付き確率 $p(y|\boldsymbol{x})$ と $p(y'|\boldsymbol{x})$ を，それらの最小二乗線形近似 $l(y|\boldsymbol{x})$ と $l(y'|\boldsymbol{x})$ で置き換えたものがどうなるか計算してみよう．それは

$$\gamma_{lin}(y, y') = \int l(y|\boldsymbol{x}) l(y'|\boldsymbol{x}) p(\boldsymbol{x}) d\boldsymbol{x}$$

$$= \int p(y) \left(1 + (\bar{\boldsymbol{x}}_y - \bar{\boldsymbol{x}})^T \Sigma_{xx}^{-1} (\boldsymbol{x} - \bar{\boldsymbol{x}}) \right)$$

$$\times p(y') \left(1 + (\bar{\boldsymbol{x}}_{y'} - \bar{\boldsymbol{x}})^T \Sigma_{xx}^{-1} (\boldsymbol{x} - \bar{\boldsymbol{x}}) \right) p(\boldsymbol{x}) d\boldsymbol{x}$$

$$= p(y) p(y') \left(1 + (\bar{\boldsymbol{x}}_y - \bar{\boldsymbol{x}})^T \Sigma_{xx}^{-1} (\bar{\boldsymbol{x}}_{y'} - \bar{\boldsymbol{x}}) \right) \tag{4.83}$$

となる．

さらに，最適非線形回帰関数 $f_{opt}(\boldsymbol{x})$ で達成される誤差や分散の式に出てきた

$$\iint yy'\gamma(y,y')dydy' \tag{4.84}$$

の交差係数 $\gamma(y,y')$ をその線形近似 $\gamma_{lin}(y,y')$ で置き換えたものを計算すると

$$\begin{aligned}
\iint yy'&\gamma_{lin}(y,y')dydy' \\
&= \iint yy'p(y)p(y')\left(1+(\bar{\boldsymbol{x}}_y-\bar{\boldsymbol{x}})^T\Sigma_{xx}^{-1}(\bar{\boldsymbol{x}}_{y'}-\bar{\boldsymbol{x}})\right)dydy' \\
&= \iint yy'p(y)p(y')dydy' \\
&\quad + \iint yy'(\bar{\boldsymbol{x}}_y-\bar{\boldsymbol{x}})^T\Sigma_{xx}^{-1}(\bar{\boldsymbol{x}}_{y'}-\bar{\boldsymbol{x}})p(y)p(y')dydy' \\
&= \bar{y}^2 + \Sigma_{xy}^T\Sigma_{xx}^{-1}\Sigma_{xy} \tag{4.85}
\end{aligned}$$

となる。この結果から，最適な線形回帰関数 $f_{linopt}(\boldsymbol{x})$ で達成される最小二乗誤差 $\varepsilon_L^2(\beta_0^*,\boldsymbol{\beta}^*)$ が，最適な非線形回帰関数 $f_{opt}(\boldsymbol{x})$ で達成される平均二乗誤差

$$\varepsilon_N^2 = \int y^2 p(y)dy - \iint yy'\gamma(y,y')dydy' \tag{4.86}$$

の条件付き確率の最小二乗線形近似 $l(y|\boldsymbol{x})$ を通した $\gamma(y,y')$ の近似 $\gamma_{lin}(y,y')$ を使って

$$\begin{aligned}
\varepsilon_L^2(\beta_0^*,\boldsymbol{\beta}^*) &= \sigma_y^2 - \Sigma_{xy}^T\Sigma_{xx}^{-1}\Sigma_{xy} \\
&= \int y^2 p(y)dy - \iint yy'\gamma_{lin}(y,y')dydy' \tag{4.87}
\end{aligned}$$

と書けることがわかる。これらの結果から，回帰分析においては，条件付き確率を推定することが本質であるといえる。

4.3 線形モデルを用いた非線形回帰

4.1 節では，説明変数から目的変数を推定するための関数が，説明変数の線形モデルを用いて表される線形回帰分析について紹介した。説明変数の非線形関数を説明変数に加えることで，4.1 節と同様の議論で，線形モデルを用いて予測のための非線形の関数を構築することができる。

4.3.1 多項式回帰

図4.8は,関数$\sin(2\pi x)$にノイズを加えて生成したデータ($n = 10$個)である。このデータを直線で近似することは明らかに意味がない。

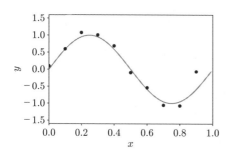

図4.8 $\sin(2\pi x)$にノイズを加えて生成したデータ

このような場合でも,例えば,回帰のための関数として多項式を用いてモデル化することが可能である。つまり,回帰のための関数として

$$y \approx f(x) = \beta_0 + \beta_1 x + \beta_2 x^2 + \cdots + \beta_M x^M$$
$$= \beta_0 + \sum_{i=1}^{M} \beta_i x^i = \beta_0 + \boldsymbol{\beta}^T \boldsymbol{z}(x) \tag{4.88}$$

を考える。ここで,$\boldsymbol{z}(x) = \begin{bmatrix} x & x^2 & \ldots & x^M \end{bmatrix}^T$は,説明変数$x$のべき乗を並べたベクトルである。このような回帰モデルを**多項式回帰**(polynomial regression)という。

このモデルでも$x, x^2, \cdots, x^M$をM個の説明変数と考えれば,4.1節と同様に,最小二乗法を用いて最適なパラメータβ_0,および,$\boldsymbol{\beta}$を求めることができる。

N個の訓練サンプルの集合を$\{(x_i, y_i) | i = 1, \cdots, N\}$とすると,最適な多項式回帰関数$f_{polreg}(x)$は,線形回帰関数と同様に

$$f_{polreg}(x) = \bar{y} + \Sigma_{zy}^T \Sigma_{zz}^{-1} (\boldsymbol{z}(x) - \bar{\boldsymbol{z}}) \tag{4.89}$$

で与えられる。ここで

$$\bar{\boldsymbol{z}} = \frac{1}{N} \sum_{i=1}^{N} \boldsymbol{z}(x_i) \tag{4.90}$$

$$\Sigma_{zy} = \frac{1}{N}(\boldsymbol{z}(x_i) - \bar{\boldsymbol{z}})(y_i - \bar{y}) \tag{4.91}$$

$$\Sigma_{zz} = \frac{1}{N}(\boldsymbol{z}(x_i) - \bar{\boldsymbol{z}})(\boldsymbol{z}(x_i) - \bar{\boldsymbol{z}})^T \tag{4.92}$$

は,それぞれ,ベクトル $\boldsymbol{z}(x)$ のサンプル平均,$\boldsymbol{z}(x)$ と y の共分散ベクトル,および,$\boldsymbol{z}(x)$ の分散共分散行列である.

図4.9に,$M=3$ の多項式回帰モデルのパラメータを $n=10$ 個のサンプルから推定した結果を示す.この図から,データを生成させた sin 関数に近い回帰モデルが得られていることがわかる.

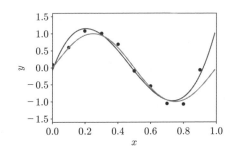

図4.9 $M=3$ の多項式回帰モデルの当てはめ

4.3.2 基底関数の線形モデルによる回帰

さらに一般化して,説明変数ベクトル $\boldsymbol{x}$ の M 個の非線形の関数 $\{\phi_k(\boldsymbol{x})|k=1,\cdots,M\}$ の線形モデル

$$\begin{aligned} y \approx f(x) &= \beta_0 + \beta_1\phi_1(\boldsymbol{x}) + \beta_2\phi_2(\boldsymbol{x}) + \cdots + \beta_M\phi_M(\boldsymbol{x}) \\ &= \beta_0 + \sum_{i=1}^{M}\beta_i\phi_i(\boldsymbol{x}) = \beta_0 + \boldsymbol{\beta}^T\boldsymbol{\phi}(\boldsymbol{x}) \end{aligned} \tag{4.93}$$

を用いることもできる.ここで,各 $\phi_k(\boldsymbol{x})$ を基底関数と呼び,これらを $k=1,\cdots,M$ について並べたベクトル $\boldsymbol{\phi}(\boldsymbol{x}) = \begin{bmatrix} \phi_1(\boldsymbol{x}) & \phi_2(\boldsymbol{x}) & \ldots & \phi_M(\boldsymbol{x}) \end{bmatrix}^T$ を基底関数ベクトルと呼ぶ.

この場合も M 個の関数 $\phi_1(\boldsymbol{x}), \phi_2(\boldsymbol{x}), \cdots, \phi_M(\boldsymbol{x})$ を M 個の説明変数と考え

れば，これまでの線形回帰分析の議論がそのまま適用でき，最小二乗法を用いて最適なパラメータ β_0，および，β を求めることができる。

この場合の最適な非線形回帰関数 $f_{basereg}(\boldsymbol{x})$ は

$$f_{basereg}(\boldsymbol{x}) = \bar{y} + \Sigma_{\phi y}^T \Sigma_{\phi\phi}^{-1}(\boldsymbol{\phi}(\boldsymbol{x}) - \bar{\boldsymbol{\phi}}) \tag{4.94}$$

で与えられる。ここで

$$\bar{\boldsymbol{\phi}} = \frac{1}{N}\sum_{i=1}^{N}\boldsymbol{\phi}(\boldsymbol{x}_i) \tag{4.95}$$

$$\Sigma_{\phi y} = \frac{1}{N}\sum_{i=1}^{N}(\boldsymbol{\phi}(\boldsymbol{x}_i) - \bar{\boldsymbol{\phi}})(y_i - \bar{y}) \tag{4.96}$$

$$\Sigma_{\phi\phi} = \frac{1}{N}\sum_{i=1}^{N}(\boldsymbol{\phi}(\boldsymbol{x}_i) - \bar{\boldsymbol{\phi}})(\boldsymbol{\phi}(\boldsymbol{x}_i) - \bar{\boldsymbol{\phi}})^T \tag{4.97}$$

は，それぞれ，$\boldsymbol{\phi}(\boldsymbol{x})$ のサンプル平均，$\boldsymbol{\phi}(\boldsymbol{x})$ と目的変数 y の共分散ベクトル，および，$\boldsymbol{\phi}(\boldsymbol{x})$ の分散共分散行列である。

4.3.3 回帰式のカーネル関数による表現

説明変数ベクトルの M 個の非線形関数 $\{\phi_k(\boldsymbol{x})|k=1,\cdots,M\}$ を用いた回帰の最適回帰関数は

$$\begin{aligned}
f_{basereg}(\boldsymbol{x}) &= \bar{y} + \Sigma_{\phi y}^T \Sigma_{\phi\phi}^{-1}(\boldsymbol{\phi}(\boldsymbol{x}) - \bar{\boldsymbol{\phi}}) \\
&= \bar{y} + \left(\frac{1}{N}\sum_{i=1}^{N}(y_i - \bar{y})(\boldsymbol{\phi}(\boldsymbol{x}_i) - \bar{\boldsymbol{\phi}})^T\right)\Sigma_{xx}^{-1}(\boldsymbol{\phi}(\boldsymbol{x}) - \bar{\boldsymbol{\phi}}) \\
&= \bar{y} + \frac{1}{N}\sum_{i=1}^{N}y_i(\boldsymbol{\phi}(\boldsymbol{x}_i) - \bar{\boldsymbol{\phi}})^T\Sigma_{xx}^{-1}(\boldsymbol{\phi}(\boldsymbol{x}) - \bar{\boldsymbol{\phi}}) \\
&\quad - \frac{1}{N}\sum_{i=1}^{N}\bar{y}(\boldsymbol{\phi}(\boldsymbol{x}_i) - \bar{\boldsymbol{\phi}})^T\Sigma_{xx}^{-1}(\boldsymbol{\phi}(\boldsymbol{x}) - \bar{\boldsymbol{\phi}}) \\
&= \bar{y} + \frac{1}{N}\sum_{i=1}^{N}y_i\left((\boldsymbol{\phi}(\boldsymbol{x}_i) - \bar{\boldsymbol{\phi}})^T\Sigma_{xx}^{-1}(\boldsymbol{\phi}(\boldsymbol{x}) - \bar{\boldsymbol{\phi}})\right)
\end{aligned}$$

$$= \bar{y} + \sum_{i=1}^{N} y_i K(\boldsymbol{x}_i, \boldsymbol{x}) \tag{4.98}$$

のように N 個の訓練サンプル $\boldsymbol{x}_i$ と入力ベクトル $\boldsymbol{x}$ の**カーネル関数** (kernel function) $K(\boldsymbol{x}_i, \boldsymbol{x})$ の線形結合として表すことができる.ここで

$$K(\boldsymbol{x}, \boldsymbol{x}') = \frac{1}{N}(\boldsymbol{\phi}(\boldsymbol{x}) - \bar{\boldsymbol{\phi}})^T \Sigma_{xx}^{-1}(\boldsymbol{\phi}(\boldsymbol{x}') - \bar{\boldsymbol{\phi}}) \tag{4.99}$$

である.

興味深いことに,線形結合の係数は,その訓練サンプル $\boldsymbol{x}_i$ に対する目的変数の値 y_i そのものである.

4.2 節と同様の議論から,有限の訓練サンプルでの基底関数の線形モデルの場合には,条件付き確率の線形近似 $l(y_i|\boldsymbol{x})$ は

$$l(y_i|\boldsymbol{x}) = \frac{1}{N}\left(1 + (\boldsymbol{\phi}(\boldsymbol{x}_i) - \bar{\boldsymbol{\phi}})^T \Sigma_{\phi\phi}^{-1}(\boldsymbol{\phi}(\boldsymbol{x}) - \bar{\boldsymbol{\phi}})\right) \tag{4.100}$$

であることがわかる.

いま,基底関数の線形モデルによる最適な回帰関数を変形すると

$$\begin{aligned}
f_{basereg}(\boldsymbol{x}) &= \bar{y} + \sum_{i=1}^{N} y_i K(\boldsymbol{x}_i, \boldsymbol{x}) \\
&= \frac{1}{N}\sum_{i=1}^{N} y_i + \frac{1}{N}\sum_{i=1}^{N} y_i (\boldsymbol{\phi}(\boldsymbol{x}_i) - \bar{\boldsymbol{\phi}})^T \Sigma_{\phi\phi}^{-1}(\boldsymbol{\phi}(\boldsymbol{x}) - \bar{\boldsymbol{\phi}}) \\
&= \frac{1}{N}\sum_{i=1}^{N} y_i \left(1 + (\boldsymbol{\phi}(\boldsymbol{x}_i) - \bar{\boldsymbol{\phi}})^T \Sigma_{\phi\phi}^{-1}(\boldsymbol{\phi}(\boldsymbol{x}) - \bar{\boldsymbol{\phi}})\right) \\
&= \sum_{i=1}^{N} y_i l(y_i|\boldsymbol{x}) \tag{4.101}
\end{aligned}$$

となる.つまり,4.2 節の最適な非線形回帰関数と最適な線形回帰関数の関係の議論で示したように,最適な回帰関数は,条件付き確率の線形近似を通した最適な非線形回帰関数の近似となっている.

また,条件付き確率の線形近似 $l(y_i|\boldsymbol{x})$ とカーネル関数 $K(\boldsymbol{x}_i, \boldsymbol{x})$ との間には

$$l(y_i|\boldsymbol{x}) = \frac{1}{N} + K(\boldsymbol{x}_i, \boldsymbol{x}) \tag{4.102}$$

という関係が成り立つことがわかる。

4.4 回帰分析と汎化性能

4.4.1 多項式回帰と汎化性能

4.3.1 項では，関数 $\sin(2\pi x)$ にノイズを加えて生成したデータに次数 $M=3$ の多項式を当てはめ（図 4.9），得られた回帰式がほぼ元の関数 $\sin(2\pi x)$ を近似できることを確認した。しかし，モデルの次数 M を変えて，多項式を当てはめると図 **4.10** に示すように，必ずしも sin 関数を適切に近似できるわけではない。ここで，$M=1$ のモデルではデータを直線で近似しようとする。元のデータが直線関係にないので，$M=1$ のモデルではデータをうまく近似できないのは納得できる。一方，$M=9$ の場合には，$M=3$ のモデルも含まれているので，うまく近似できてもよさそうであるが，実際には，図 (b) のように，かなり振動したモデルが構成されている。ただし，このモデルは，すべてのデータ点を通過している。つまり，平均二乗誤差が 0 になっているという意味では最適なモデルである。それでも，この結果はわれわれの直感と合わない。このように，訓練データに対してモデルが過度に適応してしまう現象を**過適合**（over

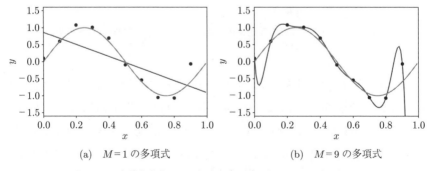

(a) $M=1$ の多項式 　　　　(b) $M=9$ の多項式

図 **4.10** 次数を変化させた場合の多項式回帰モデルの当てはめ

fitting）あるいは過学習などと呼ぶ．

　一般に，訓練データからモデルのパラメータを決定する機械学習では，このようにモデルの複雑度（この例では，次数 M）を変化させると得られるモデルが大幅に変わることに注意しなければならない．つまり，適切な複雑度（次数）のモデルを選ばないと，機械学習で得られた回帰関数による予測結果が信頼できないもとのなってしまう．したがって，回帰モデルの候補の中から未学習のサンプルに対して高い予測性能，すなわち**汎化性能**（generalization performance）を持つ回帰関数を選択することが重要となる．最適なモデルを選択するためには，学習済みのモデルの汎化性能を評価する方法が必要となる．

　図 4.9 および図 4.10 で示した回帰モデルは，$N = 10$ 個の訓練サンプルから求めたものであった．そこで，モデルの次数を $M = 9$ に固定して，訓練サンプル数を増加させてみる．**図 4.11** に，サンプル数を $N = 30$ と $N = 100$ の場合に対して得られた回帰関数を示す．

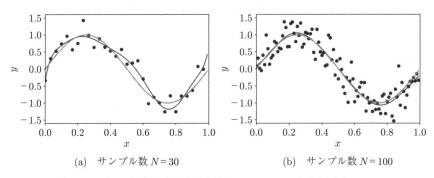

(a) サンプル数 $N = 30$ 　　　　　(b) サンプル数 $N = 100$

図 4.11 サンプル数を変化させた場合の $M = 9$ の多項式回帰モデルの当てはめ

　この図からモデルの次数が $M = 9$ の場合でも，訓練サンプルの数を増やせば $\sin(2\pi x)$ を適切に近似するような回帰関数が得られるようになることがわかる．特に，訓練サンプルの数を $N = 100$ のように十分に大きくすれば，sin 関数をほとんど正確に近似する回帰関数が得られている．これらの事実は，モデルの次数（モデルの自由度）に応じた十分多くの訓練サンプルを用意する必要

があることを示唆している。逆にいうと，適切な回帰関数を学習するためには，訓練サンプルの数に合わせて適切なモデルの次数を選択する必要がある。

4.4.2 モデルの良さの評価

前項の例では，sin 関数を使ってサンプルを生成したことを知っているので，どの回帰関数が良いのかがわかったが，一般には，データがどのような関数に基づいて生成されているかはわからない。むしろデータ解析によってその関係を明らかにしようとしているのであるから，われわれが目で見て，どの結果が最も良いかを判断することは難しい。また，先の例でもわかるように平均二乗誤差はモデルの次数を大きくすると，どんどん小さくできる。したがって，平均二乗誤差をモデルの良さの評価に使うことはできない。

図 4.12 に，モデルの次数 M と平均二乗誤差の関係を示す。ここで，Train は回帰式のパラメータを決定するために用いたサンプル（訓練サンプル）に対する平均二乗誤差であり，Test は新たに生成した 100 個のサンプル（テストサンプル）に対する平均二乗誤差である。この図から訓練サンプルに対する平均二乗誤差は，モデルの次数 M が大きくなるにつれて単調に減少することがわかる。一方，テストサンプルに対する平均二乗誤差は，モデルの次数が $M=3$ か $M=4$ ぐらいで最小値を持ち，$M=8,9$ では非常に大きくなってしまっている。

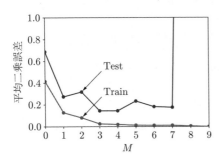

図 4.12　モデルの次数 M と平均二乗誤差（Train：モデルの構築に用いたサンプル，Test：モデルの構築に用いなかったサンプル）

このことは，回帰式のパラメータの決定に利用しなかった新たなサンプル（テストサンプル）に対する平均二乗誤差は，モデルの評価に利用できることを示している。つまり，手元にあるサンプルの内の一部を訓練サンプルとし，残り

をモデルの評価用のサンプルとして残しておき，残しておいたサンプルに対する平均二乗誤差をモデルの評価に利用すればよい．ただし，先に示したように，モデルのパラメータを適切に決定するためには，モデルの次数に応じた十分な数のサンプルを使う必要がある．また，残しておくサンプルもそれなりに多くなければならない．したがって，この手法が適用可能なのは，元々のサンプルの数が十分に多い場合である．

もし，サンプルの数がそれほど十分でない場合には，さらなる工夫が必要である．ここでは，学習済みのモデルの良さを評価するための代表的な手法である交差確認法と情報量基準を紹介する．

〔1〕 **交差確認法**　汎化性能を評価するためには，回帰モデルのパラメータを決定するために用いたサンプル（訓練サンプル）と，回帰式のパラメータを決定するためには利用しなかった新たなサンプル（テストサンプル）に分けて，テストサンプルでモデルの性能を評価することが重要である．**交差確認法**（cross validation, **CV**）では，図 **4.13** に示すように，サンプルをランダムに K 個の部分集合に分割し，$K-1$ 個の部分集合で学習し，残りの1個の部分集合で評価することを，K 回繰り返して，その平均で未学習データでの性能（汎化性能）を評価する．

図 **4.13**　交差確認法の考え方（$K=5$ の場合）

交差確認法の具体的な手順は，以下のようになる．

① **サンプルの分割**　まず，手持ちのサンプルをランダムに K 個の部分集合に分割する（図 4.13）．

② **未学習の部分集合での平均二乗誤差の評価**　そのうちの一つの部分集合をテストサンプルとして残し，残りの $K-1$ 個の部分集合を訓練サンプルとして回帰式のパラメータを決定する．得られた回帰式で残してお

いた部分集合の平均二乗誤差を計算する．図 4.13 に示すように，部分集合の残し方は K 通りあるので，残す部分集合を変えて回帰式のパラメータを決定して，残しておいた部分集合に対する平均二乗誤差を評価する．

③ **平均二乗誤差の平均** これらの K 個の平均二乗誤差の平均値（CV エラー率と呼ぶ）を求め，交差確認法におけるそのモデルの評価値として採用する．

特に，$K = N$ の場合には，1 個のみサンプルを残し，残りの $N-1$ 個のサンプルで訓練することを N 回繰り返して，モデルの評価値を計算する．この手法は，leave-one-out（LOO）法と呼ばれている．

〔2〕 **情報量基準** 交差確認法は，モデルのパラメータの学習を K 回も行う必要があるので，最適なモデルを決定するためには，かなりの計算が必要である．コンピュータの性能が向上した現在では，多くの小規模のモデルでは，この計算もそれほどたいへんではないが，パラメータの学習に時間がかかる深層学習などの大規模モデルでは，交差確認法の適用が難しい場合もある．

これに対して，モデルのパラメータの学習は 1 回のみ行い，その結果からモデルの良さを評価する方法も提案されている．このための手法として，Akaike の**赤池情報量基準**（an information theoretical criterion, **AIC**）や Rissanen の**記述長最小化**（minimum description length, **MDL**）などの情報量基準が有名である．AIC は，最大対数尤度と期待平均対数尤度の間の偏りの解析的評価から導出された．また，MDL も最大対数尤度を用いて定義されている．

これまでの説明では，線形回帰モデルのパラメータは，平均二乗誤差を最小とするものとして導出した．ここでは，線形回帰モデルのパラメータの推定問題を最尤推定の観点から見てみることにする．

線形回帰では，目的変数 y を説明変数ベクトル $\boldsymbol{x}$ の線形モデルを用いて

$$y \approx f(\boldsymbol{x}) = \beta_0 + \sum_{j=1}^{M} \beta_j x_j = \beta_0 + \boldsymbol{\beta}^T \boldsymbol{x} \tag{4.103}$$

のように近似する．

ここで，N 個の独立な訓練サンプルの集合 $\{(\boldsymbol{x}_i, y_i) | i = 1, \cdots, N\}$ に対して，目的変数の実際の値 y_i とモデルの予測値 $f(\boldsymbol{x}_i; \beta_0, \boldsymbol{\beta}) = \beta_0 + \boldsymbol{\beta}^T \boldsymbol{x}_i$ との誤差 $e_i(\beta_0, \boldsymbol{\beta}) = y_i - f(\boldsymbol{x}_i; \beta_0, \boldsymbol{\beta})$ が，たがいに独立な正規分布 $N(0, \sigma^2)$ に従うと仮定する。

このとき，訓練データ集合に対する目的変数の値とモデルの予測値の誤差 $\{e_i(\beta_0, \boldsymbol{\beta}) | i = 1, \cdots, N\}$ の尤度は

$$L(\beta_0, \boldsymbol{\beta}, \sigma^2) = \prod_{i=1}^{N} \frac{1}{\sqrt{2\pi\sigma^2}} \exp\left(-\frac{e_i(\beta_0, \boldsymbol{\beta})^2}{2\sigma^2}\right) \tag{4.104}$$

となる。したがって，その対数（対数尤度）は

$$\begin{aligned} l(\beta_0, \boldsymbol{\beta}, \sigma^2) &= -\frac{N}{2} \log(2\pi\sigma^2) - \frac{1}{2\sigma^2} \sum_{i=1}^{N} e_i(\beta_0, \boldsymbol{\beta})^2 \\ &= -\frac{N}{2} \log(2\pi\sigma^2) - \frac{1}{2\sigma^2} \varepsilon_{emp}^2(\beta_0, \boldsymbol{\beta}) \end{aligned} \tag{4.105}$$

となる。これを最大にすることは，第二項の平均二乗誤差 $\varepsilon_{emp}^2(\beta_0, \boldsymbol{\beta})$ を最小化することと同値になる。つまり，線形回帰分析は，誤差が正規分布に従うと仮定して，回帰モデルのパラメータを最尤推定しているとみなすことができる。

平均二乗誤差を最小とするパラメータを β_0^* および $\boldsymbol{\beta}^*$ とし，これらを対数尤度の式に代入すると

$$l(\beta_0^*, \boldsymbol{\beta}^*, \sigma^2) = -\frac{N}{2} \log(2\pi\sigma^2) - \frac{1}{2\sigma^2} \varepsilon_{emp}^2(\beta_0^*, \boldsymbol{\beta}^*) \tag{4.106}$$

となる。正規分布のパラメータ σ^2 については，一次元正規分布の最尤推定と同様に，対数尤度 $l(\beta_0^*, \boldsymbol{\beta}^*, \sigma^2)$ をパラメータ σ^2 で偏微分して 0 とおくと

$$\frac{\partial l(\beta_0^*, \boldsymbol{\beta}^*, \sigma^2)}{\partial \sigma^2} = -\frac{N}{2} \left(\frac{1}{\sigma^2} - \frac{\varepsilon_{emp}^2(\beta_0^*, \boldsymbol{\beta}^*)}{(\sigma^2)^2} \right) = 0 \tag{4.107}$$

となる。したがって，最適なパラメータ σ^{2*} は

$$\sigma^{2*} = \varepsilon_{emp}^2(\beta_0^*, \boldsymbol{\beta}^*) \tag{4.108}$$

となる。これを対数尤度の式に代入すると

$$l(\beta_0^*, \boldsymbol{\beta}^*, \sigma^{2*}) = -\frac{N}{2}\log(2\pi) - \frac{N}{2}\log(\varepsilon_{emp}^2(\beta_0^*, \boldsymbol{\beta}^*)) - \frac{1}{2} \quad (4.109)$$

となる。この対数尤度の最大値が最大対数尤度である。

Akaike の AIC は，この最大対数尤度の期待値のバイアスを求めて，補正したものである。一般に，AIC は，最尤推定するモデルのパラメータ数（自由度）を F とすると

$$\text{AIC} = -2(\text{最大対数尤度}) + 2F \quad (4.110)$$

のように定義される。線形回帰分析の場合には，モデルのパラメータ数は，$F = M+1$ であり，最大対数尤度は，式 (4.109) で与えられるから，AIC は

$$\begin{aligned}\text{AIC} &= N\log(2\pi) + N\log(\varepsilon_{emp}^2(\beta_0^*, \boldsymbol{\beta}^*)) + 1 + 2(M+1) \\ &= 1 + N\log(2\pi) + N\log(\varepsilon_{emp}^2(\beta_0^*, \boldsymbol{\beta}^*)) + 2(M+1) \quad (4.111)\end{aligned}$$

となる。ここで，最初の $1 + N\log(2\pi)$ は，モデルの選び方に関係のない定数項であるから，これを無視すると

$$\text{AIC} = N\log(\varepsilon_{emp}^2(\beta_0^*, \boldsymbol{\beta}^*)) + 2(M+1) \quad (4.112)$$

のように簡単化することができる。

一方，MDL は Rissanen により符号化における記述長最小化原理として導出されたもので

$$\text{MDL} = -(\text{最大対数尤度}) + \frac{M+1}{2}\log N \quad (4.113)$$

のように定義される。これは，**ベイズ情報量規準**（Bayesian information criterion, **BIC**）とも呼ばれている。

これらの評価値を用いると，訓練データに対する当てはまりに大きな差がある場合には，第一項に大きな差が現われ，当てはまりの良いモデルが選ばれる。もし，第一項に大きな差がない場合には，第二項が作用してパラメータ数（自

由度）の小さいモデルが選択される。

これらの基準を用いて，汎化能力の高い回帰モデルを設計するためには，あらかじめパラメータ数の異なる回帰モデルの候補をいくつか用意し，各モデルのパラメータを訓練用のデータから求め，そのパラメータを用いて式 (4.109) から対数尤度を計算し，AIC あるいは MDL の小さいモデルを選択すればよい。

4.5 正則化回帰

前節では，得られた回帰モデルの良さを評価する手法について紹介したが，平均二乗誤差を最小とする最小二乗法の基準を修正することで過学習を抑制する手法も提案されている。

4.5.1 リッジ回帰

最も良く用いられる手法は，縮小推定 (shrinkage) 法と呼ばれているもので，不要なパラメータを 0 にするような罰則を課した評価基準を用いる。例えば，線形回帰モデルのパラメータを求めるときの平均二乗誤差の項を

$$\begin{aligned}Q_{ridge}(\beta_0, \boldsymbol{\beta}) &= \varepsilon_{emp}^2(\beta_0, \boldsymbol{\beta}) + \lambda ||\boldsymbol{\beta}||^2 \\ &= \frac{1}{N}\sum_{i=1}^{N}\left(y_i - (\beta_0 + \boldsymbol{\beta}^T \boldsymbol{x}_i)\right)^2 + \lambda \boldsymbol{\beta}^T \boldsymbol{\beta}\end{aligned} \quad (4.114)$$

のように変更する。ここで，$\lambda \geq 0$ は，正則化パラメータと呼ばれる縮小の度合いを制御するパラメータで，λ が大きくなると縮小の度合いも大きくなる。

このようにペナルティ項を加えて回帰分析を行う手法は，正則化回帰分析と呼ばれている。特に，縮小推定を回帰分析に適用する手法は，**リッジ回帰**（ridge regression）と呼ばれている。

最適なパラメータ β_0 を求めるため，これまでと同様に，目的関数 $Q_{ridge}(\beta_0, \boldsymbol{\beta})$ を β_0 で偏微分して 0 とおくと

$$\frac{\partial Q_{ridge}(\beta_0, \boldsymbol{\beta})}{\partial \beta_0} = \frac{1}{N} \sum_{i=1}^{N} (y_i - (\beta_0 + \boldsymbol{\beta}^T \boldsymbol{x}_i))(-1)$$

$$= -\bar{y} + \beta_0 + \boldsymbol{\beta}^T \bar{\boldsymbol{x}} = 0 \tag{4.115}$$

となる。これから,最適なパラメータ β_0^* は

$$\beta_0^* = \bar{y} - \boldsymbol{\beta}^T \bar{\boldsymbol{x}} \tag{4.116}$$

となる。

これをリッジ回帰の目的関数 $Q_{ridge}(\beta_0, \boldsymbol{\beta})$ に代入すると

$$Q_{ridge}(\beta_0^*, \boldsymbol{\beta}) = \frac{1}{N} \sum_{i=1}^{N} \left(y_i - (\beta_0^* + \boldsymbol{\beta}^T \boldsymbol{x}_i) \right)^2 + \lambda \boldsymbol{\beta}^T \boldsymbol{\beta}$$

$$= \frac{1}{N} \sum_{i=1}^{N} \left((y_i - \bar{y}) - \boldsymbol{\beta}^T (\boldsymbol{x}_i - \bar{\boldsymbol{x}}) \right)^2 + \lambda \boldsymbol{\beta}^T \boldsymbol{\beta}$$

$$= \sigma_y^2 - 2\boldsymbol{\beta}^T \Sigma_{xy} + \boldsymbol{\beta}^T \Sigma_{xx} \boldsymbol{\beta} + \lambda \boldsymbol{\beta}^T \boldsymbol{\beta} \tag{4.117}$$

となる。

さらに,$Q_{ridge}(\beta_0^*, \boldsymbol{\beta})$ を最小とする最適なパラメータ $\boldsymbol{\beta}$ を求めるため,これをパラメータベクトル $\boldsymbol{\beta}$ で偏微分して $\mathbf{0}$ とおくと

$$\frac{\partial Q_{ridge}(\beta_0^*, \boldsymbol{\beta})}{\partial \boldsymbol{\beta}} = -2\Sigma_{xy} + 2\Sigma_{xx}\boldsymbol{\beta} + 2\lambda\boldsymbol{\beta} = \mathbf{0} \tag{4.118}$$

となる。これを整理すると

$$(\Sigma_{xx} + \lambda I)\boldsymbol{\beta} = \Sigma_{xy} \tag{4.119}$$

のような連立方程式が得られる。したがって,最適なパラメータ $\boldsymbol{\beta}_{ridge}^*$ は

$$\boldsymbol{\beta}_{ridge}^* = (\Sigma_{xx} + \lambda I)^{-1} \Sigma_{xy} \tag{4.120}$$

のように求めることができる。

これを通常の線形回帰モデルの最適なパラメータ β^* を求める式

$$\beta^* = \Sigma_{xx}^{-1} \Sigma_{xy} \tag{4.121}$$

と比較すると，リッジ回帰では，説明変数を並べたベクトル x の分散共分散行列 Σ_{xx} の対角要素に λ を足して，線形回帰分析と同じ計算をすることを意味している．これにより，分散共分散行列 Σ_{xx} が逆行列を持たない，あるいは，逆行列の計算が不安定になるような場合でも行列 $\Sigma_{xx} + \lambda I$ はつねに正則となり，逆行列の計算を安定化できるようになる．

リッジ回帰の最適な線形回帰関数は

$$f_{rigde}(\boldsymbol{x}) = \beta_0^* + \beta_{ridge}^{*T} \boldsymbol{x} = \bar{y} + \Sigma_{xy}^T (\Sigma_{xx} + \lambda I)^{-1} (\boldsymbol{x} - \bar{\boldsymbol{x}}) \tag{4.122}$$

となる．

このリッジ回帰の解の特性について調べてみる．いま

$$\tilde{X} = \frac{1}{\sqrt{N}} \begin{bmatrix} (\boldsymbol{x}_1 - \bar{\boldsymbol{x}})^T \\ (\boldsymbol{x}_2 - \bar{\boldsymbol{x}})^T \\ \vdots \\ (\boldsymbol{x}_N - \bar{\boldsymbol{x}})^T \end{bmatrix} \quad \tilde{\boldsymbol{y}} = \frac{1}{\sqrt{N}} \begin{bmatrix} y_1 - \bar{y} \\ y_2 - \bar{y} \\ \vdots \\ y_N - \bar{y} \end{bmatrix} \tag{4.123}$$

とおくと，説明変数を並べたベクトル $\boldsymbol{x}$ と目的変数 y の共分散ベクトル Σ_{xy} と説明変数を並べたベクトル $\boldsymbol{x}$ の分散共分散行列 Σ_{xx} は

$$\Sigma_{xy} = \frac{1}{N} \sum_{i=1}^{N} (\boldsymbol{x}_i - \bar{\boldsymbol{x}})(y_i - \bar{y}) = \tilde{X}^T \tilde{\boldsymbol{y}} \tag{4.124}$$

$$\Sigma_{xx} = \frac{1}{N} \sum_{i=1}^{N} (\boldsymbol{x}_i - \bar{\boldsymbol{x}})(\boldsymbol{x}_i - \bar{\boldsymbol{x}})^T = \tilde{X}^T \tilde{X} \tag{4.125}$$

と書ける．

ここで，説明変数を並べたベクトル $\boldsymbol{x}$ の分散共分散行列 Σ_{xx} の特異値分解を

$$\tilde{X} = UDV^T \tag{4.126}$$

4.5 正則化回帰

とする。ここで，$N \geq M$ の場合，D は特異値を $d_1 \geq d_2 \geq \cdots \geq d_M \geq 0$ を対角成分とする対角行列 $D = \mathrm{diag}(d_1, d_2, \cdots, d_M)$ である。また，行列 U および V の列ベクトルは，それぞれ，行列 $\tilde{X}$ の列空間および行空間を張る正規直交基底である。

このとき，最適な線形回帰関数 $f_{linreg}(\boldsymbol{x})$ に訓練サンプルを代入して得られた値から目的変数 y の平均を引いた値を並べたベクトルは

$$\tilde{\boldsymbol{f}}_{linreg} = \begin{bmatrix} f_{linreg}(\boldsymbol{x}_1) - \bar{y} \\ f_{linreg}(\boldsymbol{x}_2) - \bar{y} \\ \vdots \\ f_{linreg}(\boldsymbol{x}_N) - \bar{y} \end{bmatrix} = \tilde{X}(\tilde{X}^T \tilde{X})^{-1} \tilde{X}^T \tilde{\boldsymbol{y}}$$

$$= UDV^T(VDU^TUDV^T)^{-1}VDU^T\tilde{\boldsymbol{y}} = UU^T\tilde{\boldsymbol{y}}$$

$$= \sum_{j=1}^{M} \boldsymbol{u}_j \boldsymbol{u}_j^T \tilde{\boldsymbol{y}} = \sum_{j=1}^{M} \alpha_j^{(linreg)} \boldsymbol{u}_j \tag{4.127}$$

となる。ここで，$\alpha_j^{(linref)} = \boldsymbol{u}_j^T \tilde{\boldsymbol{y}}$ である。

一方，最適なリッジ回帰関数 $f_{ridge}(\boldsymbol{x})$ に訓練サンプルを代入して得られた値から目的変数 y の平均を引いた値を並べたベクトルは

$$\tilde{\boldsymbol{f}}_{ridge} = \begin{bmatrix} f_{ridge}(\boldsymbol{x}_1) - \bar{y} \\ f_{ridge}(\boldsymbol{x}_2) - \bar{y} \\ \vdots \\ f_{reidge}(\boldsymbol{x}_N) - \bar{y} \end{bmatrix} = \tilde{X}(\tilde{X}^T\tilde{X} + \lambda I)^{-1}\tilde{X}^T\tilde{\boldsymbol{y}}$$

$$= UDV^T(VDU^TUDV^T + \lambda I)^{-1}VDU^T\tilde{\boldsymbol{y}}$$

$$= UDV^T(V(D^2 + \lambda I)V^T)^{-1}VDU^T\tilde{\boldsymbol{y}}$$

$$= UD(D^2 + \lambda I)^{-1}DU^T\tilde{\boldsymbol{y}}$$

$$= \sum_{j=1}^{M} \boldsymbol{u}_j \left(\frac{d_j^2}{d_j^2 + \lambda} \right) \boldsymbol{u}_j^T \tilde{\boldsymbol{y}} = \sum_{j=1}^{M} \alpha_j^{(ridge)} \boldsymbol{u}_j \tag{4.128}$$

となる。ここで, $\alpha_j^{(ridge)} = \left(\dfrac{d_j^2}{d_j^2 + \lambda}\right) \boldsymbol{u}_j^T \tilde{\boldsymbol{y}}$ である。ここで, $\lambda \geq 0$ であるから, $0 \leq \dfrac{d_j^2}{d_j^2 + \lambda} \leq 1$ である。つまり, $\alpha_j^{(ridge)} \leq \alpha_j^{(linreg)}$ である。これは, リッジ回帰の解は, 線形回帰の解を縮小したものであることを示している。また, λ は, j に依存せず一定であるから, d_j^2 の値が小さい（小さい特異値）に対応する基底ベクトル $\boldsymbol{u}_j$ の影響がより強く縮小されることを意味している。

4.5.2 L1 正則化回帰（lasso）

L1 正則化回帰は, リッジ回帰と同様の縮小推定を用いる。リッジ回帰ではパラメータベクトル $\boldsymbol{\beta}$ の二乗ノルム $||\boldsymbol{\beta}||^2$ を罰則項として用いたが, L1 正則化回帰では, 絶対値ノルム $||\boldsymbol{\beta}||_1 = \sum_{j=1}^{M} |\beta_j|$ を罰則項に用いる。L1 正則化回帰は, **lasso**（least absolute shrinkage and selection operator）とも呼ばれている。

L1 正則化回帰の目的関数は

$$\begin{aligned}Q_{lasso}(\beta_0, \boldsymbol{\beta}) &= \varepsilon_{emp}^2(\beta_0, \boldsymbol{\beta}) + \lambda ||\boldsymbol{\beta}||_1 \\ &= \frac{1}{N} \sum_{i=1}^{N} \left(y_i - (\beta_0 + \boldsymbol{\beta}^T \boldsymbol{x}_i)\right)^2 + \lambda ||\boldsymbol{\beta}||_1 \end{aligned} \quad (4.129)$$

と書ける。絶対値ノルムは, 目的変数の値 y_i に対して非線形な解を生じさせるため, リッジ回帰のような解析的な解を得ることはできないが, 二次計画問題を解くことによって数値的に最適解を求めることができる。

5 識別のための線形モデル

5.1 線形識別関数とその性質

　本章では，M 次元の入力ベクトル（説明変数）x からそのベクトルが属しているクラスを推定する識別の問題について考える．

　1 章と 2 章では，データの背後の確率分布が完全にわかっている場合の最適な識別のための非線形関数がどのようなものかについて述べた．特に，1 章では，識別誤りが最小となる識別方式（ベイズ識別）は，事後確率が最大となるクラスに識別することであることを述べた．また，2 章では，識別のための最適な非線形関数が条件付き確率を要素とするベクトルを出力する関数であることを示した．3 章では，訓練データから確率分布を推定する手法を紹介した．したがって，3 章で紹介した方法を用いて訓練データから事後確率を推定し，それが最大となるクラスに識別することができる．

　本章では，4 章の線形回帰の場合と同様に，そのような確率分布の推定を経由しないで，入力ベクトルからクラスを推定する識別関数を訓練データから直接求める方法を紹介する．

5.1.1 線形識別関数

　1 章で示したように，各クラスの確率密度関数が正規分布で，かつ，各クラスの分散共分散行列が等しい場合には，理論的に最適な識別方式であるベイズ識別関数が

$$g(\boldsymbol{x}) = w_0 + \boldsymbol{w}^T \boldsymbol{x} \tag{5.1}$$

のような線形モデルで与えられる．

ベイズ識別を実際のデータに適用するためには，まず，訓練サンプルから各クラスの確率密度関数のパラメータを推定し，推定した値を用いて線形識別関数を構成する必要がある．3章では，最尤推定を用いると正規分布のパラメータはサンプル平均およびサンプル分散共分散行列として求められることを示した．したがって，各クラスの正規分布のパラメータを訓練サンプルから求めて，事後確率を計算し，その対数を取ることで，このベイズ識別関数を計算することができる．

本章では，このような確率密度関数の推定を経由しないで，線形識別関数のパラメータ $\boldsymbol{w}$ と h を訓練サンプルから直接推定する手法について考える．これを線形識別関数の学習と呼ぶ．

もし，各クラスの確率密度関数が正規分布に近く，各クラスの分散共分散行列が似ているなら，ベイズ識別で求めた線形識別関数に近い線形識別関数が構成できることが期待できる．

5.1.2　線形識別関数の性質

いま，線形識別関数の値の符号（正か負か）に応じて，特徴ベクトルを2クラスに分類することを考えよう．特徴ベクトル $\boldsymbol{x}$ が図 **5.1** のように二次元のときは，線形識別関数の値が0となる点の集合，すなわち

$$g(\boldsymbol{x}) = w_0 + \boldsymbol{w}^T \boldsymbol{x} = 0 \tag{5.2}$$

を満たす点 $\boldsymbol{x}$ の集合は直線となる．この直線は二次元の特徴空間全体を2分割し，直線の上側および下側では関数値 $g(\boldsymbol{x})$ の符号がそれぞれ正および負となる．これらの領域を所与の2クラスに一つずつあらかじめ割り当てておけば，未知の特徴ベクトルが与えられたと

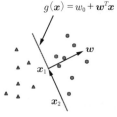

図 **5.1**　線形識別関数による特徴ベクトルの識別

き，その識別関数を計算することで，その符号（正負）に応じてどちらのクラスに属するかを判定することができる．

一般に，M 次元空間で式 (5.2) を満たす点 x の集合を $M-1$ 次元の**超平面**（hyperplane）という．ただし，$M=2,3$ のときはそれぞれ直線および平面と呼ばれる．二次元空間中の直線と同じように，M 次元空間全体は $M-1$ 次元の超平面によって 2 分割される．したがって，特徴ベクトル x が三次元以上の場合でも，関数値 $g(x)$ の符号に基づいて特徴ベクトル x の 2 クラス分類を行うことができる．この意味で，式 (5.2) から得られる超平面を**決定面**（decision surface）または識別面や，**決定境界**（decision boundary）または識別境界などと呼ぶ．

いま，決定面上の 2 点 x_1 と x_2 を考えよう．このとき

$$g(x_1) = w_0 + w^T x_1 = 0 \tag{5.3}$$
$$g(x_2) = w_0 + w^T x_2 = 0 \tag{5.4}$$

となる．これらの差をとると

$$w^T (x_1 - x_2) = 0 \tag{5.5}$$

となる．ここで，$(x_1 - x_2)$ は，決定面上のベクトルであるから，重みベクトル w は，決定面と直交することがわかる．つまり，決定面の法線ベクトル n は，$n = w/||w||$ のように表すことができる．

線形識別関数の値 $g(x)$ は，決定面とその点との距離と密接な関係がある．いま，特徴空間内の任意の点を x とし，その点から決定面に下ろした垂線の足を x_p とし，点 x から決定面までの距離を r とする（図 **5.2** 参照）．このとき，任意の点 x は

$$x = x_p + rn = x_p + r\frac{w}{||w||} \tag{5.6}$$

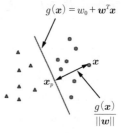

図 **5.2** 線形識別関数の値と決定面までの距離

のように表すことができる。また，$\boldsymbol{x}_p$ は，決定面上の点であるから，$g(\boldsymbol{x}_p) = 0$ となる。

このとき，点 $\boldsymbol{x}$ に対する線形識別関数の値 $g(\boldsymbol{x})$ は

$$g(\boldsymbol{x}) = g\left(\boldsymbol{x}_p + r\frac{\boldsymbol{w}}{||\boldsymbol{w}||}\right) = w_0 + \boldsymbol{w}^T\left(\boldsymbol{x}_p + r\frac{\boldsymbol{w}}{||\boldsymbol{w}||}\right)$$
$$= w_0 + \boldsymbol{w}^T\boldsymbol{x}_p + r\frac{\boldsymbol{w}^T\boldsymbol{w}}{||\boldsymbol{w}||} = g(\boldsymbol{x}_p) + r\frac{||\boldsymbol{w}||^2}{||\boldsymbol{w}||} = r||\boldsymbol{w}|| \quad (5.7)$$

のようになる。したがって，点 $\boldsymbol{x}$ から決定面までの距離 r は

$$r = \frac{g(\boldsymbol{x})}{||\boldsymbol{w}||} \quad (5.8)$$

となる。

5.1.3 線形分離可能

二つのクラス C_1 および C_2 からの N 個のサンプルがあるとき，一般には，それらすべてのサンプルを線形識別関数で正しく識別できるとは限らない。つまり，線形識別関数で正しく識別できるようなサンプル集合は特別なサンプル集合である。このようなサンプル集合を**線形分離可能** (linear separable) なサンプル集合という。逆に，線形識別関数ではどうしても識別できないサンプルが存在するなら，線形分離可能でないサンプル集合という。

5.2 単純パーセプトロン

5.2.1 単純パーセプトロンのモデル

識別課題では，目的変数の値を直接推定する回帰分析とは異なり，線形識別関数の出力値そのものを推定する必要はない。むしろ，線形識別関数の値から，入力特徴ベクトルがどちらのクラスに属しているかを推定しなければならない。これを実現するために，線形識別関数の値からクラスのラベルを推定する識別器である**線形しきい素子** (linear threshold unit) を構成することが考えられた。

5.2 単純パーセプトロン

線形しきい素子は,最初,McCulloch と Pitts が神経細胞(ニューロン)のモデルとして提案した.神経細胞は,ほかの神経細胞からの入力 x_j $(j = 1, \cdots, M)$ を受け,それらに重み w_j を掛けて足し合わせた値(ニューロンのポテンシャル)$\sum_{j=1}^{M} w_j x_j$ が,あるしきい値 h を超えると発火し ($f(\boldsymbol{x}) = 1$),しきい値を超えないと発火しない ($f(\boldsymbol{x}) = 0$).線形しきい素子は,神経細胞のこのような性質を最も単純な形でモデル化したものである.図 5.3 は,線形しきい素子を模式的に示している.

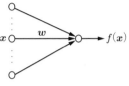

図 5.3 線形しきい素子

Rosenblatt は,線形しきい素子を用いて,訓練サンプルから重みを学習する識別器として,**パーセプトロン**(perceptron)を提案した.以下ではこのような線形しきい素子を用いた識別器を**単純パーセプトロン**(simple perceptron)と呼ぶことにする.単純パーセプトロンでは,入力 $\boldsymbol{x} = (x_1, \cdots, x_M)^T$ に対する出力 $f(\boldsymbol{x})$ を

$$f(\boldsymbol{x}) = \mathrm{thresh}(\eta(\boldsymbol{x}))$$
$$\eta(\boldsymbol{x}) = \sum_{j=1}^{M} w_j x_j - h = \boldsymbol{w}^T \boldsymbol{x} - h \tag{5.9}$$

のように計算する.ここで,w_i は,i 番目の入力から出力への結合荷重であり,h はバイアスである.

Rosenblatt のモデルでは,出力ユニットの出力関数 thresh は

$$\mathrm{thresh}(\eta) = \begin{cases} 1 & \text{if } \eta \geq 0 \\ 0 & \text{otherwise} \end{cases} \tag{5.10}$$

で定義されるしきい値関数が用いられた.図 5.4 は,単純パーセプトロンの出力関数(しきい値関数)である.

いま,$w_0 = -h$ とおくと,$\eta = w_0 + \boldsymbol{w}^T \boldsymbol{x}$ のように書ける.これは,前節で紹介した線形識別関数と同じである.つまり,単純パーセプトロンでは,線形識別関数の値 η からしきい値関数 thresh によって二値の出力値を計算する.

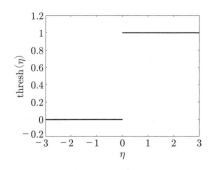

図 5.4 単純パーセプトロンの出力関数（しきい値関数）

単純パーセプトロンでは，線形識別関数の値 η が正ならば 1 を出力し，負なら 0 を出力する．これにより，図 5.1 のように，元の特徴空間が，単純パーセプトロンの出力が 1 になる領域と出力が 0 となる領域に分割できるようになる．つまり，特徴空間を決定面で二つのクラスに識別する関数が構成できる．

5.2.2 単純パーセプトロンの学習

単純パーセプトロンのパラメータ（結合荷重としきい値）を推定するための学習アルゴリズムとして，Rosenblatt らは，**誤り訂正学習**（error-correction learning）のアルゴリズムを提案した．そのアルゴリズムでは，単純パーセプトロンの入力に訓練データの一つを提示し，その結果の出力が望みの出力（教師信号）と異なっていたら結合荷重を修正する方法である．

いま，N 個の訓練サンプルを $\{(\bm{x}_i, t_i) | i = 1, \cdots, N\}$ とする．ここで，教師信号 t_i は，$t_i \in \{0, 1\}$ とする．このとき，訓練サンプルの一つをランダムに選び，それを単純パーセプトロンに識別させた結果が教師信号と異なっている場合にのみパラメータを更新する．いま，ランダムに選択された訓練サンプルを $<\bm{x}_i, t_i>$ とすると，その訓練サンプルに対する単純パーセプトロンのパラメータの更新式は

$$\bm{w} \Leftarrow \bm{w} + \alpha(t_i - f(\bm{x}_i))\bm{x}_i = \bm{w} + \alpha\delta_i\bm{x}_i \qquad (5.11)$$

$$h \Leftarrow h - \alpha(t_i - f(\bm{x}_i)) = h - \alpha\delta_i \qquad (5.12)$$

となる．ここで，$\delta_i = t_i - f(\bm{x}_i)$ は，単純パーセプトロンの出力と教師信号が

等しければ0となり，異なると±1となる．αは，**学習係数**（learning rate）と呼ばれる小さな正の値である．

しかし，この学習規則には，いくつかの問題がある．まず，線形分離可能でない場合，誤り訂正の手続きを無限に繰り返しても収束しない可能性がある．また，線形分離可能な場合でも，初期値に依存して多数の可能な解が存在し，そのうちのどの解が得られるかわからない．つまり，得られる識別器が初期値依存である．さらに，収束までに必要なパラメータの更新回数が非常に多くなる場合がある．特に，クラスとクラスとの間のギャップ（間隔）が狭いと，より多くの更新が必要となる．

5.2.3 アヤメのデータの単純パーセプトロンでの識別

Fisherのアヤメのデータに単純パーセプトロンを適用してみよう．単純パーセプトロンは，2クラスの識別のための手法であるから，アヤメのデータのうちの二つのクラス（SetosaとVersicolor）を識別する．また，特徴量としては，ガクの長さと幅の二次元ベクトルを用いる．図**5.5**に単純パーセプトロンで構成した識別器による識別結果を示す．このデータは線形分離可能であるので，学習した単純パーセプトロンによりすべての学習サンプルが正しく識別されていることがわかる．また，二次元のサンプルであるから，二つのクラスの識別

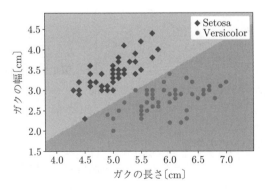

図 **5.5** アヤメのデータに対する単純パーセプトロンによる識別結果

境界が直線となっていることも理解できる。

5.3 Adaptive Linear Neuron (ADALINE)

5.3.1 ADALINE のモデル

単純パーセプトロンでは，線形識別関数の値をしきい値関数で 0 または 1 に変換した。Widrow と Hoff が提案した **ADALINE** (adaptive linear neuron) では，出力関数として線形関数を用いる。したがって，モデルは

$$t \approx f(\boldsymbol{x}) = \eta(\boldsymbol{x}) = \sum_{j=1}^{M} w_j x_j - h = \boldsymbol{w}^T \boldsymbol{x} - h \tag{5.13}$$

となる。また，最適なパラメータを求めるために最小二乗法が利用された。つまり，教師信号とモデルの出力の誤差の二乗和を最小とするパラメータが求められる。

これは，4 章で紹介した線形回帰モデルとまったく同じモデルである。ただし，識別課題の学習の場合には，目的変数がクラスのラベル $t \in \{0, 1\}$ となる。つまり，目的変数が離散変数（質的変数）となる。

図 5.6 に ADALINE の出力関数のグラフを示す。

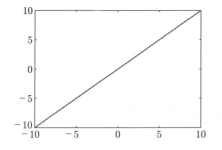

図 5.6　ADALINE の出力関数

5.3.2 ADALINE の学習

ADALINE では，ネットワークの出力と教師信号との平均二乗誤差

$$\varepsilon_{emp}^2(\boldsymbol{w}, h) = \frac{1}{N} \sum_{i=1}^{N} \left(t_i - (\boldsymbol{w}^T \boldsymbol{x}_i - h) \right)^2 \tag{5.14}$$

5.3 Adaptive Linear Neuron (ADALINE)

を最小にするようなパラメータが学習される。

ここでは，まず，最急降下法を用いて，適当な初期値からはじめて，パラメータ w と h を逐次更新することにより最適なパラメータを求める方法を紹介する。最急降下法では，平均二乗誤差 $\varepsilon_{emp}^2(w,h)$ のパラメータに関する偏微分を計算する必要がある。平均二乗誤差 $\varepsilon_{emp}^2(w,h)$ の結合荷重 w に関する偏微分は

$$\frac{\partial \varepsilon_{emp}^2(w,h)}{\partial w} = -\frac{2}{N}\sum_{i=1}^{N}(t_i - f(x_i))x_i = -\frac{2}{N}\sum_{i=1}^{N}\delta_i x_i \tag{5.15}$$

となる。また，しきい値 h に関する偏微分は

$$\frac{\partial \varepsilon_{emp}^2(w,h)}{\partial h} = -\frac{2}{N}\sum_{i=1}^{N}(t_i - f(x_i))(-1) = \frac{2}{N}\sum_{i=1}^{N}\delta_i \tag{5.16}$$

となる。ただし，$\delta_i = t_i - f(x_i)$ である。

したがって，最急降下法によるパラメータの更新式は

$$w \Leftarrow w + \alpha\left(\frac{2}{N}\sum_{i=1}^{N}\delta_i x_i\right) \tag{5.17}$$

$$h \Leftarrow h - \alpha\left(\frac{2}{N}\sum_{i=1}^{N}\delta_i\right) \tag{5.18}$$

のようになる。ここで，α は学習係数 (learning rate) である。この更新法は，**Widrow-Hoff の学習規則** (Widrow-Hoff learning rule) と呼ばれている。また，教師信号 t_i とネットワークの出力 $f(x_i)$ の誤差 δ_i に応じてパラメータを修正するため，**デルタルール** (delta rule) と呼ばれることもある。

確率的勾配降下法 (stochastic gradient descent, **SGD**) では，ε_{emp}^2 の偏微分を，一つ，あるいは，少数の訓練データから計算した偏微分で近似する。一つのサンプルのみで偏微分を近似する場合の更新式は

$$w \Leftarrow w + \alpha\delta_i x_i \tag{5.19}$$

$$h \Leftarrow h - \alpha\delta_i \tag{5.20}$$

となる。これは,形式的には,単純パーセプトロンの誤り訂正学習アルゴリズムとまったく同じ形をしている。ただし,これらのモデルでは,出力ユニットの出力関数が異なるため,学習される識別器は異なったものになる。

5.3.3 回帰分析との関係

Widrow-Hoffの学習規則では,最急降下法あるいは確率的勾配降下法を用いて逐次近似によりパラメータを推定する。一方,回帰分析では,最適な解を解析的に陽に求めた。先に指摘したように目的変数(教師信号)が二値で与えられるが,ADALINEのモデルは線形回帰のモデルと同じであるため,解析的に最適解を求めることも可能である。

導出の詳細は線形回帰の場合とほぼ同じであるため省略するが,最適なパラメータは

$$\boldsymbol{w}^* = \Sigma_{xx}^{-1}\Sigma_{xt} \tag{5.21}$$

$$h^* = -\bar{t} + \boldsymbol{w}^{*T}\bar{\boldsymbol{x}} \tag{5.22}$$

となる。ただし

$$\bar{t} = \frac{1}{N}\sum_{i=1}^{N} t_i = \frac{N_p}{N} \tag{5.23}$$

$$\Sigma_{xt} = \frac{1}{N}\sum_{i=1}^{N}(\boldsymbol{x}_i - \bar{\boldsymbol{x}})(t_i - \bar{t}) \tag{5.24}$$

である。なお,$N_p = \sum_{i=1}^{N} t_i$ は,学習サンプルのうちで教師信号が $t=1$ となるサンプルの数である。つまり,$\bar{t}$ は,$t=1$ となる確率 $P(t=1)$ のサンプル推定値 $\tilde{P}$ である。

したがって,この場合の最適な識別関数は

$$f_{lincls}(\boldsymbol{x}) = \boldsymbol{w}^{*T}\boldsymbol{x} - h^* = \bar{t} + \Sigma_{xt}^T\Sigma_{xx}^{-1}(\boldsymbol{x} - \bar{\boldsymbol{x}}) \tag{5.25}$$

となる。ここで,$\bar{t}$ は,t_i が0か1の二値であることから

5.3 Adaptive Linear Neuron (ADALINE)

$$\bar{t} = \frac{1}{N}\sum_{i=1}^{N} t_i = \frac{N_p}{N} = \tilde{P} \tag{5.26}$$

となる。また，Σ_{xt} も，さらに変形でき

$$\Sigma_{xt} = \frac{1}{N}\sum_{i=1}^{N}(\boldsymbol{x}_i - \bar{\boldsymbol{x}})(t_i - \bar{t}) = \tilde{P}(\bar{\boldsymbol{x}}_1 - \bar{\boldsymbol{x}}) \tag{5.27}$$

のようになる。ただし，$\bar{\boldsymbol{x}}_1 = \frac{1}{N}\sum_{i=1}^{N} t_i \boldsymbol{x}_i$ は，教師信号が $t = 1$ となるサンプルの平均ベクトルである。

したがって，最適な線形識別関数 $f_{lincls}(\boldsymbol{x})$ は

$$\begin{aligned} f_{lincls}(\boldsymbol{x}) &= \tilde{P} + \tilde{P}(\bar{\boldsymbol{x}}_1 - \bar{\boldsymbol{x}})^T \Sigma_{xx}^{-1}(\boldsymbol{x} - \bar{\boldsymbol{x}}) \\ &= \tilde{P}\left(1 + (\bar{\boldsymbol{x}}_1 - \bar{\boldsymbol{x}})^T \Sigma_{xx}^{-1}(\boldsymbol{x} - \bar{\boldsymbol{x}})\right) \end{aligned} \tag{5.28}$$

となる。

この最適な線形識別関数 $f_{lincls}(\boldsymbol{x})$ によって達成される最小の平均二乗誤差は

$$\varepsilon_{emp}^2(w_0^*, \boldsymbol{w}^*) = \sigma_t^2 - \Sigma_{xt}^T \Sigma_{xx}^{-1} \Sigma_{xt} \tag{5.29}$$

となる。ここで

$$\sigma_t^2 = \frac{1}{N}\sum_{i=1}^{N}(t_i - \bar{t})^2 \tag{5.30}$$

である。これは，教師信号が $t_i \in \{0, 1\}$ の二値の値をとるので，さらに

$$\sigma_t^2 = \frac{N_p}{N}\frac{(N - N_p)}{N} = \frac{N_p}{N}(1 - \frac{N_p}{N}) = \tilde{P}(1 - \tilde{P}) \tag{5.31}$$

のように変形できる。したがって，最適な線形識別関数 $f_{lincls}(\boldsymbol{x})$ によって達成される最小の平均二乗誤差は

$$\begin{aligned} \varepsilon_{emp}^2(w_0^*, \boldsymbol{w}^*) &= \sigma_t^2 - \Sigma_{xt}^T \Sigma_{xx}^{-1} \Sigma_{xt} \\ &= \tilde{P}(1 - \tilde{P}) - \tilde{P}(\bar{\boldsymbol{x}}_1 - \bar{\boldsymbol{x}})^T \Sigma_{xx}^{-1}(\bar{\boldsymbol{x}}_1 - \bar{\boldsymbol{x}})\tilde{P} \end{aligned}$$

$$= \tilde{P}(1-\tilde{P})\left(1 - \frac{\tilde{P}}{1-\tilde{P}}(\bar{\boldsymbol{x}}_1 - \bar{\boldsymbol{x}})^T \Sigma_{xx}^{-1}(\bar{\boldsymbol{x}}_1 - \bar{\boldsymbol{x}})\right) \tag{5.32}$$

のように表すことができる。

最適な線形識別関数の統計量も線形回帰の場合と同様に計算できる。最適な線形識別関数に訓練サンプルを入力した場合のサンプル平均は

$$\bar{f}_{lincls} = \bar{t} = \tilde{P} \tag{5.33}$$

となる。また，サンプル分散は

$$\mathrm{V}(f_{lincls}) = \Sigma_{xt}^T \Sigma_{xx}^{-1} \Sigma_{xt} = \tilde{P}(\bar{\boldsymbol{x}}_1 - \bar{\boldsymbol{x}})^T \Sigma_{xx}^{-1}(\bar{\boldsymbol{x}}_1 - \bar{\boldsymbol{x}})\tilde{P} \tag{5.34}$$

となる。さらに，教師信号 t と最適な線形識別関数 $f_{lincls}(\boldsymbol{x})$ とのサンプル共分散は

$$\mathrm{COV}(t, f_{lincls}) = \Sigma_{xt}^T \Sigma_{xx}^{-1} \Sigma_{xt} = \tilde{P}(\bar{\boldsymbol{x}}_1 - \bar{\boldsymbol{x}})^T \Sigma_{xx}^{-1}(\bar{\boldsymbol{x}}_1 - \bar{\boldsymbol{x}})\tilde{P} \tag{5.35}$$

となる。

5.3.4 正則化 ADALINE

ADALINE は，目的変数が二値であること以外は，本質的には，線形回帰分析と同じであるから，線形回帰分析と同様に，L2 正則化回帰（リッジ回帰）や L1 正則化回帰（lasso）を用いて，モデルのパラメータを学習することも可能である。

L2 正則化を用いる場合の最適化の目的関数は

$$\begin{aligned}Q_{adalineL2}(\boldsymbol{w}, h) &= \varepsilon_{emp}^2 + \lambda ||\boldsymbol{w}||^2 \\ &= \frac{1}{N}\sum_{i=1}^{N}(t_i - (\boldsymbol{w}^T\boldsymbol{x}_i - h))^2 + \lambda ||\boldsymbol{w}||^2 \end{aligned} \tag{5.36}$$

となり，最適なパラメータは

$$w^* = (\Sigma_{xx} + \lambda I)^{-1} \Sigma_{xt} \tag{5.37}$$

となる．したがって，この場合の最適な線形識別関数は

$$f_{adalineL2}(\boldsymbol{x}) = \bar{t} + \Sigma_{xt}^T (\Sigma_{xx} + \lambda I)^{-1}(\boldsymbol{w} - \bar{\boldsymbol{x}}) \tag{5.38}$$

となる．

L1 正則化の場合には目的関数は

$$\begin{aligned} Q_{adalineL1}(\boldsymbol{w}, h) &= \varepsilon_{emp}^2 + \lambda \|\boldsymbol{w}\|_1 \\ &= \frac{1}{N} \sum_{i=1}^{N} (t_i - (\boldsymbol{w}^T \boldsymbol{x}_i - h))^2 + \lambda \|\boldsymbol{w}\|_1 \end{aligned} \tag{5.39}$$

となる．

5.3.5 アヤメのデータの ADALINE での識別

図 5.7 に，Fisher のアヤメのデータに ADALINE を適用した結果を示す．ここでも，ガクの長さと幅の二次元の特徴ベクトルを用いて，2 種類のアヤメ (Setosa と Versicolor) を識別させた．この図から，訓練サンプルがほぼ識別できる線形識別関数が得られていることがわかる．

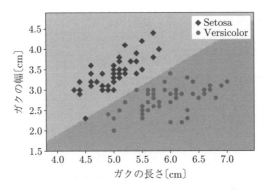

図 5.7 アヤメのデータに対する ADALINE による識別結果

5.4 ロジスティック回帰

ADALINE では，単純パーセプトロンのユニットの出力関数を線形関数とし，モデルのパラメータを教師信号とモデルの出力との平均二乗誤差を最小とする基準を導入することで，学習の初期値依存性や学習の収束性などの単純パーセプトロンの欠点を克服した。しかし，二値の教師信号を推定するために線形関数を用いるのは，必ずしも良い方法とはいえない。ここでは，単純パーセプトロンの出力関数として**ロジスティック関数**（logistic function）を用いたモデルを考える。

5.4.1 ロジスティック回帰のモデル

単純パーセプトロンのユニットの出力関数としてロジスティック関数

$$\mathrm{logit}(\eta) = \frac{\exp(\eta)}{1+\exp(\eta)} = \frac{1}{1+\exp(-\eta)} \tag{5.40}$$

を用いて事後確率を推定するモデルは，**ロジスティック回帰**（logistic regression）と呼ばれている。

図 5.8 に，ロジスティック回帰の出力関数として用いられるロジスティック関数のグラフを示す。この図から，ロジスティック関数は単純パーセプトロンの出力関数として用いられるしきい値関数を滑らかにしたような関数であることがわかる。

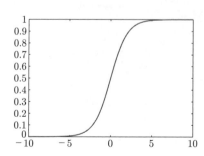

図 5.8　ロジスティック回帰の出力関数

ロジスティック回帰では,出力 $f(\boldsymbol{x})$ を

$$f(\boldsymbol{x}) = \mathrm{logit}(\eta(\boldsymbol{x}))$$
$$\eta(\boldsymbol{x}) = \boldsymbol{w}^T \boldsymbol{x} - h \tag{5.41}$$

のように計算する。このように線形モデルの出力を非線形の関数で変換するモデルは,**一般化線形モデル**(generalized linear model,**GLM**)と呼ばれている[28]。ロジスティック回帰は,一般化線形モデルの代表例である。

ちなみに,各クラス($t=0,1$)の分布が共通の分散共分散行列 Σ を持つ多次元正規分布

$$P(\boldsymbol{x}|t) = \frac{1}{(\sqrt{2\pi})^M \sqrt{\det(\Sigma)}} \exp\left(-\frac{1}{2}(\boldsymbol{x}-\boldsymbol{\mu}_t)^T \Sigma^{-1}(\boldsymbol{x}-\boldsymbol{\mu}_t)\right) \tag{5.42}$$

で表される場合には,各クラスの事後確率は

$$P(t=1|\boldsymbol{x}) = \frac{P(t=1)p(\boldsymbol{x}|t=1)}{p(\boldsymbol{x})} \tag{5.43}$$
$$= \frac{1}{1+\exp\left(-(\boldsymbol{w}^T \boldsymbol{x}-h)\right)} \tag{5.44}$$

のようにロジスティック関数となる。ただし

$$\boldsymbol{w} = (\boldsymbol{\mu}_1 - \boldsymbol{\mu}_0)^T \Sigma^{-1} \tag{5.45}$$
$$h = \boldsymbol{\mu}_1 \Sigma^{-1} \boldsymbol{\mu}_1 - \boldsymbol{\mu}_0 \Sigma^{-1} \boldsymbol{\mu}_0 + \log \frac{P(t=0)}{P(t=1)} \tag{5.46}$$

である。このことから,ロジスティック回帰は,各クラスの分布が共通の分散共分散行列を持つ多次元正規分布の場合の事後確率を推定するための自然なモデルであるといえる。

5.4.2 ロジスティック回帰のパラメータの学習

ロジスティック回帰モデルのパラメータも,最尤法で学習することができる。

いま，訓練サンプル集合を $\{(\boldsymbol{x}_i, t_i) | i = 1, \cdots, N\}$ とする。ここでは，教師信号 t_i は，0 か 1 の二値で与えられるものとする。

入力 $\boldsymbol{x}$ を与えたときの出力 $f(\boldsymbol{x})$ を，入力 $\boldsymbol{x}$ のもとで教師信号が $t = 1$ である確率 $P(t = 1|\boldsymbol{x})$ の推定値と考えると，教師信号が $t = 0$ である確率 $P(t = 0|\boldsymbol{x}) = 1 - P(t = 1|\boldsymbol{x})$ の推定値は，$1 - f(\boldsymbol{x})$ となる。したがって，訓練サンプル集合に対するロジスティック回帰モデルの尤度は

$$L = \prod_{i=1}^{N} f(\boldsymbol{x}_i)^{t_i} (1 - f(\boldsymbol{x}_i))^{(1-t_i)} \tag{5.47}$$

で与えられる。したがって，その対数（対数尤度）は

$$\begin{aligned} l &= \sum_{i=1}^{N} \left(t_i \log f(\boldsymbol{x}_i) + (1 - t_i) \log(1 - f(\boldsymbol{x}_i)) \right) \\ &= \sum_{i=1}^{N} \left(t_i \log \left(\frac{\exp(\eta(\boldsymbol{x}_i))}{1 + \exp(\eta(\boldsymbol{x}_i))} \right) + (1 - t_i) \log \left(\frac{1}{1 + \exp(\eta(\boldsymbol{x}_i))} \right) \right) \\ &= \sum_{i=1}^{N} \left(t_i \eta(\boldsymbol{x}_i) - \log \left(1 + \exp(\eta(\boldsymbol{x}_i)) \right) \right) \end{aligned} \tag{5.48}$$

となる。これを最大とするパラメータがネットワークの最尤推定値である。

ADALINE の場合と同様に，まずは，最急降下法によりパラメータ $\boldsymbol{w}$ および h を逐次更新することで最適なパラメータを求める方法について考えてみよう。

対数尤度 l のパラメータ $\boldsymbol{w}$ に関する偏微分は

$$\frac{\partial l}{\partial \boldsymbol{w}} = \sum_{i=1}^{N} (t_i - f(\boldsymbol{x}_i)) \boldsymbol{x}_i = \sum_{i=1}^{N} \delta_i \boldsymbol{x}_i \tag{5.49}$$

のようになる。ここで，ADALINE の場合と同様に，$\delta_i = (t_i - y_i)$ である。一方，対数尤度 l のパラメータ h に関する偏微分は

$$\frac{\partial l}{\partial h} = \sum_{i=1}^{N} (t_i - f(\boldsymbol{x}_i))(-1) = -\sum_{i=1}^{N} \delta_i \tag{5.50}$$

となる。したがって，パラメータの更新式は

$$w \Leftarrow w + \alpha \sum_{i=1}^{N} \delta_i x_i \tag{5.51}$$

$$h \Leftarrow h - \alpha \sum_{i=1}^{N} \delta_i \tag{5.52}$$

のようになる。

面白いことに，この更新式は，ADALINE のパラメータを最急降下法で求める Widrow-Hoff の学習規則とまったく同じ形をしている。ただし，出力値 $f(x_i)$ の計算方法が異なるので，最適なパラメータは異なる値に収束する。

5.4.3 Fisher 情報行列を用いる学習法

最尤推定においては，**Fisher 情報行列**（Fisher information matrix）が重要な役割を演じる。一般に，変量 y がパラメータ $\theta_1, \cdots, \theta_M$ を持つ密度分布 $p(y; \theta_1, \cdots, \theta_M)$ に従うとき

$$F_{ij} = -E\left(\frac{\partial^2}{\partial \theta_i \partial \theta_j} \log p(y; \theta_1, \cdots, \theta_M)\right) \tag{5.53}$$

を **Fisher 情報量**（Fisher information）と呼ぶ。また，Fisher 情報量を要素とする行列 $F = [F_{ij}]$ を Fisher 情報行列という。Fisher 情報量は不変推定量の分散と密接に関係している。

ここでは，ロジスティック回帰の Fisher 情報量を具体的に計算してみる。いま，パラメータ w と h をまとめて，$\tilde{w} = \begin{bmatrix} w \\ -h \end{bmatrix}$ と表すことにする。これに伴って，入力特徴ベクトルも拡張して $\tilde{x}_i = \begin{bmatrix} x_i \\ 1 \end{bmatrix}$ とする。

Fisher 情報行列を求めるためには，式 (5.48) の対数尤度 l の二次微分を計算する必要がある。対数尤度 l の二次微分は

$$\frac{\partial^2 l}{\partial \tilde{w}_k \partial \tilde{w}_j} = -\sum_{i=1}^{N} \omega_i \tilde{x}_{ik} \tilde{x}_{ij} \tag{5.54}$$

となる。ただし、$\omega_i = y_i(1-y_i)$ である。一次微分と二次微分をまとめて行列表現すると

$$\nabla l = \sum_{i=1}^{N} \delta_i \tilde{\boldsymbol{x}}_i = X^T \boldsymbol{\delta},$$

$$\nabla^2 l = -\sum_{i=1}^{N} \omega_i \tilde{\boldsymbol{x}}_i \tilde{\boldsymbol{x}}_i^T = -X^T \Omega X \tag{5.55}$$

となる。ただし、$X = [\tilde{\boldsymbol{x}}_1, \cdots, \tilde{\boldsymbol{x}}_N]^T$, $\Omega = \mathrm{diag}(\omega_1, \cdots, \omega_N)$ および $\boldsymbol{\delta} = \begin{bmatrix} \delta_1 & \cdots & \delta_N \end{bmatrix}^T$ である。

これらを用いて、パラメータ $\tilde{\boldsymbol{w}}$ に対する Fisher 情報行列、すなわち、**Hesse 行列** (Hessian matrix) の期待値のマイナスは

$$F = -E(\nabla^2 l) = X^T \Omega X \tag{5.56}$$

となる。これは、入力ベクトル $\{\tilde{\boldsymbol{x}}_i\}$ の ω_i で重み付けした相関行列である。そのときの重み ω_i は、図 5.9 に示すような二次関数で、ニューロンの出力が確定している（0 あるいは 1 に近い）場合には小さくなり、出力が不確定な（0.5 に近い）場合には大きくなる。したがって、Fisher 情報行列は、出力が不確定な入力ベクトルには大きな重みを与えて計算した重み付き相関行列であるといえる。

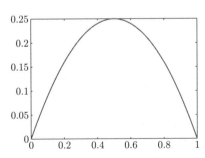

図 5.9 重み ω_p

ロジスティック回帰では、Hesse 行列の代わりに Fisher 情報行列を用いる Newton 法で最適解を求める方法が知られている。この手法は、Fisher のスコアリングアルゴリズムと呼ばれている。ロジスティック回帰の場合には、Hesse

行列と Fisher 情報行列は単に符号が異なるだけなので，この手法は Newton 法に完全に一致する。

いま，現時点でのパラメータの推定値を $\tilde{w}$ とし，それを修正ベクトル $\delta\tilde{w}$ により

$$\tilde{w}^* = \tilde{w} + \delta\tilde{w} \tag{5.57}$$

のように更新するものとする。修正ベクトル $\delta\tilde{w}$ は，線形方程式

$$F\delta\tilde{w} = \nabla l \tag{5.58}$$

を解くことにより求められる。パラメータの更新の式 (5.57) に左から F を掛けると

$$F\tilde{w}^* = F\tilde{w} + F\delta\tilde{w} = F\tilde{w} + \nabla l \tag{5.59}$$

となる。ここで，$F\tilde{w}$ は

$$F\tilde{w} = X^T \Omega X \tilde{w} = X^T \Omega \begin{bmatrix} w^T x_1 - h \\ \vdots \\ w^T x_N - h \end{bmatrix} = X^T \Omega \eta \tag{5.60}$$

となる。ただし，$\eta = \begin{bmatrix} \eta_1 & \cdots & \eta_N \end{bmatrix}^T$ である。したがって，新しい推定値 $\tilde{w}^*$ は

$$\begin{aligned} \tilde{w}^* &= F^{-1}(F\tilde{w} + \nabla l) = (X^T \Omega X)^{-1}(X^T \Omega \eta + X^T \delta) \\ &= (X^T \Omega X)^{-1} X^T \Omega (\eta + \Omega^{-1} \delta) \end{aligned} \tag{5.61}$$

により求めることができる。ただし，$\delta = \begin{bmatrix} \delta_1 & \cdots & \delta_N \end{bmatrix}^T$ である。この式は，入力データ X から目的変数 $\eta + \Omega^{-1} \delta$ への重み付き最小二乗法の正規方程式とみなすことができる。したがって，最尤推定値を求めるには，ある初期値から始めて，この重み付き最小二乗法を繰り返せばよいことになる。

初期値は，例えば，以下のような簡単な方法で推定することが可能である。いま，結合重みがすべて 0，つまり，$\tilde{w} = 0$ とする。このとき，$\Omega = \dfrac{1}{4}I$, $\eta = 0$

および $\boldsymbol{\delta} = \boldsymbol{t} - \frac{1}{2}\boldsymbol{1}$ である.したがって,これらを式 (5.61) の計算式に代入すると,初期パラメータの推定値 $\tilde{\boldsymbol{w}}_0$ は

$$\tilde{\boldsymbol{w}}_0 = 4(X^T X)^{-1} X^T \left(\boldsymbol{t} - \frac{1}{2}\boldsymbol{1}\right) \tag{5.62}$$

となる.これは,入力から教師信号 $\boldsymbol{t} - \frac{1}{2}\boldsymbol{1}$ への線形回帰により初期パラメータを求めることに対応している.

繰返しアルゴリズムで求めた最適なパラメータを $\tilde{\boldsymbol{w}}^* = \begin{bmatrix} \boldsymbol{w}^* \\ -h^* \end{bmatrix}$ とすると,最適な識別関数 $f_{logreg}(\boldsymbol{x})$ は

$$f_{logreg}(\boldsymbol{x}) = \mathrm{logit}(\boldsymbol{w}^{*T}\boldsymbol{x} - h^*) \tag{5.63}$$

のように書ける.

5.4.4 正則化ロジスティック回帰

ロジスティック回帰の場合にも,線形回帰分析と同様に,対数尤度最大化基準にパラメータが大きくなりすぎないようなペナルティを導入することができる.

L2 正則化の場合の目的関数は

$$\begin{aligned} Q_{logitL2}(\boldsymbol{w}, h) &= -l + \lambda \|\boldsymbol{w}\|^2 \\ &= \sum_{i=1}^{N} \left(\log\left(1 + \exp(\eta(\boldsymbol{x}_i))\right) - t_i \eta(\boldsymbol{x}_i)\right) + \lambda \|\boldsymbol{w}\|^2 \end{aligned} \tag{5.64}$$

のように書ける.これを最小化するパラメータを求めるために,$Q_{logitL2}(\boldsymbol{w}, h)$ のパラメータ $\boldsymbol{w}$ に関する偏微分を計算してみると

$$\begin{aligned} \frac{\partial Q_{logitL2}(\boldsymbol{w}, h)}{\partial w_j} &= -\frac{\partial l}{\partial \boldsymbol{w}} + 2\lambda \boldsymbol{w} \\ &= -\sum_{i=1}^{N}(t_i - f(\boldsymbol{x}_i))\boldsymbol{x}_i + 2\lambda \boldsymbol{w} = -\sum_{i=1}^{N}\delta_i \boldsymbol{x}_i + 2\lambda \boldsymbol{w} \end{aligned} \tag{5.65}$$

となる。また，$Q_{logitL2}(\boldsymbol{w}, h)$ のパラメータ h に関する偏微分は

$$\frac{\partial Q_{logitL2}(\boldsymbol{w}, h)}{\partial h} = -\frac{\partial l}{\partial h} = -\sum_{i=1}^{N}(t_i - f(\boldsymbol{x}_i))(-1) = \sum_{i=1}^{N}\delta_i \quad (5.66)$$

となる。したがって，この場合の最急降下法でのパラメータの更新式は

$$\boldsymbol{w} \Leftarrow \boldsymbol{w} + \alpha \sum_{i=1}^{N}\delta_i \boldsymbol{x}_i - 2\alpha\lambda\boldsymbol{w} \quad (5.67)$$

$$h \Leftarrow h - \alpha \sum_{i=1}^{N}\delta_i \quad (5.68)$$

となる。ここで，$\boldsymbol{w}$ の更新の式 (5.67) の第二項は，$\boldsymbol{w}$ の各要素の絶対値を小さくする方向に作用する。つまり，予測に不要な無駄なパラメータを 0 にするような効果がある。この手法は **weight decay 法**とも呼ばれている。

この場合には，Fisher 情報行列を用いる学習法は，重み付きリッジ回帰を繰り返すアルゴリズムとなる。

L1 正則化の場合の目的関数は

$$\begin{aligned} Q_{logitL1}(\boldsymbol{w}, h) &= -l + \lambda\|\boldsymbol{w}\|_1 \\ &= \sum_{i=1}^{N}\left(\log\left(1 + \exp(\eta(\boldsymbol{x}_i))\right) - t_i\eta(\boldsymbol{x}_i)\right) + \lambda\|\boldsymbol{w}\|_1 \end{aligned}$$

$$(5.69)$$

のようになる。この場合には，Fisher 情報行列を用いる学習法は，重み付き lasso を繰り返すアルゴリズムに帰着される。

5.4.5 アヤメのデータのロジスティック回帰での識別

ここでは，Fisher のアヤメのデータに L2 正則化ロジスティック回帰を適用した結果を示す。ロジスティック回帰も，2 クラスの識別のための手法であるから，アヤメのデータのうちの二つのクラス（Setosa と Versicolor）を識別する。また，特徴量としては，これまでの例と同様に，ガクの長さと幅の二次元

ベクトルを用いた。図 5.10 に L2 正則化ロジスティック回帰で構成した識別器による識別結果を示す。図 (a) は，正則化のパラメータ λ を $\lambda = 0.001$ とした場合の結果で，図 (b) は，$\lambda = 1$ の場合の結果である。

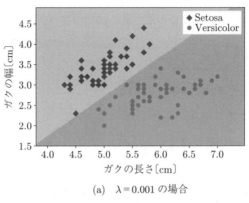

(a) $\lambda = 0.001$ の場合

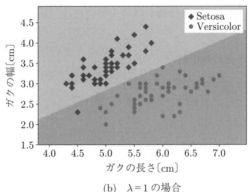

(b) $\lambda = 1$ の場合

図 5.10 アヤメのデータに対するロジスティック回帰による識別結果

この図から，正則化のパラメータ λ が小さい場合には，訓練サンプルを正確に分類する識別境界が得られており，λ を大きくすることで，訓練サンプルの一つが識別誤りになるが，分布の全体の傾向を捉えた識別境界が得られていることがわかる。

5.5 サポートベクトルマシン

サポートベクトルマシン (support vector machine, **SVM**) は，1960 年代に Vapnik らが考案した最適分離超平面 (optimal separating hyperplane) を起源とし，**カーネルトリック** (kernel trick) により非線形の識別関数が構成できるように拡張されたことで，現在知られているさまざまなパターン認識手法のなかでも認識性能の優れた学習モデルの一つと考えられている．ここでは，線形のサポートベクトルマシンについて紹介する．

5.5.1 サポートベクトルマシンのモデル

サポートベクトルマシンは，本章で紹介した単純パーセプトロン，ADALINE，および，ロジスティック回帰と同様に，二つのクラスを識別する識別器を構成するための学習法である．

一般に，訓練サンプルを用いて学習された識別器が，訓練サンプルに含まれていない未学習データに対しても高い識別性能を発揮できるためには，汎化性能を向上させるための工夫が必要である．サポートベクトルマシンでは，**マージン最大化**という基準を用いることでこれを実現している．これは，結果的には，不要なパラメータが値を持たないように学習の評価基準にペナルティ項を追加する shrinkage 法と同じになる．

サポートベクトルマシンは，単純パーセプトロンと同様に McCulloch と Pitts のニューロンのモデルを用いて，2 クラスのパターン識別器を構成する手法である．サポートベクトルマシンの導出では，ニューロンのモデルとして，単純パーセプトロンのモデルと本質的には同じであるが，ユニットの出力関数が異なる

$$f(\boldsymbol{x}) = \mathrm{sign}(\eta(\boldsymbol{x})) \tag{5.70}$$

$$\eta(\boldsymbol{x}) = \boldsymbol{w}^T \boldsymbol{x} - h \tag{5.71}$$

のようなモデルを用いることが一般的である。ここで，関数 sign(η) は

$$\text{sign}(\eta) = \begin{cases} 1 & \text{if } \eta \geqq 0 \\ -1 & \text{otherwise} \end{cases} \tag{5.72}$$

で定義される符号関数である。

このモデルは，入力ベクトルとシナプス荷重の内積がしきい値を超えれば1を出力し，超えなければ -1 を出力する。これは，本章で紹介したほかの手法と同様に，識別平面により，入力特徴空間を二つに分けることに相当する。

サポートベクトルマシンのパラメータの学習では，訓練サンプル集合から，「マージン最大化」という基準を用いる。

5.5.2　線形分離可能な場合のパラメータの学習

いま，二つのクラスを C_1, C_2 とし，各クラスのラベルを 1 と -1 に数値化しておく。また，訓練サンプル集合として，N 個の特徴ベクトル $x_1, \cdots, x_N$ と，それぞれのサンプルに対する正解のクラスラベル $t_1, \cdots, t_N$ が与えられているとする。この訓練サンプル集合は，線形分離可能であるとする。すなわち，図 5.11 のように，線形しきい素子のパラメータをうまく調整することで，訓練サンプル集合を誤りなく分けられると仮定する。

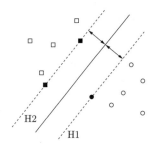

図 5.11　線形しきい素子の分離超平面とマージン（○はクラス 1 のサンプルを，□はクラス -1 のサンプルを示す。●と■はサポートベクトルを示す）

訓練サンプル集合が線形分離可能であるとしても，一般には，訓練サンプル集合を誤りなく分けるパラメータは一意には決まらない。サポートベクトルマシンでは，訓練サンプルの直近の識別平面ではなく，なるべく余裕をもって分

けるような識別平面が求められる．具体的には，図 5.11 のように，最も近い訓練サンプルとの距離（マージン）が最大となるような識別平面を求める．もし，訓練サンプル集合が線形分離可能なら

$$t_i(\boldsymbol{w}^T \boldsymbol{x}_i - h) \geq 1 \quad (i = 1, \cdots, N) \tag{5.73}$$

を満たすようなパラメータが存在する．これは，H1: $\boldsymbol{w}^T \boldsymbol{x} - h = 1$ と H2: $\boldsymbol{w}^T \boldsymbol{x} - h = -1$ の 2 枚の超平面で訓練サンプルが完全に分離されており，2 枚の超平面の間にはサンプルが一つも存在しないことを示している．このとき，識別平面とこれらの超平面との距離（マージンの大きさ）は，$1/\|\boldsymbol{w}\|$ となる．したがって，マージンを最大とするパラメータ $\boldsymbol{w}$ と h を求める問題は，結局，制約条件

$$t_i(\boldsymbol{w}^T \boldsymbol{x}_i - h) \geq 1 \quad (i = 1, \cdots, N) \tag{5.74}$$

のもとで，目的関数

$$L(\boldsymbol{w}) = \frac{1}{2}\|\boldsymbol{w}\|^2 \tag{5.75}$$

を最小とするパラメータを求める問題として定式化できる．この最適化問題は，数理計画法の分野で二次計画問題として知られており，さまざまな数値計算法が提案されている．ここでは，双対問題に帰着して解く方法を紹介する．まず，Lagrange 乗数 $\alpha_i(\geq 0)$, $i = 1, \cdots, N$ を導入し，目的関数を

$$L(\boldsymbol{w}, h, \boldsymbol{\alpha}) = \frac{1}{2}\|\boldsymbol{w}\|^2 - \sum_{i=1}^{N} \alpha_i \left(t_i(\boldsymbol{w}^T \boldsymbol{x}_i - h) - 1\right) \tag{5.76}$$

と書き換える．パラメータ $\boldsymbol{w}$ および h に関する偏微分から停留点では

$$\boldsymbol{w} = \sum_{i=1}^{N} \alpha_i t_i \boldsymbol{x}_i \tag{5.77}$$

$$0 = \sum_{i=1}^{N} \alpha_i t_i \tag{5.78}$$

という関係が成り立つ．これらを目的関数の式 (5.76) に代入すると，制約条件

$$\sum_{i=1}^{N} \alpha_i t_i = 0, \quad \alpha_i \geq 0 \quad (i=1,\cdots,N) \tag{5.79}$$

のもとで，目的関数

$$L_D(\boldsymbol{\alpha}) = \sum_{i=1}^{N} \alpha_i - \frac{1}{2} \sum_{i,j=1}^{N} \alpha_i \alpha_j t_i t_j \boldsymbol{x}_i^T \boldsymbol{x}_j \tag{5.80}$$

を最大とする双対問題が得られる．これは，Lagrange 乗数 α_i (≥ 0), $i = 1, \cdots, N$ に関する最適化問題となる．

この解で α_i^* が 0 でない，すなわち，$\alpha_i^* > 0$ となる訓練サンプル $\boldsymbol{x}_i$ は，先の二つの超平面 $\boldsymbol{w}^T \boldsymbol{x} - h = 1$ か，$\boldsymbol{w}^T \boldsymbol{x} - h = -1$ のどちらかの上にある．このことから，α_i^* が 0 でない訓練サンプル $\boldsymbol{x}_i$ のことをサポートベクトルと呼んでいる．これが，サポートベクトルマシンの名前の由来である．

このようなサポートベクトルは，もとの訓練サンプル数に比べてかなり少ないことが多い．つまり，多くの訓練サンプルの中から少数のサポートベクトルを選び出し，それらのみを用いて線形識別関数のパラメータが決定されることになる．

実際，双対問題の最適解 α_i^* ($i \geq 0$)，および停留点での条件式から，最適なパラメータ $\boldsymbol{w}^*$ は

$$\boldsymbol{w}^* = \sum_{i \in S} \alpha_i^* t_i \boldsymbol{x}_i \tag{5.81}$$

となる．ここで，S はサポートベクトルに対応する添え字の集合である．また，最適なしきい値 h^* は，サポートベクトルが二つの超平面 $\boldsymbol{w}^T \boldsymbol{x} - h = 1$ か $\boldsymbol{w}^T \boldsymbol{x} - h = -1$ のどちらかの上にあることを利用して求めることができる．すなわち，任意のサポートベクトル $\boldsymbol{x}_s, s \in S$ から

$$h^* = \boldsymbol{w}^{*T} \boldsymbol{x}_s - t_s \tag{5.82}$$

により求まる．

また，最適な識別関数を双対問題の最適解 α_i^* $(i \geq 0)$ を用いて表現すると

$$f_{linSVM}(\boldsymbol{x}) = \text{sign}(\boldsymbol{w}^{*T}\boldsymbol{x} - h^*) = \text{sign}\left(\sum_{i \in S} \alpha_i^* t_i \boldsymbol{x}_i^T \boldsymbol{x} - h^*\right) \quad (5.83)$$

となる．すなわち，$\alpha_i^* = 0$ となる多くの訓練サンプルを無視し，$\alpha_i^* > 0$ となる識別平面に近い少数の訓練サンプルのみを用いて最適な識別関数が構成される．ここで，重要な点は，「マージン最大化」という基準から自動的に識別平面付近の少数の訓練サンプルのみが選択されたことである．すなわち，サポートベクトルマシンは，マージン最大化という基準を用いて，訓練サンプルを選択することで，モデルの自由度を抑制するようなモデル選択が行われていると解釈できる．

5.5.3 線形分離可能でない場合のパラメータの学習

上述のサポートベクトルマシンは，訓練サンプルが線形分離可能な場合についての議論であるが，パターン認識の多くの課題で線形分離可能であることはほとんどない．したがって，実際的な課題にサポートベクトルマシンを使うには，さらなる工夫が必要である．まず考えられるのは，多少の識別誤りは許すように制約を緩める方法である．これは，ソフトマージン（soft margin）法と呼ばれている．

ソフトマージン法では，マージン $1/\|\boldsymbol{w}\|$ を最大としながら，図 **5.12** に示す

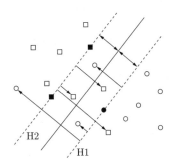

図 5.12 ソフトマージン（○はクラス 1 のサンプルを，□はクラス -1 のサンプルを示す．●と■はサポートベクトルを示す）

ように，いくつかのサンプルが超平面 H1 あるいは H2 を越えて反対側に入ってしまうことを許す．反対側にどれくらい入り込んだかの距離を，パラメータ $\xi_i (\geq 0)$ を用いて，$\xi_i/||\boldsymbol{w}||$ と表すと，その和

$$\sum_{i=1}^{N} \frac{\xi_i}{||\boldsymbol{w}||} \tag{5.84}$$

はなるべく小さいことが望ましい．これらの条件から最適な識別面を求める問題は，制約条件

$$\xi_i \geq 0, \quad t_i(\boldsymbol{w}^T\boldsymbol{x}_i - h) \geq 1 - \xi_i \quad (i = 1, \cdots, N) \tag{5.85}$$

のもとで，目的関数

$$L(\boldsymbol{w}, \boldsymbol{\xi}) = \frac{1}{2}||\boldsymbol{w}||^2 + C\sum_{i=1}^{N} \xi_i \tag{5.86}$$

を最小とするパラメータを求める問題に帰着される．ここで，新たに導入したパラメータ C は，第一項のマージンの大きさと第二項のはみ出しの程度とのバランスを決める定数である．

この最適化問題の解法は，基本的には線形分離可能な場合と同様に二つの制約条件に対して，Lagrange 乗数 α_i，および，ν_i を導入し，目的関数を

$$L(\boldsymbol{w}, h, \boldsymbol{\alpha}, \boldsymbol{\nu}) = \frac{1}{2}||\boldsymbol{w}||^2 + C\sum_{i=1}^{N} \xi_i \\ - \sum_{i=1}^{N} \alpha_i \left(t_i(\boldsymbol{w}^T\boldsymbol{x}_i - h) - (1 - \xi_i)\right) - \sum_{i=1}^{N} \nu_i \xi_i \tag{5.87}$$

と書き換える．パラメータ $\boldsymbol{w}$, h, ν_i に関する偏微分を 0 とする停留点では

$$\boldsymbol{w} = \sum_{i=1}^{N} \alpha_i t_i \boldsymbol{x}_i \tag{5.88}$$

$$0 = \sum_{i=1}^{N} \alpha_i t_i \tag{5.89}$$

$$\alpha_i = C - \nu_i \tag{5.90}$$

という関係が成り立つ.これらを目的関数の式に代入すると,制約条件

$$\sum_{i=1}^{N} \alpha_i t_i = 0, \quad 0 \leq \alpha_i \leq C \quad (i = 1, \cdots, N) \tag{5.91}$$

のもとで,目的関数

$$L_D(\boldsymbol{\alpha}) = \sum_{i=1}^{N} \alpha_i - \frac{1}{2} \sum_{i,j=1}^{N} \alpha_i \alpha_j t_i t_j \boldsymbol{x}_i^T \boldsymbol{x}_j \tag{5.92}$$

を最大とする双対問題が得られる.

線形分離可能な場合には,最適解 α_i^* の値により,平面 H1 および H2 上の訓練サンプル(サポートベクトル)とそれ以外のサンプルに分類されたが,ソフトマージンの場合には,さらに,H1 および H2 をはさんで反対側にはみ出すサンプルが存在する.それらは,同様に,最適解 α_i^* の値により区別することができる.具体的には,$\alpha_i^* = 0$ なら,平面 H1 あるいは H2 の外側に存在し,学習された識別器によって正しく識別される.また,$0 < \alpha_i^* < C$ の場合には,対応するサンプルは,ちょうど平面 H1 あるいは H2 の上に存在するサポートベクトルとなり,これも正しく識別される.$\alpha_i^* = C$ の場合には,対応するサンプルはサポートベクトルとなるが,$\xi_i \neq 0$ となり,平面 H1 あるいは H2 の反対側に存在することになる.

サポートベクトルの変種として,B. Schölkopf らは,正則化パラメータ C の代わりに,マージンエラーの割合の上限,あるいは,サポートベクトルの割合の下限と解釈できる新たなパラメータ ν を導入した ν-SVM と呼ばれるアルゴリズムを提案している[10].

5.5.4 サポートベクトルマシンとロジスティック回帰

サポートベクトルマシンとロジスティック回帰は,密接に関係していることが知られている.ソフトマージン・サポートベクトルマシンの目的関数の式 (5.86) は,教師信号が二値であることを利用して書き直すと

$$\sum_{i=1}^{N}[1-t_if(\boldsymbol{x}_i)]_+ + \lambda||\boldsymbol{w}||^2 \tag{5.93}$$

のようになる。ここで

$$[x]_+ = \begin{cases} x & \text{if } x > 0 \\ 0 & \text{otherwise} \end{cases} \tag{5.94}$$

である。

同様に，L2 正則化ロジスティック回帰の目的関数

$$-\sum_{i=1}^{N}\left(u_i\eta_i - \log\left(1+\exp(\eta_i)\right)\right) + \lambda||\boldsymbol{w}||^2 \tag{5.95}$$

は

$$\sum_{i=1}^{N}\log\left(1+\exp(-t_if(\boldsymbol{x}_i))\right) + \lambda||\boldsymbol{w}||^2 \tag{5.96}$$

のように変形できる。これらの目的関数を比べると汎化性能の向上のための工夫である第 2 項の正則化項は，サポートベクトルマシンも L2 正則化ロジスティック回帰も同じで，異なるのは第 1 項の誤差の評価方法であることがわかる。

図 5.13 にサポートベクトルマシンの誤差関数 $[1-tf(\boldsymbol{x})]_+$ とロジスティック回帰の誤差関数 $\log(1+\exp(-tf(\boldsymbol{x})))$ のグラフを示す。サポートベクトルマシンの誤差関数とロジスティック回帰の誤差関数の形状はかなり似ていることがわかる。したがって，これらの手法で得られる識別器はかなり似た振舞いをすると考えられる。ただし，サポートベクトルマシンでは誤差関数が不連続で

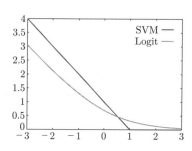

図 5.13 サポートベクトルマシンとロジスティック回帰の誤差関数

あるため，多くのパラメータが0となり，少数のサポートベクトルのみを用いたモデルが構成されたが，L2 正則化ロジスティック回帰の誤差関数は連続であるため，ほとんどのパラメータが正確に0とはならず，0以外の値となってしまうので，サポートベクトルマシンのようなスパースなモデルは得られない．

5.5.5 アヤメのデータの線形サポートベクトルマシンでの識別

図 5.14 にサポートベクトルマシンによるアヤメのデータの識別結果を示す．パーセプトロン，ADALINE，および，ロジスティック回帰の適用例と同様に，アヤメのデータのうち二つのクラス（Setosa と Versicolor）を識別した．また，

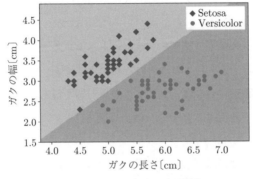

(a) $\lambda = 1 (C = 1.0)$ の場合

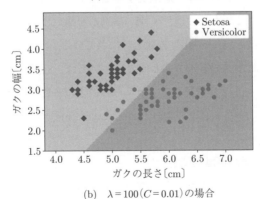

(b) $\lambda = 100 (C = 0.01)$ の場合

図 5.14 アヤメのデータに対する線形サポートベクトルマシンによる識別結果

特徴量としてガクの長さと幅の二次元ベクトルを用いた。図 (a) は正則化のパラメータ λ を $\lambda = 1 (C = 1.0)$ とした場合の結果で，図 (b) は $\lambda = 100 (C = 0.01)$ の場合の結果である。正則化パラメータ λ を大きくすると訓練サンプルでは誤りが発生するが，全体の分布の傾向をある程度反映したような識別境界が得られていることがわかる。

5.6 多クラス識別のための線形識別関数の学習

5.6.1 多クラス識別のための線形モデル

ここでは，識別したいクラスの数が K 個ある場合の線形モデルの学習について紹介する。本章で紹介した単純パーセプトロン，ADALINE，ロジスティック回帰，サポートベクトルマシンは，すべて，2 クラスの識別のための手法である。多クラスを識別するには，2 クラスの識別器を複数個組み合わせて利用する。その一般形は図 5.15 の形で表される。

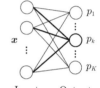

図 5.15 多クラス識別のための線形モデル

K 個のクラスを識別するための最も簡単な方法は，あるクラスとそれ以外のクラスを識別する 2 クラス識別器を組み合わせて識別する方法である。このためには，K 個の識別器を構成する必要がある。この方式は，**一対多**（one versus all）**方式**と呼ばれている。

このほかの多クラスの識別方式としては，例えば，二つのクラスを識別する識別器を $K(K-1)/2$ 個構築して，それらの結果の多数決で識別する方式も提案されている。この方式は，**一対一**（one versus one）**方式**と呼ばれている。

5.6.2 最小二乗線形識別関数

ADALINE では，出力関数として線形関数を用い，最小二乗法により線形モデルのパラメータを求めた。この手法を K 個のクラスの識別に拡張することは比較的簡単である。2 章の最適な識別関数と同様に，クラス C_k の代表ベクト

5.6 多クラス識別のための線形識別関数の学習

ルとして, k 番目の要素のみが 1 で, それ以外の要素がすべて 0 のベクトルを用いることにする.

いま, モデルとして

$$t \approx f(x) = \eta(x) = \begin{bmatrix} w_1^T x - h_1 \\ \vdots \\ w_K^T x - h_K \end{bmatrix} = W^T x - h \tag{5.97}$$

を考える. ここで

$$W = \begin{bmatrix} w_1 & \cdots & w_K \end{bmatrix}, \quad h = \begin{bmatrix} h_1 \\ \vdots \\ h_K \end{bmatrix} \tag{5.98}$$

である.

いま, N 個の学習サンプル集合を $\{(x_i, l_i) | i = 1, \cdots, N\}$ とする. ここで, $l_i \in \{1, \cdots, K\}$ は, サンプル x_i がどのクラスのサンプルかを示すラベルである. このとき, 平均二乗誤差は

$$\begin{aligned} \varepsilon_{emp}^2(W, h) &= \frac{1}{N} \sum_{k=1}^{K} \sum_{i \in C_k} ||t_k - f(x_i)||^2 \\ &= \frac{1}{N} \sum_{k=1}^{K} \sum_{i \in C_k} ||t_k - (W^T x_i - h)||^2 \end{aligned} \tag{5.99}$$

のように定義できる.

平均二乗誤差を最小とするパラメータを求めるため, $\varepsilon_{emp}^2(W, h)$ のパラメータ h に関する偏微分を計算すると

$$\begin{aligned} \frac{\partial \varepsilon_{emp}^2(W, h)}{\partial h} &= \frac{1}{N} \sum_{k=1}^{K} \sum_{i \in C_k} (t_k - W^T x_i + h) \\ &= \tilde{p} - W^T \bar{x} + h \end{aligned} \tag{5.100}$$

となる. ここで

$$\tilde{p} = \frac{1}{N}\sum_{k=1}^{K} t_k = \begin{bmatrix} \dfrac{N_1}{N} \\ \vdots \\ \dfrac{N_K}{N} \end{bmatrix} = \begin{bmatrix} \tilde{P}(C_1) \\ \vdots \\ \tilde{P}(C_K) \end{bmatrix} \tag{5.101}$$

である。ただし，N_k は訓練サンプル集合中のクラス C_k のサンプルの個数である。したがって，$\tilde{p}$ は，各クラスの確率 $P(C_k)$ のサンプル頻度による推定値 $\tilde{P}(C_k) = N_k/N$ を並べたベクトルである。また

$$\bar{x} = \frac{1}{N}\sum_{k=1}^{K}\sum_{i \in C_k} x_i \tag{5.102}$$

である。

平均二乗誤差 $\varepsilon_{emp}^2(W, h)$ は，パラメータに関して二次関数であるから，最適なパラメータは，これが $\mathbf{0}$ となる点として求めることができる。つまり

$$h^* = -\tilde{p} + W^T \bar{x} \tag{5.103}$$

となる。これをモデルの式に代入すると

$$f(x) = \tilde{p} + W^T(x - \bar{x}) \tag{5.104}$$

となる。これから，平均二乗誤差は

$$\begin{aligned}
\varepsilon_{emp}^2(W, h^*) &= \frac{1}{N}\sum_{k=1}^{K}\sum_{i \in C_k} \|t_k - \tilde{p} - W^T(x_i - \bar{x})\|^2 \\
&= \mathrm{tr}\left(\frac{1}{N}\sum_{k=1}^{K}\sum_{i \in C_k}(t_k - \tilde{p})(t_k - \tilde{p})^T\right) \\
&\quad - 2\mathrm{tr}\left(\frac{1}{N}\sum_{k=1}^{K}\sum_{i \in C_k} W^T(x_i - \bar{x})(t_k - \tilde{p})^T\right) \\
&\quad - \mathrm{tr}\left(\frac{1}{N}\sum_{k=1}^{K}\sum_{i \in C_k} W^T(x_i - \bar{x})(x_i - \bar{x})W\right) \\
&= \mathrm{tr}(\Sigma_{tt}) - 2\mathrm{tr}(W^T\Sigma_{xt}) + \mathrm{tr}(W^T\Sigma_{xx}W)
\end{aligned} \tag{5.105}$$

となる。ここで

$$\Sigma_{tt} = \frac{1}{N} \sum_{k=1}^{K} \sum_{i \in C_k} (\boldsymbol{t}_k - \tilde{\boldsymbol{p}})(\boldsymbol{t}_k - \tilde{\boldsymbol{p}})^T \tag{5.106}$$

$$\Sigma_{xt} = \frac{1}{N} \sum_{k=1}^{K} \sum_{i \in C_k} (\boldsymbol{x}_i - \bar{\boldsymbol{x}})(\boldsymbol{t}_k - \tilde{\boldsymbol{p}})^T \tag{5.107}$$

$$\Sigma_{xx} = \frac{1}{N} \sum_{k=1}^{K} \sum_{i \in C_k} (\boldsymbol{x}_i - \bar{\boldsymbol{x}})(\boldsymbol{x}_i - \bar{\boldsymbol{x}})^T \tag{5.108}$$

である。最適なパラメータ W を求めるために，この平均二乗誤差を W で偏微分して O とおくと

$$\frac{\partial \varepsilon_{emp}^2 (W, \boldsymbol{h}^*)}{\partial W} = 2\Sigma_{xt} + 2\Sigma_{xx} W = O \tag{5.109}$$

となる。もし，Σ_{xx} が逆行列を持つなら，最適な W は

$$W^* = \Sigma_{xx}^{-1} \Sigma_{xt} \tag{5.110}$$

となる。

したがって，平均二乗誤差を最小とする最適な線形モデルは

$$\boldsymbol{f}_{lind}(\boldsymbol{x}) = \tilde{\boldsymbol{p}} + \Sigma_{xt}^T \Sigma_{xx}^{-1} (\boldsymbol{x} - \bar{\boldsymbol{x}}) \tag{5.111}$$

となる。これは，線形回帰の場合の最適な線形関数とほぼ同じ形をしている。

識別の課題では，教師信号（目的変数ベクトル）が各クラスの代表ベクトルであり，クラス C_k の代表ベクトルとしては，k 番目の要素のみが 1 で，それ以外の要素がすべて 0 のベクトルを用いている。この情報を利用すると，Σ_{xt} は，さらに

$$\begin{aligned}\Sigma_{xt} &= \frac{1}{N} \sum_{k=1}^{K} \sum_{i \in C_k} (\boldsymbol{x}_i - \bar{\boldsymbol{x}})(\boldsymbol{t}_k - \tilde{\boldsymbol{p}})^T \\ &= \begin{bmatrix} \tilde{P}(C_1)(\bar{\boldsymbol{x}}_1 - \bar{\boldsymbol{x}}) & \cdots & \tilde{P}(C_K)(\bar{\boldsymbol{x}}_K - \bar{\boldsymbol{x}}) \end{bmatrix}\end{aligned} \tag{5.112}$$

となる。ここで

$$\bar{x}_k = \frac{1}{N_k} \sum_{i \in C_k} x_i \quad (k = 1, \cdots, K) \tag{5.113}$$

は，各クラスの入力ベクトルの平均である。したがって，最適な線形識別関数は

$$\begin{aligned}
f_{lind}(x) &= \tilde{p} + \Sigma_{xt}^T \Sigma_{xx}^{-1}(x - \bar{x}) \\
&= \tilde{p} + \begin{bmatrix} \tilde{P}(C_1)(\bar{x}_1 - \bar{x})^T \\ \vdots \\ \tilde{P}(C_K)(\bar{x}_K - \bar{x})^T \end{bmatrix} \Sigma_{xx}^{-1}(x - \bar{x}) \\
&= \begin{bmatrix} \tilde{P}(C_1)\left(1 + (\bar{x}_1 - \bar{x})^T \Sigma_{xx}^{-1}(x - \bar{x})\right) \\ \vdots \\ \tilde{P}(C_K)\left(1 + (\bar{x}_K - \bar{x})^T \Sigma_{xx}^{-1}(x - \bar{x})\right) \end{bmatrix}
\end{aligned} \tag{5.114}$$

となる。

この結果から，最小二乗識別関数は，事後確率 $P(C_k|x)$ を

$$P(C_k|x) \approx \tilde{P}(C_k)\left(1 + (\bar{x}_k - \bar{x})^T \Sigma_{xx}^{-1}(x - \bar{x})\right) \tag{5.115}$$

のように推定していると解釈できる。

ここでも，この最適な線形識別関数 $f_{lind}(x)$ で達成される最小の平均二乗誤差を計算しておく。線形識別関数の平均二乗誤差の式に最適なパラメータ h^* と W^* を代入すると

$$\begin{aligned}
\varepsilon_{emp}^2(W^*, h^*) &= \frac{1}{N} \sum_{k=1}^{K} \sum_{i \in C_k} ||t_k - \tilde{p} - W^{*T}(x_i - \bar{x})||^2 \\
&= \text{tr}(\Sigma_t) - 2\text{tr}(W^{*T}\Sigma_{xt}) + \text{tr}(W^{*T}\Sigma_{xx}W^*) \\
&= \text{tr}(\Sigma_t) - \text{tr}(\Sigma_{xt}^T \Sigma_{xx}^{-1} \Sigma_{xt})
\end{aligned} \tag{5.116}$$

となる。

ここで，Σ_{tt} は

$$\Sigma_{tt} = \frac{1}{N} \sum_{k=1}^{K} \sum_{i \in C_k} (\boldsymbol{t}_k - \tilde{\boldsymbol{p}})(\boldsymbol{t}_k - \tilde{\boldsymbol{p}})^T$$

$$= \begin{bmatrix} \tilde{P}(C_1) & \cdots & 0 \\ \vdots & \ddots & \vdots \\ 0 & \cdots & \tilde{P}(C_K) \end{bmatrix} - \tilde{\boldsymbol{p}}\tilde{\boldsymbol{p}}^T$$

$$= \mathrm{diag}(\tilde{P}(C_1), \cdots, \tilde{P}(C_K)) - \tilde{\boldsymbol{p}}\tilde{\boldsymbol{p}}^T \tag{5.117}$$

のように変形できるので

$$\mathrm{tr}(\Sigma_{tt}) = \sum_{k=1}^{K} \tilde{P}(C_k)(1 - \tilde{P}(C_k)) \tag{5.118}$$

となる．また，第二項は

$$\mathrm{tr}(\Sigma_{xt}^T \Sigma_{xx}^{-1} \Sigma_{xt}) = \sum_{k=1}^{K} \tilde{P}(C_k)^2 (\bar{\boldsymbol{x}}_k - \bar{\boldsymbol{x}})^T \Sigma_{xx}^{-1} (\bar{\boldsymbol{x}}_k - \bar{\boldsymbol{x}}) \tag{5.119}$$

となる．これらの結果から，最適な線形識別関数 $f_{lind}(\boldsymbol{x})$ で達成される最小の平均二乗誤差は

$$\begin{aligned}
\varepsilon_{emp}^2(W^*, \boldsymbol{h}^*) &= \mathrm{tr}(\Sigma_t) - \mathrm{tr}(\Sigma_{xt}^T \Sigma_{xx}^{-1} \Sigma_{xt}) \\
&= \sum_{k=1}^{K} \Big(\tilde{P}(C_k)(1 - \tilde{P}(C_k)) \\
&\quad - P(\tilde{C}_k)^2 (\bar{\boldsymbol{x}}_k - \bar{\boldsymbol{x}})^T \Sigma_{xx}^{-1} (\bar{\boldsymbol{x}}_k - \bar{\boldsymbol{x}}) \Big)
\end{aligned} \tag{5.120}$$

のように変形できる．

そのほかの統計量についても，同様に求めることができる．最適な線形識別関数に訓練サンプルを入力した場合のサンプル平均は

$$\bar{\boldsymbol{f}}_{lind} = \tilde{\boldsymbol{p}} \tag{5.121}$$

となる．また，サンプル分散共分散行列は

$$\Sigma(\boldsymbol{f}_{lind}) = \frac{1}{N} \sum_{i=1}^{N} (\boldsymbol{f}_{lind}(\boldsymbol{x}_i) - \bar{\boldsymbol{f}}_{lind})(\boldsymbol{f}_{lind}(\boldsymbol{x}_i) - \bar{\boldsymbol{f}}_{lind})^T$$

$$= \frac{1}{N} \sum_{i=1}^{N} \Sigma_{xt}^T \Sigma_{xx}^{-1} (\boldsymbol{x}_i - \bar{\boldsymbol{x}})(\boldsymbol{x}_i - \bar{\boldsymbol{x}})^T \Sigma_{xx}^{-1} \Sigma_{xt} = \Sigma_{xt}^T \Sigma_{xx}^{-1} \Sigma_{xt}$$

$$= \left[P(C_i) P(C_j) (\bar{\boldsymbol{x}}_i - \bar{\boldsymbol{x}})^T \Sigma_{xx}^{-1} (\bar{\boldsymbol{x}}_j - \bar{\boldsymbol{x}}) \right]_{K \times K} \quad (5.122)$$

となる．ここで，最後の行列の記号 $\left[a_{ij} \right]_{K \times K}$ は，その (i,j) 要素が a_{ij} の $K \times K$ 行列を表す．

5.6.3 多項ロジスティック回帰

1章のベイズ識別の議論では，0-1損失の場合の誤りを最小とする最適な識別方式は，事後確率 $P(C_k|\boldsymbol{x})$ が最大のクラスに識別する方式であることを示した．ベイズの定理から，事後確率は，クラスの確率 $P(C_k)$ と条件付き確率 $p(\boldsymbol{x}|C_k)$ を用いて

$$P(C_k|\boldsymbol{x}) = \frac{P(C_k) p(\boldsymbol{x}|C_k)}{\sum_{j=1}^{K} P(C_j) p(\boldsymbol{x}|C_j)} \quad (5.123)$$

のように表すことができる．いま，$a_k(\boldsymbol{x}) = \log P(C_k) p(\boldsymbol{x}|C_k)$ とおくと，事後確率は

$$P(C_k|\boldsymbol{x}) = \frac{\exp(a_k(\boldsymbol{x}))}{\sum_{j=1}^{K} \exp(a_j(\boldsymbol{x}))} \quad (5.124)$$

のように書ける．これは，**ソフトマックス関数** (softmax function) あるいは**正規化指数関数** (normalized exponential function) として知られており，シグモイド関数の多クラスへの一般化とみなすことができる．ソフトマックス関数は，最大値関数の滑らかなバージョンとみなすこともできる．ここで，事後確率に関して

$$\sum_{k=1}^{K} P(C_k|\boldsymbol{x}) = 1 \quad (5.125)$$

5.6 多クラス識別のための線形識別関数の学習

が成り立つから

$$P(C_K|\boldsymbol{x}) = 1 - \sum_{k=1}^{K-1} P(C_k|\boldsymbol{x}) \tag{5.126}$$

と書くことができる．つまり，$P(C_k|\boldsymbol{x})$ $(k = 1,\cdots,K-1)$ がわかれば，$P(C_K|\boldsymbol{x})$ が計算できる．これから，$K-1$ 個の事後確率のみを推定すると

$$\begin{aligned}P(C_k|\boldsymbol{x}) &= \frac{\exp(a_k(\boldsymbol{x}))}{\exp(a_K(\boldsymbol{x})) + \sum_{j=1}^{K-1}\exp(a_j(\boldsymbol{x}))} \\ &= \frac{\exp(a_k(\boldsymbol{x}) - a_K(\boldsymbol{x}))}{1 + \sum_{j=1}^{K-1}\exp(a_j(\boldsymbol{x}) - a_K(\boldsymbol{x}))} \\ &= \frac{\exp(\eta_k(\boldsymbol{x}))}{1 + \sum_{j=1}^{K-1}\exp(\eta_j(\boldsymbol{x}))} \quad (k=1,\cdots,K-1)\end{aligned} \tag{5.127}$$

のように書ける．ここで，$\eta_k(\boldsymbol{x}) = a_k(\boldsymbol{x}) - a_K(\boldsymbol{x})$ である．

ロジスティック回帰を多クラス問題に拡張したモデル，すなわち**多項ロジスティック回帰**（multinomial logistic regression, **MLR**）は，このソフトマックス関数を用いて定義される．また，ロジスティック回帰と同様に $\eta_k(\boldsymbol{x})$ は，入力ベクトル $\boldsymbol{x}$ の線形関数

$$\eta_k(\boldsymbol{x}) = \boldsymbol{w}_k^T\boldsymbol{x} - h_k \quad (k=1,\cdots,K-1) \tag{5.128}$$

で近似する．以上をまとめると多項ロジスティック回帰のモデルは

$$P(C_k|\boldsymbol{x}) \approx f_k(\boldsymbol{x}) = \frac{\exp(\eta_k(\boldsymbol{x}))}{1 + \sum_{j=1}^{K-1}\exp(\eta_j(\boldsymbol{x}))} \quad (k=1,\cdots,K-1)$$

$$P(C_K|\boldsymbol{x}) \approx f_K(\boldsymbol{x}) = 1 - \sum_{k=1}^{K-1}\left(\frac{\exp(\eta_k(\boldsymbol{x}))}{1 + \sum_{j=1}^{K-1}\exp(\eta_j(\boldsymbol{x}))}\right)$$

$$= \frac{1}{1 + \sum_{j=1}^{K-1} \exp(\eta_j(\boldsymbol{x}))} \tag{5.129}$$

となる。

多項ロジスティック回帰の出力を事後確率の近似と考えると，訓練サンプル集合 $\{(\boldsymbol{x}_i, \boldsymbol{t}_i) | i = 1, \cdots, N\}$ が与えられた場合の尤度は

$$L = \prod_{i=1}^{N} \prod_{k=1}^{K} f_k(\boldsymbol{x}_i)^{t_{ik}} \tag{5.130}$$

となる。したがって，対数尤度は

$$\begin{aligned} l &= \sum_{i=1}^{N} \sum_{k=1}^{K} t_{ik} \log f_k(\boldsymbol{x}_i) \\ &= \sum_{i=1}^{N} \left(\sum_{k=1}^{K-1} t_{ik} \eta_k(\boldsymbol{x}_i) - \log \left(1 + \sum_{j=1}^{K-1} \exp(\eta_j(\boldsymbol{x}_i)) \right) \right) \end{aligned} \tag{5.131}$$

のように，2クラスの識別のためのロジスティック回帰の対数尤度と同様の式が得られる。これは，2章で示した K クラス識別のためのクロスエントロピーの訓練サンプルでの表現とみなすこともできる。

対数尤度のパラメータ $\boldsymbol{w}_k$ および h_k での偏微分を計算すると

$$\begin{aligned} \frac{\partial l}{\partial \boldsymbol{w}_k} &= \sum_{i=1}^{N} \left(t_{ik} \boldsymbol{x}_i - \frac{\exp(\eta_k(\boldsymbol{x}_i)) \boldsymbol{x}_i}{1 + \sum_{j=1}^{K-1} \exp(\eta_j(\boldsymbol{x}_i))} \right) \\ &= \sum_{i=1}^{N} (t_{ik} - f_k(\boldsymbol{x}_i)) \boldsymbol{x}_i = \sum_{i=1}^{N} \delta_i^{(k)} \boldsymbol{x}_i \end{aligned} \tag{5.132}$$

$$\begin{aligned} \frac{\partial l}{\partial h_k} &= \sum_{i=1}^{N} \left(t_{ik}(-1) - \frac{\exp(\eta_k(\boldsymbol{x}_i))(-1)}{1 + \sum_{j=1}^{K-1} \exp(\eta_j(\boldsymbol{x}_i))} \right) \\ &= \sum_{i=1}^{N} (t_{ik} - f_k(\boldsymbol{x}_i))(-1) = -\sum_{i=1}^{N} \delta_i^{(k)} \end{aligned} \tag{5.133}$$

となる。ここで，$\delta_i^{(k)} = t_{ik} - f_k(\boldsymbol{x}_i)$ である。これらは，ロジスティック回帰の場合と同様の結果である。ここでは省略するが，Fisher 情報行列も同様に計算できる。

5.6.4 アヤメのデータの多クラス識別

ここでは，Fisher の 3 種類の（Setosa, Versicolor と Virginica）を識別した結果を示す。これまでの例と同様に，特徴量としてガクの長さと幅の二次元ベクトルを用いた。図 5.16(a) は，3 個のサポートベクトルマシンを用いて一対多法で 3 クラスの識別器を構成した結果である。一方，図 (b) は，多項ロジスティッ

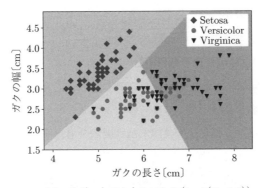

(a) サポートベクトルマシン（$\lambda = 1 (C = 1.0)$）

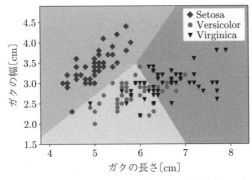

(b) 多項ロジスティック回帰（$\lambda = 1 (C = 1.0)$）

図 5.16 アヤメのデータに対する多クラス識別の結果

ク回帰での識別結果である。なお，正則化パラメータは，どちらも $\lambda = 1.0$ とした。

5.7 識別のための最適な非線形関数との関係

2章では，識別のための最小二乗非線形関数やクロスエントロピーを最小とする非線形関数が事後確率を要素とするベクトルを出力する関数となることを示した。

本節では，4章の予測のための線形モデルの場合と同様に，本章で紹介した識別のための最適な線形モデルが識別のための最適な非線形関数のどのような近似になっているのかについて見てみる。

5.7.1 識別のための最適な線形関数

まず，4章と同様に，データの背後の確率分布が完全にわかっており，データが無限にある場合について，クラスの代表ベクトルとモデルの推定値との平均二乗誤差が最小となる最小二乗線形識別関数を導出する。クラス C_k の代表ベクトルは，5.6.2項と同様に，k 番目の要素のみが 1 で，それ以外の要素がすべて 0 のベクトルを用いる。また，線形モデルとしては

$$t \approx f(x) = W^T x - h \tag{5.134}$$

を考える。

この場合，平均二乗誤差は

$$\varepsilon^2(W, h) = \sum_{k=1}^{K} \int ||t_k - (W^T x - h)||^2 p(x, C_k) dx \tag{5.135}$$

のように定義できる。

これを最小とするパラメータを求めるために，$\varepsilon^2(W, h)$ のパラメータ h に関する偏微分を計算し，それを $\mathbf{0}$ とおくと

$$\frac{\partial \varepsilon^2(W, \boldsymbol{h})}{\partial \boldsymbol{h}} = \sum_{k=1}^{K} \int (\boldsymbol{t}_k - (W^T \boldsymbol{x} - \boldsymbol{h})) p(\boldsymbol{x}, C_k) d\boldsymbol{x}$$
$$= \boldsymbol{p} - W^T \bar{\boldsymbol{x}} + \boldsymbol{h} = \boldsymbol{0} \tag{5.136}$$

となる。ここで

$$\boldsymbol{p} = \sum_{k=1}^{K} \int \boldsymbol{t}_k p(\boldsymbol{x}, C_k) d\boldsymbol{x} = \begin{bmatrix} P(C_1) \\ \vdots \\ P(C_K) \end{bmatrix} \tag{5.137}$$

$$\bar{\boldsymbol{x}} = \sum_{k=1}^{K} \int \boldsymbol{x} p(\boldsymbol{x}, C_k) d\boldsymbol{x} = \int \boldsymbol{x} p(\boldsymbol{x}) d\boldsymbol{x} \tag{5.138}$$

である。つまり

$$\boldsymbol{h}^* = -\boldsymbol{p} + W^T \bar{\boldsymbol{x}} \tag{5.139}$$

となる。

これをモデルの式 (5.134) に代入すると

$$\boldsymbol{f}(\boldsymbol{x}) = \boldsymbol{p} + W^T (\boldsymbol{x} - \bar{\boldsymbol{x}}) \tag{5.140}$$

となる。これから，平均二乗誤差は

$$\varepsilon^2(W, \boldsymbol{h}^*) = \sum_{k=1}^{K} \int ||\boldsymbol{t}_k - \boldsymbol{p} - W^T(\boldsymbol{x} - \bar{\boldsymbol{x}})||^2 p(\boldsymbol{x}, C_k) d\boldsymbol{x}$$
$$= \text{tr}(\Sigma_t) - 2\text{tr}(W^T \Sigma_{xt}) + \text{tr}(W^T \Sigma_{xx} W) \tag{5.141}$$

となる。ここで

$$\Sigma_t = \sum_{k=1}^{K} \int (\boldsymbol{t}_k - \boldsymbol{p})(\boldsymbol{t}_k - \boldsymbol{p})^T p(\boldsymbol{x}, C_k) d\boldsymbol{x} \tag{5.142}$$

$$\Sigma_{xt} = \sum_{k=1}^{K} \int (\boldsymbol{x} - \bar{\boldsymbol{x}})(\boldsymbol{t}_k - \boldsymbol{p})^T p(\boldsymbol{x}, C_k) d\boldsymbol{x} \tag{5.143}$$

$$\Sigma_{xx} = \int (\boldsymbol{x} - \bar{\boldsymbol{x}})(\boldsymbol{x} - \bar{\boldsymbol{x}})^T p(\boldsymbol{x}) d\boldsymbol{x} \tag{5.144}$$

である。これを W で偏微分して O とおくと

$$\frac{\partial \varepsilon^2(W, \boldsymbol{h}^*)}{\partial W} = 2\Sigma_{xt} + 2\Sigma_{xx}W = O \tag{5.145}$$

となる。もし，Σ_{xx} が逆行列を持つなら，最適な W は

$$W^* = \Sigma_{xx}^{-1}\Sigma_{xt} \tag{5.146}$$

となる。

したがって，平均二乗誤差を最小とする最適な線形モデルは

$$\begin{aligned}
\boldsymbol{f}_{optlind}(\boldsymbol{x}) &= \boldsymbol{p} + \Sigma_{xt}^T \Sigma_{xx}^{-1}(\boldsymbol{x} - \bar{\boldsymbol{x}}) \\
&= \begin{bmatrix} P(C_1)\left(1 + (\bar{\boldsymbol{x}}_1 - \bar{\boldsymbol{x}})^T \Sigma_{xx}^{-1}(\boldsymbol{x} - \bar{\boldsymbol{x}})\right) \\ \vdots \\ P(C_K)\left(1 + (\bar{\boldsymbol{x}}_K - \bar{\boldsymbol{x}})^T \Sigma_{xx}^{-1}(\boldsymbol{x} - \bar{\boldsymbol{x}})\right) \end{bmatrix}
\end{aligned} \tag{5.147}$$

となる。なお，最後の変形には

$$\begin{aligned}
\Sigma_{xt} &= \sum_{k=1}^{K} \int (\boldsymbol{x} - \bar{\boldsymbol{x}})(\boldsymbol{t}_k - \boldsymbol{p})^T p(\boldsymbol{x}, C_k) d\boldsymbol{x} \\
&= \begin{bmatrix} P(C_1)(\bar{\boldsymbol{x}}_1 - \bar{\boldsymbol{x}}) & \cdots & P(C_K)(\bar{\boldsymbol{x}}_K - \bar{\boldsymbol{x}}) \end{bmatrix}
\end{aligned} \tag{5.148}$$

を用いた。

同様に，この最適な線形識別関数で達成される最小の平均二乗誤差は

$$\begin{aligned}
\varepsilon^2(W^*, \boldsymbol{h}^*) &= \mathrm{tr}(\Sigma_t) - \mathrm{tr}(\Sigma_{xt}^T \Sigma_{xx}^{-1} \Sigma_{xt}) \\
&= \sum_{k=1}^{K} (P(C_k)(1 - P(C_k)) \\
&\quad - P(C_k)^2 (\bar{\boldsymbol{x}}_k - \bar{\boldsymbol{x}})^T \Sigma_{xx}^{-1} (\bar{\boldsymbol{x}}_k - \bar{\boldsymbol{x}}))
\end{aligned} \tag{5.149}$$

となる。

5.7.2 事後確率の線形近似

1章のベイズ決定理論では,事後確率 $P(C_k|\boldsymbol{x})$ が最大となるクラスに識別することが誤差最小の意味で最適な識別方式であることを示した。また,2章では,識別のための最適な非線形関数が事後確率を要素とするベクトルを出力する関数であることを示した。

ここでは,事後確率を要素とするベクトル $\boldsymbol{b}(\boldsymbol{x})$ を線形モデル

$$\boldsymbol{b}(\boldsymbol{x}) = \begin{bmatrix} P(C_1|\boldsymbol{x}) \\ \vdots \\ P(C_K|\boldsymbol{x}) \end{bmatrix} \approx \boldsymbol{f}(\boldsymbol{x}) = A^T\boldsymbol{x} + \boldsymbol{a} \quad (5.150)$$

で近似することを考える。

データの背後の確率分布が完全にわかっており,データが無限にある場合に対して,平均二乗誤差は

$$\varepsilon_B^2(A, \boldsymbol{a}) = \sum_{k=1}^{K} \int ||\boldsymbol{b}(\boldsymbol{x}) - (A^T\boldsymbol{x} + \boldsymbol{a})||^2 p(\boldsymbol{x}, C_k)d\boldsymbol{x} \quad (5.151)$$

のように書ける。平均二乗誤差 $\varepsilon_B^2(A, \boldsymbol{a})$ をパラメータ $\boldsymbol{a}$ で偏微分して 0 とおくと

$$\begin{aligned}\frac{\partial \varepsilon_B^2(A, \boldsymbol{a})}{\partial \boldsymbol{a}} &= -2\sum_{k=1}^{K} \int \left(\boldsymbol{b}(\boldsymbol{x}) - (A^T\boldsymbol{x} + \boldsymbol{a})\right) p(\boldsymbol{x}, C_k)d\boldsymbol{x} \\ &= -2\left(\boldsymbol{p} - (A^T\bar{\boldsymbol{x}} + \boldsymbol{a})\right) = \boldsymbol{0}\end{aligned} \quad (5.152)$$

となる。これから

$$\boldsymbol{a}^* = \boldsymbol{p} - A^T\bar{\boldsymbol{x}} \quad (5.153)$$

となる。

これを,平均二乗誤差の式 (5.151) に代入すると

$$\varepsilon_B^2(A, \boldsymbol{a}^*) = \sum_{k=1}^{K} \int \left((\boldsymbol{b}(\boldsymbol{x}) - \boldsymbol{p}) - A^T(\boldsymbol{x} - \bar{\boldsymbol{x}})\right)^2 p(\boldsymbol{x}, C_k)d\boldsymbol{x} \quad (5.154)$$

となる。これをパラメータ A で偏微分して O とおくと

$$\frac{\partial \varepsilon_B^2(A, a^*)}{\partial A} = -2\sum_{k=1}^{K} \int (x - \bar{x})(b(x) - p)^T p(x, C_k) dx$$

$$+ 2\left(\sum_{k=1}^{K} \int (x - \bar{x})(x - \bar{x})^T P(x, C_k) dx\right) A = O \quad (5.155)$$

となる。これから、パラメータベクトル A に関して、連立方程式

$$\Sigma_{xx} A = \Sigma_{xp} \quad (5.156)$$

が得られる。ここで

$$\Sigma_{xx} = \int (x - \bar{x})(x - \bar{x})^T p(x) dx \quad (5.157)$$

$$\Sigma_{xp} = \int (x - \bar{x})(b(x) - p)^T p(x) dx$$

$$= \begin{bmatrix} P(C_1)(\bar{x}_1 - \bar{x}) & \cdots & P(C_k)(\bar{x}_K - \bar{x}) \end{bmatrix} \quad (5.158)$$

である。これから、最適なパラメータ A^* は

$$A^* = \Sigma_{xx}^{-1} \Sigma_{xp}$$

$$= \begin{bmatrix} P(C_1)\Sigma_{xx}^{-1}(\bar{x}_1 - \bar{x}) & \cdots & P(C_k)\Sigma_{xx}^{-1}(\bar{x}_K - \bar{x}) \end{bmatrix} \quad (5.159)$$

となる。

したがって、事後確率を要素とするベクトルの線形近似は

$$f_B(x) = p + \Sigma_{xp}^T \Sigma_{xx}^{-1}(x - \bar{x})$$

$$= \begin{bmatrix} P(C_1)\left(1 + (\bar{x}_1 - \bar{x})^T \Sigma_{xx}^{-1}(x - \bar{x})\right) \\ \vdots \\ P(C_K)\left(1 + (\bar{x}_K - \bar{x})^T \Sigma_{xx}^{-1}(x - \bar{x})\right) \end{bmatrix} \quad (5.160)$$

となる。これは、前節で導出した最適な線形識別関数 $f_{optlind}(x)$ に一致する。つまり、最適な線形識別関数 $f_{optlind}(x)$ は、まさに、事後確率の線形近似を要素とするベクトルを出力する関数であると解釈できる。

そこで，この事後確率の線形近似を

$$L(C_k|\boldsymbol{x}) = P(C_k)\left(1 + (\bar{\boldsymbol{x}}_k - \bar{\boldsymbol{x}})^T \Sigma_{xx}^{-1}(\boldsymbol{x} - \bar{\boldsymbol{x}})\right) \tag{5.161}$$

と定義する．興味深いことに，事後確率と同様に，確率の条件

$$\sum_{k=1}^{K} L(C_k|\boldsymbol{x}) = \sum_{k=1}^{K} P(C_k)\left(1 + (\bar{\boldsymbol{x}}_k - \bar{\boldsymbol{x}})^T \Sigma_{xx}^{-1}(\boldsymbol{x} - \bar{\boldsymbol{x}})\right)$$

$$= \sum_{k=1} P(C_k) + \sum_{k=1} (\bar{\boldsymbol{x}}_k - \bar{\boldsymbol{x}})^T \Sigma_{xx}^{-1}(\boldsymbol{x} - \bar{\boldsymbol{x}}) = 1 \tag{5.162}$$

が成り立つ．さらに

$$\int L(C_k|\boldsymbol{x}) p(\boldsymbol{x}) d\boldsymbol{x} = P(C_k) \tag{5.163}$$

$$\sum_{k=1}^{K} L(C_k|\boldsymbol{x}) p(\boldsymbol{x}) = p(\boldsymbol{x}) \tag{5.164}$$

も成り立つことが確かめられる．ただし，線形近似であるため，完全な確率とはならず，1以上の値や負の値を持つこともあり得る．

これらの結果から，最小二乗線形識別関数は，このベイズ事後確率の線形近似 $L(C_k|\boldsymbol{x})$ を用いて事後確率 $P(C_k|\boldsymbol{x})$ を推定していると解釈できる．

5.8 多層パーセプトロン

本章では，線形識別関数の学習のためのモデルとして単純パーセプトロン，ADALINE，および，ロジスティック回帰について紹介した．これらの手法は，線形識別可能な課題に対しては有効に働くが，より複雑な課題に適用するには，それらを組み合わせて利用する必要がある．実際，脳では膨大な数のニューロンが相互に結合され，複雑な情報処理を実現している．ここでは，線形識別関数の学習のためのモデルを層状に結合した**多層パーセプトロン**（multi-layer perceptron, **MLP**）について紹介する．最近，画像認識などの課題で高い性能を示すことが知られるようになった畳込みニューラルネットワークは，脳での初期視覚の特徴抽出手法を模倣した層の数が多い多層パーセプトロンである．

5.8.1 多層パーセプトロンのモデル

多層パーセプトロンは，図 5.17 のように，線形識別関数を層状につなぎ合わせたネットワークである．例えば，入力層，中間層，出力層のニューロンの個数が，それぞれ，I, J, K 個の中間層が 1 層のネットワークでは，入力ベクトル x から出力ベクトル z の要素を

$$z_k = o(\eta_k), \quad \eta_k = \sum_{j=1}^{J} b_{jk} y_j + b_{0k} \tag{5.165}$$

$$y_j = h(\zeta_j), \quad \zeta_j = \sum_{i=1}^{I} a_{ij} x_i + a_{0j} \tag{5.166}$$

のように計算する．ここで，a_{ij} は，入力ベクトルの i 番目の要素から中間層の j 番目のニューロンへの結合荷重であり，b_{jk} は，中間層の j 番目のニューロン

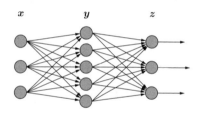

図 5.17 多層パーセプトロンの例

から出力層の k 番目のニューロンへの結合荷重である．また，a_{0j} および b_{0k} は，それぞれ，中間層の j 番目のニューロンおよび出力層の k 番目のニューロンのバイアスである．さらに，h および o は，それぞれ，中間層のニューロンの入出力関数および出力層のニューロンの出力関数である．中間層のニューロンの出力関数としては，ロジスティック関数が使われることが多い．出力層のニューロンの出力関数は，利用目的に応じて決められる．例えば，近似のためにニューラルネットワークを利用する場合には線形関数が使われ，パターン認識に利用する場合にはソフトマックス関数を用いることが多い．

5.8.2 多層パーセプトロンの能力

このような多層パーセプトロンの能力，つまり，どのような関数が表現可能かに関して，非常に強力な結果が得られている[13]．それは，中間層のニューロンの入出力関数が

$$\sigma(t) = \begin{cases} 1 & \text{as } t \to +\infty \\ 0 & \text{as } t \to -\infty \end{cases} \quad (5.167)$$

のような性質を持つ非線形の連続な単調増加関数（例えば，ロジスティック関数）であり，出力層の入出力関数が線形関数の場合には，中間層が1層のみの多層パーセプトロンによって，任意の連続関数が近似可能であるというものである．もちろん，任意の連続関数を近似するためには中間層のニューロンの数を非常に多くする必要があるかもしれない．

　この結果は，多層パーセプトロンを予測のために利用する場合には，理論的には，中間層が1層のみのネットワークで十分であることを示している．しかし，最近の深層学習の応用例からもわかるように，特定の課題を実現するためには，多くの層を利用するほうが実現が容易な場合が多いことも明らかになってきている．

5.8.3 誤差逆伝播学習法

　多層パーセプトロンは任意の連続関数を近似するのに十分な表現能力を持っているが，そうしたネットワークに望みの情報処理をさせるためにはニューロン間の結合荷重（モデルのパラメータ）を適切なものに設定しなければならない．ニューロンの数が増えると結合荷重の数も増え，それらを手動により設定することは難しい．適切な結合加重を学習用のサンプル集合から求めるためのアルゴリズムとしては，最急降下法に基づく誤差逆伝播 (backwards propagation of errors) による学習法，すなわちバックプロパゲーション (backpropagation) 法が有名である．

　ここでは，中間層のニューロンの入出力関数がロジスティック関数で，出力層のニューロンの入出力関数が線形の中間層が1層のみネットワークに対する誤差逆伝播学習法について説明する．

　これまでと同様に，学習用のサンプル集合を $\{(\boldsymbol{x}_n, l_n) | n = 1, \cdots, N\}$ とする．また，学習のための評価基準として二乗誤差

$$\varepsilon_{emp}^2 = \sum_{n=1}^{N} ||\boldsymbol{t}_n - \boldsymbol{z}_n||^2 = \sum_{n=1}^{N} \varepsilon_{emp}^2(n) \tag{5.168}$$

を用いるとする。二乗誤差 ε_{emp}^2 の結合荷重に関する偏微分を計算すると

$$\frac{\partial \varepsilon_{emp}^2}{\partial a_{ij}} = \sum_{n=1}^{N} \frac{\partial \varepsilon_{emp}^2(n)}{\partial a_{ij}} \tag{5.169}$$

$$\frac{\partial \varepsilon_{emp}^2}{\partial b_{jk}} = \sum_{n=1}^{N} \frac{\partial \varepsilon_{emp}^2(n)}{\partial b_{jk}} \tag{5.170}$$

となる。ただし

$$\frac{\partial \varepsilon_{emp}^2(n)}{\partial a_{ij}} = -2\gamma_{nj}\nu_{nj}x_{ni} \tag{5.171}$$

$$\frac{\partial \varepsilon_{emp}^2(n)}{\partial b_{jk}} = -2\delta_{nk}y_{nj} \tag{5.172}$$

$$\nu_{nj} = y_{nj}(1 - y_{nj}) \tag{5.173}$$

$$\gamma_{nj} = \sum_{k=1}^{K} \delta_{nk} b_{jk} \tag{5.174}$$

$$\delta_{nk} = u_{nk} - z_{nk} \tag{5.175}$$

である。ここでは，$x_{n0} = 1$ および $y_{n0} = 1$ としている。したがって，最急降下法による結合荷重の更新式は

$$a_{ij} \Leftarrow a_{ij} - \alpha \frac{\partial \varepsilon_{emp}^2}{\partial a_{ij}} \tag{5.176}$$

$$b_{jk} \Leftarrow b_{jk} - \alpha \frac{\partial \varepsilon_{emp}^2}{\partial b_{jk}} \tag{5.177}$$

のようになる。ただし，α は学習率と呼ばれる正のパラメータである。このアルゴリズムは，教師信号とネットワークの出力との誤差 δ を結合荷重 b_{jk} を通して逆向きに伝播して γ を計算していると解釈できるので誤差逆伝播学習法（error back-propagation leraning algorithm）と名付けられている。

このアルゴリズムは学習用のサンプル集合をすべて使って勾配を計算し，ネットワークのパラメータを修正しているが，学習データごとに勾配を計算し，パ

ラメータを更新することも可能である。この方法は，確率的勾配降下法と呼ばれている。また，少数のサンプル集合（ミニバッチ）ごとにパラメータを更新することも可能であり，実際にはこちらの方法を使うことが多い。

5.8.4 畳込みニューラルネットワーク（CNN）

深層学習モデル（複数の層を持つ多層パーセプトロン）は，画像認識タスクで高い認識性能を発揮したことで注目された。特に，脳の視覚情報処理にヒントを得た畳込みニューラルネットワーク（convolutional neural network, CNN）は，画像認識のコンペティション ILSVRC2012 で従来手法に比べて高い認識性能を出して以来，深層学習の中心的なモデルの一つとして，多くの応用で高い性能を出している[11]。

CNN は Fukushima が提案した脳の視覚野受容野を模した多層ニューラルネットワークである**ネオコグニトロン**（Neocognitron）に起源を持つ[12]。LeCun らは，ネオコグニトロンに誤差逆伝播法での学習を導入した[1]。また，学習すべきパラメータ数を削減するため受容野のフィルタを画像中の位置によらず同じとする**重み共有**（wegiht sharing）を導入した[1]。それが，現在の CNN の原型である。

6 主成分分析と判別分析

6.1 主成分分析

主成分分析 (principal component analysis, **PCA**) は，多くの計測値（量的変数，連続変数）がある場合に，それらの計測値間の相関構造を考慮して，低次元の合成変数（主成分）に変換し，データの本質的な情報の解釈をしやすくするための手法である．したがって，主成分分析は，多次元のデータを低次元（二次元，三次元）で近似し，表示するために有効な手法である．また，データの本質的な構造を保存した近似を与えるという意味で，情報圧縮のためにも利用されている．

6.1.1 主成分分析の問題設定

表 **6.1** は，10 人 ($N = 10$) の生徒の国語，英語，数学，理科の試験の成績である．それぞれの科目の得点を量的変数と考える．この場合，変数の数は $M = 4$ である．回帰分析やパターン認識の場合とは異なり，この場合には，目的変数がない．このようなデータを教師なしデータという．

N 個の M 次元のデータを $\{\boldsymbol{x}_i | i = 1, \cdots, N\}$ とする．また，N 個のデータを並べた行列を

$$X = \begin{bmatrix} \boldsymbol{x}_1 & \boldsymbol{x}_2 & \cdots & \boldsymbol{x}_N \end{bmatrix}^T \tag{6.1}$$

とする．

6.1 主成分分析

表 6.1 試験の成績のデータ

生徒 No.	国語	英語	数学	理科
1	86	79	67	68
2	71	75	78	84
3	42	43	39	44
4	62	58	98	95
5	96	97	61	63
6	39	33	45	50
7	50	53	64	72
8	78	66	52	47
9	51	44	76	72
10	89	92	93	91

各個人の成績は，M 次元空間の 1 点と考えることができ，N 人全体の成績はなんらかの傾向や関連性をもって M 次元の空間内で分布していると考えられる．そこで，M 次元空間の点 $\boldsymbol{x}$ を線形モデル

$$y_1 = \boldsymbol{a}_1^T \boldsymbol{x} \tag{6.2}$$

を用いて新しい変量 y_1 に写像する．このとき新しい変量 y_1 は元の M 次元の空間の成績の分布をなるべく反映したものが望ましい．主成分分析では元の空間での変動をなるべく反映した新しい変量を求める．つまり，新しい変量 y_1 の分散が最大となるようなパラメータベクトル

$$\boldsymbol{a}_1 = \begin{bmatrix} a_{11} & a_{21} & \cdots & a_{M1} \end{bmatrix}^T \tag{6.3}$$

を求める．

もし，一つの変数 y_1 のみでは，もとの M 次元の空間の成績の傾向を反映しきれない場合には，別の変量 y_{i2}

$$y_2 = \boldsymbol{a}_2^T \boldsymbol{x} \tag{6.4}$$

を考えて，(y_1, y_2) の二次元空間で評価する．ここで

$$\boldsymbol{a}_2 = \begin{bmatrix} a_{12} & a_{22} & \cdots & a_{M2} \end{bmatrix}^T \tag{6.5}$$

である．

このように，多次元のデータに対して，できるだけ元の M 次元空間のデータの分布の情報を損なわないで，より少ない変量へ情報縮約するための方法が主成分分析である．このとき，新しい変量のことを**主成分**（principal component）と呼ぶ．

6.1.2 第一主成分の導出

N 個のデータに対する新しい変量（第一主成分の値）は

$$y_{i1} = \bm{a}_1^T \bm{x}_i \quad (i = 1, 2, \cdots, N) \tag{6.6}$$

のように表される．この主成分の値を**主成分スコア**（principal component score）と呼ぶ．

いま，第一主成分スコアを並べたベクトル $\bm{y}_1$ を

$$\bm{y}_1 = \begin{bmatrix} y_{11} & y_{21} & \cdots & y_{N1} \end{bmatrix}^T \tag{6.7}$$

とする．これらの行列とベクトルを用いると，第一主成分スコアを並べたベクトル $\bm{y}_1$ は，$\bm{y}_1 = X\bm{a}_1$ のように書ける．

主成分スコア y_{i1} の分散を計算してみよう．主成分スコアの平均は

$$\begin{aligned} \bar{y}_1 &= \frac{1}{N} \sum_{i=1}^{N} y_{1i} = \bm{a}_1^T \left(\frac{1}{N} \sum_{i=1}^{N} \bm{x}_i \right) \\ &= \frac{1}{N} \bm{y}_1^T \bm{1}_N = \frac{1}{N} \bm{a}_1^T X^T \bm{1}_N = \bm{a}_1^T \bar{\bm{x}} \end{aligned} \tag{6.8}$$

となる．ここで，$\bm{1}_N$ は，1 を N 個並べたベクトルである．また，$\bar{\bm{x}}$ は，特徴ベクトルの平均（平均ベクトル）であり

$$\bar{\bm{x}} = \frac{1}{N} \sum_{i=1}^{N} \bm{x}_i \tag{6.9}$$

である．

したがって，第一主成分スコアの分散は

6.1 主成分分析

$$V_{y1} = \frac{1}{N}\sum_{i=1}^{N}(y_{i1}-\bar{y}_1)^2 = \frac{1}{N}(\boldsymbol{y}_1 - \mathbf{1}_N\bar{y}_1)^T(\boldsymbol{y}_1 - \mathbf{1}_N\bar{y}_1)$$
$$= \boldsymbol{a}_1^T\left(\frac{1}{N}(X-\mathbf{1}_N\bar{\boldsymbol{x}}^T)^T(X-\mathbf{1}_N\bar{\boldsymbol{x}}^T)\right)\boldsymbol{a}_1 = \boldsymbol{a}_1^T\Sigma_{xx}\boldsymbol{a}_1 \quad (6.10)$$

のように表される。ここで，Σ_{xx} は，N 個の M 次元ベクトルから計算した分散共分散行列

$$\Sigma_{xx} = \frac{1}{N}(X-\mathbf{1}_N\bar{\boldsymbol{x}}^T)^T(X-\mathbf{1}_N\bar{\boldsymbol{x}}^T)$$
$$= \frac{1}{N}\sum_{i=1}^{N}(\boldsymbol{x}_i-\bar{\boldsymbol{x}})(\boldsymbol{x}_i-\bar{\boldsymbol{x}})^T \quad (6.11)$$

である。

この主成分スコアの分散 V_{y1} が最大となるパラメータベクトル $\boldsymbol{a}_1$ を求めることが主成分分析の目的であるが，V_{y1} はパラメータベクトルのノルムを大きくするといくらでも大きくなってしまう。そこで，主成分分析では，パラメータベクトルのノルムに関して

$$||\boldsymbol{a}_1||^2 = \boldsymbol{a}_1^T\boldsymbol{a}_1 = 1 \quad (6.12)$$

のような制約を課す。

したがって，主成分分析の最適化問題は，制約条件の式 (6.12) のもとで，分散 V_{y1} を最大化するパラメータベクトル $\boldsymbol{a}_1$ を求める問題となる。制約条件付き最適化問題は，Lagrange 未定乗数法を用いて解くことができる。いま，Lagrange 未定乗数を λ とすると，この最適化問題の目的関数は

$$Q(\boldsymbol{a}_1, \lambda) = \boldsymbol{a}_1^T\Sigma_{xx}\boldsymbol{a}_1 - \lambda(\boldsymbol{a}_1^T\boldsymbol{a}_1 - 1) \quad (6.13)$$

となる。これは，パラメータベクトルの各成分に対して二次の関数である。最適解を求めるために，$Q(\boldsymbol{a}_1, \lambda)$ をパラメータベクトル $\boldsymbol{a}_1$ で偏微分して $\boldsymbol{0}$ とおくと

$$\frac{\partial Q(\boldsymbol{a}_1, \lambda)}{\partial \boldsymbol{a}_1} = 2\Sigma_{xx}\boldsymbol{a}_1 - 2\lambda\boldsymbol{a}_1 = \boldsymbol{0} \quad (6.14)$$

となる。これを整理すると

$$\Sigma_{xx}\boldsymbol{a}_1 = \lambda\boldsymbol{a}_1 \quad (6.15)$$

となる。この式は、λ が分散共分散行列 Σ_{xx} の固有値で、a_1 は固有値 λ に対応する固有ベクトルであることを示している。

分散共分散行列 Σ_{xx} は実対称行列であるから、M 個の実数の固有値を持つ。それらを大きい順に並べて $\lambda_1 \geq \lambda_2 \geq \cdots \geq \lambda_M$ とする。また、式 (6.15) の関係を分散 V_{y1} の式に代入すると

$$V_{y1} = a_1^T \Sigma_{xx} a_1 = a_1^T \lambda a_1 = \lambda(a_1^T a_1) = \lambda \tag{6.16}$$

となる。分散 V_{y1} を最大とするパラメータベクトルを求めたいので、結局、分散共分散行列 Σ_{xx} の最大固有値 λ_1 に対応する固有ベクトルが求める解であることがわかる。

6.1.3 第二主成分の導出

第二主成分を求めるための最適な結合係数を求めてみよう。第一主成分の導出の場合と同様に、N 個のデータに対する新しい変量（第二主成分の値）を並べたベクトル y_2 は

$$y_2 = X a_2 \tag{6.17}$$

のように書ける。

y_2 の平均が $\bar{y}_2 = a_2^T \bar{x}$ となることに注意すると、第一主成分スコアと第二主成分スコアとの共分散は

$$\mathrm{COV}_{y1y2} = \frac{1}{N} \sum_{i=1}^{N} (y_{i2} - \bar{y}_2)(y_{i1} - \bar{y}_1) = a_2^T \Sigma_{xx} a_1 = \lambda_1 a_2^T a_1 \tag{6.18}$$

となる。第一主成分スコアと第二主成分スコアが無相関になるためには、それらの共分散が 0 とならなければならない。つまり、$a_2^T a_1 = 0$ となる必要がある。

したがって、第二主成分の最適な結合係数を求める問題は、制約条件 $a_2^T a_1 = 0$、および、$a_2^T a_2 = 1$ のもとで、第二主成分スコア y_{i2} の分散 V_{y2}

$$V_{y2} = a_2^T \Sigma_{xx} a_2 \tag{6.19}$$

を最大とするパラメータベクトル a_2 を求める最適化問題に帰着される。この解は，分散共分散行列 Σ_X の 2 番目に大きな固有値 λ_2 に対応する固有ベクトルとなる。

6.1.4 高次の主成分の導出

同様に，高次の主成分も分散共分散行列の固有値に対応した固有ベクトルとなる。ここで，L 個の主成分に対応するパラメータベクトルを並べた行列を $A = [a_1, a_2, \cdots, a_L]$ とすると，主成分スコアを並べた行列は $Y = [y_1, y_2, \cdots, y_L]$ は

$$Y = XA \tag{6.20}$$

のように計算できる。このとき，最適なパラメータ行列 A は，固有値問題

$$\Sigma_{xx} A = A\Lambda \tag{6.21}$$

の解として求めることができる。ここで，Λ は，Σ_{xx} の最初の L 個の最大固有値を並べた対角行列 $\Lambda = \mathrm{diag}(\lambda_1, \lambda_2, \cdots, \lambda_L)$ であり，a_l は，l 番目に大きい固有値 λ_l に対応する固有ベクトルである。ただし，制約条件を満たすように，固有ベクトルは

$$A^T A = I \tag{6.22}$$

のように正規化してあるものとする。

6.1.5 寄与率と累積寄与率

分散共分散行列 Σ_{xx} の成分を

$$\Sigma_{xx} = \begin{bmatrix} \sigma_1^2 & \sigma_{12} & \cdots & \sigma_{1M} \\ \sigma_{21} & \sigma_2^2 & \cdots & \sigma_{2M} \\ \vdots & \vdots & \ddots & \vdots \\ \sigma_{M1} & \sigma_{M2} & \cdots & \sigma_M^2 \end{bmatrix} \tag{6.23}$$

とする。この行列の対角要素は各変量の分散である。したがって，M 個の変数の分散の総和は

$$\mathrm{tr}(\Sigma_{xx}) = \sigma_1^2 + \sigma_2^2 + \cdots + \sigma_M^2 \tag{6.24}$$

と書ける。

主成分分析の固有値問題の式 (6.21) の両辺に左から行列 A^T を掛けると

$$A^T \Sigma_{xx} A = A^T A \Lambda = \Lambda \tag{6.25}$$

となる。この両辺のトレースをとることを考える。行列のトレースの公式から，左辺は

$$\mathrm{tr}(A^T \Sigma_{xx} A) = \mathrm{tr}(A A^T \Sigma_{xx}) = \mathrm{tr}(\Sigma_{xx}) \tag{6.26}$$

となる。一方，右辺は

$$\mathrm{tr}(\Lambda) = \lambda_1 + \lambda_2 + \cdots + \lambda_M \tag{6.27}$$

となる。つまり

$$\mathrm{tr}(\Sigma_{xx}) = \lambda_1 + \lambda_2 + \cdots + \lambda_M \tag{6.28}$$

が成り立つ。これは，分散共分散行列 Σ_{xx} のすべての固有値の和が元のデータの分散の総和に等しいことを示している。

一方，各主成分スコアの分散は，その主成分に対応する固有値に等しいから，分散の総和に対する割合

$$\kappa_l = \frac{\lambda_l}{\lambda_1 + \lambda_2 + \cdots + \lambda_p} = \frac{\lambda_l}{\sum_{i=1}^{p} \lambda_i} \tag{6.29}$$

を第 l 主成分の**寄与率**（contribution rate）と呼ぶ。

また，L 個までの主成分の累積の寄与率を

$$\eta_L = \sum_{l=1}^{L} \kappa_l = \frac{\sum_{l=1}^{L} \lambda_l}{\sum_{i=1}^{p} \lambda_i} \tag{6.30}$$

で定義し，**累積寄与率**（cumulative contribution rate）と呼ぶ。これは，第 L

主成分まで考えたときに,元のデータの分散の内のどれくらいの割合が主成分として抽出されたかを示す指標であり,なん番目の主成分まで考えればよいかの目安として利用されている.

6.1.6 主成分分析の適用例

先の成績のデータに主成分分析を適用してみる.表 6.2 は最適なパラメータベクトルである.また,表 6.3 は成績データの主成分スコアである.

表 6.2 試験の成績のデータの結合係数

教科	第一主成分	第二主成分	第三主成分	第四主成分
国語	−0.545 032 5	−0.439 803 5	−0.548 840 9	0.456 383 7
英語	−0.591 646 9	−0.400 948 4	0.556 178 7	−0.424 098 5
数学	−0.443 328 3	0.575 540 6	−0.451 624 3	−0.517 927 2
物理	−0.395 415 7	0.560 862 1	0.430 667 3	0.586 179 0

表 6.3 試験の成績のデータの主成分の値

生徒 No.	第一主成分	第二主成分	第三主成分	第四主成分
1	−19.187 09	−15.143 554	−2.537 514 1	2.387 313 9
2	−19.848 28	8.362 033	5.393 193 4	0.919 617 5
3	47.996 79	−10.933 885	3.898 519 1	−1.992 358 5
4	−18.101 13	36.816 682	−3.417 423 9	0.111 264 3
5	−30.650 01	−33.016 214	2.541 703 8	−0.505 954 0
6	50.515 90	1.213 425	−0.142 488 1	1.288 986 3
7	15.565 22	11.630 857	5.837 654 0	0.882 559 0
8	7.818 23	−26.824 010	−7.646 757 8	−0.291 326 9
9	15.025 07	21.706 076	−5.136 287 7	−1.059 296 9
10	−49.134 70	6.188 591	1.209 401 1	−1.740 804 8

図 6.1 は,第一主成分スコアと第二主成分スコアを二次元平面内の点として表示した散布図である.直接に元の四次元の成績データの分布の様子を見ることはできないが,主成分分析により二次元平面内の点として表示することで,成績データの分布の様子が視覚的に理解しやすくなる.

ちなみに,このデータの第二主成分までの累積寄与率は 98.6% である.つまり,元の四次元空間内のデータ点の変動内の 98.6% の変動がこの二次元の空間内の点として表現できていることを意味する.

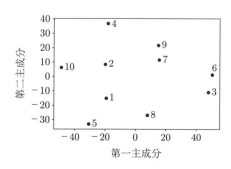

図 **6.1** 成績データに対する主成分分析の結果（第一主成分と第二主成分）

6.1.7　元のデータの再構成

主成分分析によって第一主成分スコアから第 L 主成分スコアまでを計算したとき，それらは元の M 次元の計測値の情報をできるだけ多く抽出していると考えられる．ここでは，そのことをより直接的に確かめるために，これらの L 個の主成分分析から重回帰分析で元の計測値を近似するモデルを考えてみる．

N 個のサンプルに対する L 個の主成分スコアを並べたベクトルは

$$\boldsymbol{y}_i = A^T \boldsymbol{x}_i \quad (i = 1, 2, \cdots, N) \tag{6.31}$$

のようになる．ここで，A は，分散共分散行列 Σ_X の L 個の最大固有値に対応する固有ベクトルを並べたベクトルで，$A^T A = I$ のように正規化されている．

このとき，$\boldsymbol{y}_i$ から線形モデル $B^T \boldsymbol{y}_i + \boldsymbol{b}$ を用いて線形回帰により，元のベクトル $\boldsymbol{x}_i$ を推定することを考えてみる．これらの平均二乗誤差は

$$\varepsilon^2(B, \boldsymbol{b}) = \frac{1}{N} \sum_{i=1}^{N} \|\boldsymbol{x}_i - (B^T \boldsymbol{y}_i + \boldsymbol{b})\|^2 \tag{6.32}$$

となる．最適な $\boldsymbol{b}$ は，平均二乗誤差をパラメータ $\boldsymbol{b}$ で偏微分して $\boldsymbol{0}$ とおくと

$$\frac{\partial \varepsilon^2(B, \boldsymbol{b})}{\partial \boldsymbol{b}} = \frac{1}{N} \sum_{i=1}^{N} (\boldsymbol{x}_i - (B^T \boldsymbol{y}_i + \boldsymbol{b})) = \bar{\boldsymbol{b}} - B^T \bar{\boldsymbol{y}} - B^T \boldsymbol{b} = \boldsymbol{0} \tag{6.33}$$

となる．これを整理すると

$$\boldsymbol{b}^* = \bar{\boldsymbol{x}} - B^T \bar{\boldsymbol{y}} \tag{6.34}$$

となる．これを，平均二乗誤差の式に代入すると

$$\begin{aligned}\varepsilon^2(B, \boldsymbol{b}^*) &= \frac{1}{N} \sum_{i=1}^{N} \|(\boldsymbol{x}_i - \bar{\boldsymbol{x}}) - B^T(\boldsymbol{y}_i - \bar{\boldsymbol{y}})\|^2 \\ &= \frac{1}{N} \sum_{i=1}^{N} \|(\boldsymbol{x}_i - \bar{\boldsymbol{x}}) - B^T A^T(\boldsymbol{x}_i - \bar{\boldsymbol{x}})\|^2 \\ &= \mathrm{tr}(\Sigma_{xx}) - 2\mathrm{tr}(B^T A^T \Sigma_{xx}) + \mathrm{tr}(B^T A^T \Sigma_{xx} AB)\end{aligned} \tag{6.35}$$

となる．

最適な係数行列 B を求めるために，これを係数行列 B で偏微分して $\boldsymbol{0}$ とおくと

$$\frac{\partial \varepsilon^2(B, \boldsymbol{b}^*)}{\partial B} = -2A^T \Sigma_{xx} + 2A^T \Sigma_{xx} AB = \boldsymbol{0} \tag{6.36}$$

となる．これを整理すると，連立方程式

$$A^T \Sigma_{xx} AB = A^T \Sigma_{xx} \tag{6.37}$$

が得られる．ここで，主成分スコアを求めるための係数行列 A は

$$\Sigma_{xx} A = A\Lambda \quad (A^T A = I) \tag{6.38}$$

を満足する．この式に左から A^T を掛けると

$$A^T \Sigma_{xx} A = A^T A\Lambda = \Lambda \tag{6.39}$$

となる．また，A の固有値問題の転置をとると

$$A^T \Sigma_{xx} = \Lambda A^T \tag{6.40}$$

となる．これらを連立方程式に代入すると

$$\Lambda B = \Lambda A^T \tag{6.41}$$

となる．これに左から Λ の逆行列を掛けると

$$B = A^T \tag{6.42}$$

のようになる．つまり，元のベクトルと再構成されたベクトルとの平均二乗誤差を最小とするような最適な係数行列 B^* は，主成分分析の係数行列 A の転置 A^T であることがわかる．

このとき達成される平均二乗誤差，つまり，元の計測ベクトルと主成分スコアから再構成されたベクトルの平均二乗誤差は

$$\begin{aligned}
\varepsilon^2(B^*, \boldsymbol{b}^*) &= \operatorname{tr}(\Sigma_{xx}) - 2\operatorname{tr}(AA^T\Sigma_{xx}) + \operatorname{tr}(AA^T\Sigma_{xx}AA^T) \\
&= \operatorname{tr}(\Sigma_{xx}) - 2\operatorname{tr}(A^T\Sigma_{xx}A) + \operatorname{tr}(A^T\Sigma_{xx}AA^TA) \\
&= \operatorname{tr}(\Sigma_{xx}) - \operatorname{tr}(A^T\Sigma_{xx}A) = \operatorname{tr}(\Sigma_{xx}) - \operatorname{tr}(\Lambda) \\
&= \lambda_1 + \lambda_2 + \cdots + \lambda_M - (\lambda_1 + \lambda_2 + \cdots + \lambda_L) \\
&= \lambda_{L+1} + \cdots + \lambda_M
\end{aligned} \tag{6.43}$$

のようになる．つまり，元のベクトルと主成分スコアから再構成されたベクトルの平均二乗誤差が，$L+1$ 次以降の固有値の和に一致する．この結果からも，L 次までの主成分スコアからの再構成で，元のベクトルの累積寄与率分の情報が復元できることがわかる．つまり，L 次までの主成分スコアは，元の計測データの情報の寄与率分の情報を抽出できているといえる．

6.1.8　主成分スコアベクトル間の距離

二つのサンプル $\boldsymbol{x}_1$ と $\boldsymbol{x}_2$ が与えられた場合，各サンプルの主成分スコア間の距離 $|\boldsymbol{y}_1 - \boldsymbol{y}_2|^2$ を計算しておこう．各サンプルの主成分スコア間の距離は

$$|\boldsymbol{y}_1 - \boldsymbol{y}_2|^2 = |A^T(\boldsymbol{x}_1 - \boldsymbol{x}_2)|^2 = (\boldsymbol{x}_1 - \boldsymbol{x}_2)^T AA^T (\boldsymbol{x}_1 - \boldsymbol{x}_2) \tag{6.44}$$

のようになる．ここで，A の列ベクトルが張る空間への直交射影行列は

$$A(A^TA)^{-1}A^T = AA^T \tag{6.45}$$

となるので，この距離は，元のサンプルベクトルを A の列ベクトルが張る空間

へ直交射影したベクトル間の距離である.つまり,各サンプルの主成分スコア間の距離は,元のサンプルベクトル間の距離を A の列の張る部分空間で近似的に計算することに対応する.もし,主成分スコアを M 個まで取るなら $AA^T = I$ となるので,主成分スコア間の距離は元のサンプルベクトル間の距離と完全に一致する.

6.2 線形判別分析

　主成分分析は,情報の圧縮という観点では有効な手法であるが,各サンプルがどのクラスに属しているかの情報はまったく利用しておらず,識別のための有効な特徴を構成する手法としては必ずしもよい手法ではない.

　訓練サンプルがあらかじめ分類されており,各サンプルがどのクラスに属しているかの情報が得られる場合には,同一クラス内のサンプルはなるべく近くなり,逆にクラス間のサンプルはなるべく離れるような線形写像を構成する必要がある.そのような線形写像を構成するためには,Fisher の**判別分析** (discriminant analysis) が有効である.この判別分析は,英国の統計学者 Fisher が提案した手法で,線形モデルにより識別に有効な空間,すなわち**判別空間** (discriminant space) を構成する.そのため,線形モデルで写像された判別空間の良さを訓練サンプルの二次の統計量に基づく**判別基準** (discriminant criterion) で評価し,それを最大化するような線形写像を構成する.

6.2.1 一次元の判別特徴の抽出

　学習用のサンプル (M 次元の特徴ベクトル) の集合 $\{x_1, \cdots, x_N\}$ は,あらかじめなんらかの方法で K 個のクラスに分類されており,各計測ベクトルには K 個のクラス C_k $(k=1, \cdots, K)$ のどのクラスに属しているかの情報が与えられているとする.つまり,訓練データとして,特徴ベクトル x_i とクラスラベル $l_i \in \{C_1, \cdots, C_K\}$ のペアの集合 $\{(x_i, l_i) | i = 1, \cdots, N\}$ が与えられているとする.

このとき，元の特徴ベクトルから新たな特徴量である**判別特徴** (discriminant feature) への写像を線形モデル

$$y_i = \boldsymbol{a}^T \boldsymbol{x}_i \tag{6.46}$$

を用いて構成することを考え，判別特徴の分離度が最大となるような線形モデルのパラメータ $\boldsymbol{a}$ を求める．

新特徴 y_i の分離度（判別基準）を定義するために，まず，新特徴の平均を計算する．そのためには，クラスの情報を無視したすべてのサンプルに対する全平均と各クラスのサンプルのみでの平均（クラス平均）を考える必要がある．この場合，全平均は

$$\bar{y} = \frac{1}{N} \sum_{i=1}^{N} y_i = \frac{1}{N} \sum_{i=1}^{N} \boldsymbol{a}^T \boldsymbol{x}_i = \boldsymbol{a}^T \bar{\boldsymbol{x}} \tag{6.47}$$

のようになる．ここで，$\bar{\boldsymbol{x}}$ は，クラスの情報を無視した全特徴ベクトルの平均（全平均ベクトル）であり

$$\bar{\boldsymbol{x}} = \frac{1}{N} \sum_{i=1}^{N} \boldsymbol{x}_i \tag{6.48}$$

である．

一方，各クラスの平均は

$$\bar{y}_k = \frac{1}{N_k} \sum_{l_i = C_k} y_i = \frac{1}{N_k} \sum_{l_i = C_k} \boldsymbol{a}^T \boldsymbol{x}_i = \boldsymbol{a}^T \bar{\boldsymbol{x}}_k \tag{6.49}$$

となる．ただし，N_k は，訓練サンプル集合中のクラス C_k のサンプル数である．また，$\bar{\boldsymbol{x}}_k$ は，各クラスの平均ベクトルで

$$\bar{\boldsymbol{x}}_k = \frac{1}{N_k} \sum_{l_i = C_k} \boldsymbol{x}_i \tag{6.50}$$

である．

同様に，分散についてもすべてのサンプルに対する分散（全分散）と各クラスのサンプルに対する分散（クラス分散）を考える必要がある．全分散は

$$\sigma_T^2 = \frac{1}{N}\sum_{i=1}^{N}(y_i - \bar{y})^2 = \boldsymbol{a}^T\left(\frac{1}{N}\sum_{i=1}^{N}(\boldsymbol{x}_i - \bar{\boldsymbol{x}})(\boldsymbol{x}_i - \bar{\boldsymbol{x}})^T\right)\boldsymbol{a}$$

$$= \boldsymbol{a}^T \Sigma_T \boldsymbol{a} \tag{6.51}$$

のようになる．ここで

$$\Sigma_T = \Sigma_{xx} = \frac{1}{N}\sum_{i=1}^{N}(\boldsymbol{x}_i - \bar{\boldsymbol{x}})(\boldsymbol{x}_i - \bar{\boldsymbol{x}})^T \tag{6.52}$$

は，すべてのサンプルに対する分散共分散行列である．一方，各クラスの分散は

$$\sigma_k^2 = \frac{1}{N_k}\sum_{l_i=C_k}(y_i - \bar{y}_k)^2 = \boldsymbol{a}^T\left(\frac{1}{N_k}\sum_{l_i=C_k}(\boldsymbol{x}_i - \bar{\boldsymbol{x}}_k)(\boldsymbol{x}_i - \bar{\boldsymbol{x}}_k)^T\right)\boldsymbol{a}$$

$$= \boldsymbol{a}^T \Sigma_k \boldsymbol{a} \tag{6.53}$$

となる．ここで

$$\Sigma_k = \frac{1}{N_k}\sum_{l_i=C_k}(\boldsymbol{x}_i - \bar{\boldsymbol{x}}_k)(\boldsymbol{x}_i - \bar{\boldsymbol{x}}_k)^T \tag{6.54}$$

は，各クラスのサンプルに対する分散共分散行列である．

　同じクラスに属するサンプルはなるべく近く，異なるクラスのサンプルはなるべく離れるようにするため，平均クラス間分散と平均クラス内分散を考える．

　平均クラス間分散は，各クラスの平均 $\bar{y}_k$ の分散であり

$$\sigma_B^2 = \sum_{k=1}^{K}\frac{N_k}{N}(\bar{y}_k - \bar{y}_T)^2 = \boldsymbol{a}^T\left(\sum_{k=1}^{K}\frac{N_k}{N}(\bar{\boldsymbol{x}}_k - \bar{\boldsymbol{x}}_T)(\bar{\boldsymbol{x}}_k - \bar{\boldsymbol{x}}_T)^T\right)\boldsymbol{a}$$

$$= \boldsymbol{a}^T \Sigma_B \boldsymbol{a} \tag{6.55}$$

で定義される．ここで，Σ_B は，各クラスの平均ベクトルの分散共分散行列（平均クラス間分散共分散行列）であり

$$\Sigma_B = \sum_{k=1}^{K}\frac{N_k}{N}(\bar{\boldsymbol{x}}_k - \bar{\boldsymbol{x}}_T)(\bar{\boldsymbol{x}}_k - \bar{\boldsymbol{x}}_T)^T \tag{6.56}$$

のように定義される。

一方,平均クラス内分散は,各クラスの分散 σ_k^2 の平均であり

$$\sigma_W = \sum_{k=1}^{K} \frac{N_k}{N} \sigma_k^2 = \bar{a}^T \left(\sum_{k=1}^{K} \frac{N_k}{N} \Sigma_k \right) a = a^T \Sigma_W a \tag{6.57}$$

で定義される。ここで,Σ_W は,各クラスの分散共分散行列の平均(平均クラス内分散共分散行列)であり

$$\Sigma_W = \sum_{k=1}^{K} \frac{N_k}{N} \Sigma_k = \frac{1}{N} \sum_{k=1}^{K} \sum_{l_i = C_k} (x_i - \bar{x}_k)(x_i - \bar{x}_k)^T \tag{6.58}$$

のように定義される。

同じクラスに属するサンプルはなるべく近く,異なるクラスのサンプルはなるべく離れるためには,平均クラス間分散 σ_B^2 はなるべく大きく,平均クラス内分散 σ_W^2 はなるべく小さくならなければならない。そこで,新特徴の判別性能を評価する基準として

$$\eta = \frac{\sigma_B^2}{\sigma_W^2} = \frac{a^T \Sigma_B a}{a^T \Sigma_W a} \tag{6.59}$$

を考える。これを Fisher の判別基準と呼び,この値が大きいほど判別性能が高いといえる。

なお,平均クラス間分散,平均クラス内分散と全分散との間には

$$\sigma_B^2 + \sigma_W^2 = \sigma_T^2 \tag{6.60}$$

がつねに成り立つことが知られている。したがって,σ_B^2/σ_T^2,あるいは,σ_T^2/σ_W^2 なども判別基準 η と同等な基準として利用できる。

判別基準 η を最大とするようなパラメータを求める問題は,制約条件

$$\sigma_W^2 = a^T \Sigma_W a = 1 \tag{6.61}$$

のもとで

$$\sigma_B^2 = a^T \Sigma_B a \tag{6.62}$$

を最大とするパラメータベクトル a を求める制約条件付き最適化問題と等価である。この制約条件付き最適化問題の解は,Lagrange 乗数 λ を導入し,新た

な目的関数

$$Q(\boldsymbol{a}, \lambda) = \sigma_B^2 - \lambda(\sigma_W^2 - 1) = \boldsymbol{a}^T \Sigma_B \boldsymbol{a} - \lambda(\boldsymbol{a}^T \Sigma_W \boldsymbol{a} - 1) \quad (6.63)$$

を最大化することで求めることができる。

この目的関数をパラメータベクトル $\boldsymbol{a}$ で偏微分して $\boldsymbol{0}$ とおくと

$$\frac{\partial Q}{\partial \boldsymbol{a}} = 2\Sigma_B \boldsymbol{a} - \lambda \Sigma_W \boldsymbol{a} = \boldsymbol{0} \quad (6.64)$$

となる。これを整理すると

$$\Sigma_B \boldsymbol{a} = \lambda \Sigma_W \boldsymbol{a} \quad (6.65)$$

のような連立方程式が得られる。これは，一般化固有値問題と呼ばれており，λ はこの一般化固有値問題の固有値であり，$\boldsymbol{a}$ は λ に対応する固有ベクトルである。

一方，$Q(\boldsymbol{a}, \lambda)$ を λ で偏微分すると

$$\frac{\partial Q}{\partial \lambda} = \boldsymbol{a}^T \Sigma_W \boldsymbol{a} - 1 = 0 \quad (6.66)$$

となり，パラメータベクトルの正規化条件

$$\boldsymbol{a}^T \Sigma_W \boldsymbol{a} = 1 \quad (6.67)$$

が求まる。

いま，これらを判別基準 η に代入すると

$$\eta = \frac{\boldsymbol{a}^T \Sigma_B \boldsymbol{a}}{\boldsymbol{a}^T \Sigma_W \boldsymbol{a}} = \frac{\boldsymbol{a}^T \lambda \Sigma_W \boldsymbol{a}}{\boldsymbol{a} \Sigma_W \boldsymbol{a}} = \lambda \quad (6.68)$$

となる。ここでは判別基準 η を最大とするパラメータを求めているので，最適な $\boldsymbol{a}$ は，式 (6.65) の一般化固有値問題の最大の固有値に対応する固有ベクトルとなることがわかる。

6.2.2 多次元の判別特徴の構成

ここでは，主成分分析と同様に，線形モデル

$$\boldsymbol{y} = A^T \boldsymbol{x} \tag{6.69}$$

により,多次元の判別特徴ベクトル $\boldsymbol{y}$ を構成することを考えよう。

判別空間でのクラス内分散共分散行列 $\hat{\Sigma}_W$,および,クラス間分散共分散行列 $\hat{\Sigma}_B$ は,それぞれ

$$\hat{\Sigma}_W = A^T \Sigma_W A \tag{6.70}$$
$$\hat{\Sigma}_B = A^T \Sigma_B A \tag{6.71}$$

となる。

多次元の判別空間の良さを評価するための判別基準は

$$J = \mathrm{tr}(\hat{\Sigma}_W^{-1} \hat{\Sigma}_B) \tag{6.72}$$

で定義される。

判別基準 J を最大とする最適な係数行列 $A = [\boldsymbol{a}_1, \cdots, \boldsymbol{a}_L]$ は,一次元の判別特徴の構成と同様に,一般化固有値問題

$$\Sigma_B A = \Sigma_W A \Lambda, \quad A^T \Sigma_W A = I_L \tag{6.73}$$

の解として求めることができる。ここで,$\Lambda = \mathrm{diag}(\lambda_1 \geq \lambda_2 \geq \cdots \geq \lambda_L > 0)$ は,固有値を要素とする対角行列である。また,平均クラス間分散共分散行列 Σ_B のランクは,その定義から $K-1$ 以下であるので,得られる判別空間の次元 L は,$L \leq \min(K-1, M)$ となる。つまり,線形判別分析では,$K-1$ 次元の判別特徴ベクトルまでしか得られない。

6.2.3 2段階写像としての判別写像

線形判別分析の意味を理解するために,特徴ベクトル $\boldsymbol{x}$ から判別特徴ベクトル $\boldsymbol{y}$ への線形写像を2段階に分けて考えてみる。具体的には

1段目

$$\boldsymbol{z} = C^T (\boldsymbol{x} - \bar{\boldsymbol{x}}_T) \tag{6.74}$$

2段目

$$\boldsymbol{y} = B^T \boldsymbol{z} \tag{6.75}$$

を考える.このとき,元の線形写像は

$$\boldsymbol{y} = B^T \boldsymbol{z} = B^T C^T (\boldsymbol{x} - \bar{\boldsymbol{x}}_T) = A^T (\boldsymbol{x} - \bar{\boldsymbol{x}}_T) \tag{6.76}$$

となる.つまり,$A = CB$ である.

ここで,1段目の写像として,正規化条件を満足するために,変換後のクラス内分散共分散行列を単位行列とする正規化写像を考える.すなわち,平均クラス内分散共分散行列の固有値問題が

$$\Sigma_W U = UM \quad (U^T U = I) \tag{6.77}$$

で与えられるとする.ここで,行列 M は,固有値を対角要素とする対角行列 $M = \mathrm{diag}(\mu_1, \mu_2, \cdots, \mu_M)$ であり,行列 U は,対応する固有ベクトルを並べた行列 $U = (\boldsymbol{u}_1 \boldsymbol{u}_2 \cdots \boldsymbol{u}_M)$ である.このとき,正規化写像は

$$C = \Sigma_W^{-1/2} = M^{-1/2} U^T \tag{6.78}$$

のように定義できる.ただし

$$M^{-1/2} = \mathrm{diag}\left(\frac{1}{\sqrt{\mu_1}}, \frac{1}{\sqrt{\mu_2}}, \cdots, \frac{1}{\sqrt{\mu_M}}\right)$$

である.

実際,正規化写像で移された特徴ベクトル $\boldsymbol{z}$ の平均クラス内分散共分散行列 $\hat{\Sigma}_W$ は

$$\hat{\Sigma}_W = C^T \Sigma_W C = M^{-1/2} U^T \Sigma_W U M^{-1/2} = M^{-1/2} U^T U M M^{-1/2}$$
$$= M^{-1/2} M M^{-1/2} = I \tag{6.79}$$

のように単位行列となる.

一方,正規化写像で移された特徴ベクトル $\boldsymbol{z}$ の平均クラス間分散共分散行列 $\hat{\Sigma}_B$ は

$$\hat{\Sigma}_B = C^T \Sigma_B C = \Sigma_W^{-1/2} \Sigma_B \Sigma_W^{-1/2} \tag{6.80}$$

のように書ける。

この正規化写像で移された特徴ベクトルの平均クラス間分散共分散行列 $\hat{\Sigma}_B$ の固有値問題

$$\hat{\Sigma}_B B = B\Lambda \quad (B^T B = I) \tag{6.81}$$

を考えよう。ここで，Λ は，固有値を大きい順にとって，それらを対角要素として並べた対角行列 $\Lambda = \mathrm{diag}(\lambda_1, \lambda_2, \cdots, \lambda_L)$ であり，B は，対応する固有ベクトルを並べた行列 $B = (\boldsymbol{b}_1 \boldsymbol{b}_2 \cdots \boldsymbol{b}_L)$ である。つまり，これは，正規化写像で移された空間での平均ベクトルの主成分分析を行っていることに対応する。

このような 2 段階の写像は，元の線形判別写像 A に一致することが確かめられる。式 (6.81) の両辺に左から $\Sigma_W C$ を掛けると，左辺は

$$\begin{aligned}
\Sigma_W C \hat{\Sigma}_B B &= \Sigma_W \Sigma_W^{-1/2} \Sigma_W^{-1/2} \Sigma_B \Sigma_W^{-1/2} B \\
&= \Sigma_W \Sigma_W^{-1} \Sigma_B CB = \Sigma_B CB = \Sigma_B A
\end{aligned} \tag{6.82}$$

となる。また，右辺は

$$\Sigma_W CB\Lambda = \Sigma_W A\Lambda \tag{6.83}$$

となる。つまり，これらをまとめると線形判別分析の一般化固有値問題と一致している。また，$\hat{\Sigma}_W = I_M$ より，正規化条件も

$$B^T B = B^T \hat{\Sigma}_W B = B^T C^T \Sigma_W CB = A^T \Sigma_W A = I_L \tag{6.84}$$

のように満たされることがわかる。

これらの結果は，線形判別分析は，平均クラス内分散共分散行列を単位行列とする正規化のあと，各クラスの平均ベクトルの主成分分析を行っていることと等価であるといえる。

6.2.4 判別特徴ベクトル間の距離

主成分分析の場合には，二つの特徴ベクトル $\boldsymbol{x}_1$ と $\boldsymbol{x}_2$ に対する主成分スコア間の距離は，元のベクトル間の距離の近似になっていた。同様に，線形判別分析の場合にも，二つの特徴ベクトル $\boldsymbol{x}_1$ と $\boldsymbol{x}_2$ に対する判別特徴ベクトル間の距

離 $|y_1 - y_2|^2$ がどのような距離の近似になっているかを考えてみる。

線形判別分析は，平均クラス内分散共分散行列を単位行列とする正規化のあと，各クラスの平均ベクトルの主成分分析を行っていることと等価である。したがって，正規化後の特徴の主成分分析は，正規化後の特徴間の距離を近似していると解釈できる。つまり，$|y_1 - y_2|^2$ は，正規化後の特徴ベクトルの距離 $|z_1 - z_2|^2$ を近似している。ここで，この距離は

$$\begin{aligned}
|z_1 - z_2|^2 &= (z_1 - z_2)^T(z_1 - z_2) \\
&= (C^T(x_1 - x_2))^T(C^T(x_1 - x_2)) \\
&= (x_1 - x_2)\Sigma_W^{-1/2}\Sigma_W^{-1/2}(x_1 - x_2) \\
&= (x_1 - x_2)\Sigma_W^{-1}(x_1 - x_2)
\end{aligned} \quad (6.85)$$

のようになる。つまり，多クラスの分布間の平均マハラノビス汎距離 $(x_1 - x_2)^T\Sigma_W^{-1}(x_1 - x_2)$ と密接に関係している。これは，線形判別分析の場合には，判別特徴ベクトル間の距離は，平均クラス内分散の逆行列 Σ_W^{-1} で重み付けした元の特徴ベクトル間の距離を近似的に計算していると理解できる。

6.2.5 線形判別分析の適用例

図 **6.2** に，Fisher のアヤメのデータ（3種類のアヤメ，4種類の特徴（ガクの長さと幅，花びらの長さと幅），各クラス 50 個のサンプル）に対して線形判別

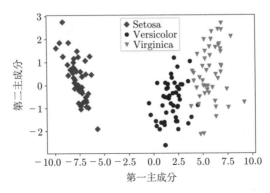

図 **6.2** アヤメのデータに対する線形判別分析の適用例

分析を適用し，二次元の判別特徴を構成した結果を示す。この二次元の判別特徴ベクトルを用いて，クラス平均ベクトルに最も近いクラスに識別させる方法で，訓練に使った150個のサンプルを識別させてみた。その結果Setosaのすべてのサンプルは正しく識別できたが，Versicolorの2個のサンプルをVirginicaに誤って識別し，Virginicaの1個のサンプルをVersicolorに誤って識別した。したがって，平均の識別率は，98%である。

7 カーネル法

7.1 カーネル法とは

　本質的に非線形な問題に対応するための方法として，特徴ベクトルを非線形変換して，その空間で線形モデルを用いて予測や識別を行う**カーネル** (kernel) **法**と呼ばれている手法が知られている[14],[15]。この方法を用いることでサポートベクトルマシンの認識性能が飛躍的に向上した。それがサポートベクトルマシンを有名にした大きな要因である。カーネル法は，サポートベクトルマシンだけでなく，本書で紹介したほかの多くの線形の手法を非線形に拡張する場合にも利用できる。

　このように，元の特徴ベクトル x を非線形の写像 $\phi(x)$ によって変換し，その空間で線形モデルを用いた予測や識別を行うことを考えてみよう。

　例えば，2変数の特徴ベクトル $x = \begin{bmatrix} x_1 & x_2 \end{bmatrix}^T$ を非線形の写像 $\phi(x)$ によって $\phi(x) = \begin{bmatrix} 1 & x_1 & x_2 & x_1^2 & x_1 x_2 & x_2^2 \end{bmatrix}^T$ のように変換し，その空間で線形モデルを用いて予測することは，二次までの多項式を用いた回帰モデル

$$y = \beta_0 + \beta_1 x_1 + \beta_2 x_2 + \beta_3 x_1^2 + \beta_4 x_1 x_2 + \beta_5 x_2^2 = \boldsymbol{\beta}^T \boldsymbol{\phi}(\boldsymbol{x}) \quad (7.1)$$

を考えることと等価である。これは，4章で紹介した基底関数の線形モデルの回帰である。

　しかし，高次元のデータを扱う必要がある場合には，このような非線形の変換を陽に計算して，そこで線形モデルを当てはめる方法では，膨大な計算が必

要になってしまう。カーネル法は，データの高次モーメントに関する情報を有効に抽出しつつ，必要な計算を効率的に実行可能とするような非線形変換の方法である。

いま，元の特徴ベクトル $\boldsymbol{x}$ の空間を Ω とし，これを非線形の写像 $\boldsymbol{\phi}(\boldsymbol{x})$ によって変換した先の実線形空間を H とする。この非線形の写像により変換された特徴ベクトル $\boldsymbol{\phi}(\boldsymbol{x})$ 上で定義される線形モデルは

$$f(\boldsymbol{x}) = <\boldsymbol{w}, \boldsymbol{\phi}(\boldsymbol{x})> \tag{7.2}$$

と書ける。ここで

$$<\boldsymbol{\phi}(\boldsymbol{x}), \boldsymbol{\phi}(\boldsymbol{y})> = k(\boldsymbol{x}, \boldsymbol{y}) \tag{7.3}$$

は，H の内積である。

このとき，損失関数に正則化項を加えて最適なパラメータを求める問題において，正則化項が $||\boldsymbol{w}||^2$ という形をしていれば，最適解は

$$f(\boldsymbol{x}) = \sum_{i=1}^{N} \alpha_i k(\boldsymbol{x}_i, \boldsymbol{x}) \tag{7.4}$$

のように N 個の訓練データ $\{\boldsymbol{x}_1, \cdots, \boldsymbol{x}_N\}$ から計算されるカーネル関数の集合 $\{k(\boldsymbol{x}_i, \boldsymbol{x})|i=1, \cdots, N\}$ を用いて書ける。これは，**リプレゼンター定理**（representer theorem）と呼ばれている[14]。

式 (7.4) を変形すると

$$\begin{aligned} f(\boldsymbol{x}) &= \sum_{i=1}^{N} \alpha_i k(\boldsymbol{x}_i, \boldsymbol{x}) = \sum_{i=1}^{N} \alpha_i <\boldsymbol{\phi}(\boldsymbol{x}_i), \boldsymbol{\phi}(\boldsymbol{x})> \\ &= \left\langle \sum_{i=1}^{N} \alpha_i \boldsymbol{\phi}(\boldsymbol{x}_i), \boldsymbol{\phi}(\boldsymbol{x}) \right\rangle \end{aligned} \tag{7.5}$$

となることから，線形モデルのパラメータ $\boldsymbol{w}$ が

$$\boldsymbol{w} = \sum_{i=1}^{N} \alpha_i \boldsymbol{\phi}(\boldsymbol{x}_i) \tag{7.6}$$

と書けることを意味している。

したがって，もし H 上の線形モデルを求める際の最適化の目的関数や制約条件が**グラム行列**（Gram matrix）と呼ばれる行列

$$K = \begin{bmatrix} k(\boldsymbol{x}_1, \boldsymbol{x}_1) & k(\boldsymbol{x}_1, \boldsymbol{x}_2) & \cdots & k(\boldsymbol{x}_1, \boldsymbol{x}_N) \\ k(\boldsymbol{x}_2, \boldsymbol{x}_1) & k(\boldsymbol{x}_2, \boldsymbol{x}_2) & \cdots & k(\boldsymbol{x}_2, \boldsymbol{x}_N) \\ \vdots & \vdots & \ddots & \vdots \\ k(\boldsymbol{x}_N, \boldsymbol{x}_1) & k(\boldsymbol{x}_N, \boldsymbol{x}_2) & \cdots & k(\boldsymbol{x}_N, \boldsymbol{x}_N) \end{bmatrix} \tag{7.7}$$

を用いて表現できるなら，非線形の写像 $\boldsymbol{\phi}(\boldsymbol{x})$ を陽に計算することなく，最適な線形モデルを求めることができる。これを，カーネルトリックと呼んでいる。

ちなみに，カーネル関数 $k : \Omega \times \Omega \to \mathbb{R}$ が，つぎの二つの条件

① 対称性：任意の $\boldsymbol{x}, \boldsymbol{y} \in \Omega$ に対して，$k(\boldsymbol{x}, \boldsymbol{y}) = k(\boldsymbol{y}, \boldsymbol{x})$

② 正値性：任意の $n \in \mathbb{N}, \boldsymbol{x}_1, \cdots, \boldsymbol{x}_n \in \Omega, \alpha_1, \cdots, \alpha_n \in \mathbb{R}$ に対して

$$\sum_{i=1}^{n} \sum_{j=1}^{n} \alpha_i \alpha_j k(\boldsymbol{x}_i, \boldsymbol{x}_j) \geq 0 \tag{7.8}$$

を満たすとき，**正定値カーネル**（positive definite kernel）と呼ばれる。正定値カーネルは，カーネルトリックが可能なカーネル関数であることが知られている[14),15)]。

カーネル法の実際の応用場面では，多項式カーネル

$$k(\boldsymbol{x}, \boldsymbol{y}) = (1 + \boldsymbol{x}^T \boldsymbol{y})^p \tag{7.9}$$

や，Gauss カーネル

$$k(\boldsymbol{x}, \boldsymbol{y}) = \exp\left(\frac{-\|\boldsymbol{x} - \boldsymbol{y}\|^2}{2\sigma^2}\right) \tag{7.10}$$

がよく使われている。

このようにカーネル法では，カーネル関数さえ定義できれば，どのような種類のデータでも扱えることになる。つまり，カーネル関数の中身は実数ベクトルでなくてもよい。このようにすると，文字列やグラフ構造などの複雑なデー

タ構造を持つ対象に対しても，カーネル関数を通して，実数ベクトルの場合と同じようなモデル化が可能となる．このことが，カーネル法が普及した要因の一つでもある．

以下では，カーネル法の具体例として，カーネル回帰，カーネルサポートベクトルマシン，カーネル主成分分析，カーネル判別分析について紹介する．カーネル法の理論的な詳細については，赤穂[14]や福水[15]を参照して欲しい．

7.2 カーネル回帰分析

7.2.1 カーネル回帰分析とは

ここでは，4章で紹介した線形回帰をカーネル法を用いて非線形に拡張する．これを**カーネル回帰分析**（kernel regression analysis）という．

いま，N個の訓練サンプルの集合を$\{(\bm{x}_i, y_i)|i=1,\cdots,N\}$とする．カーネル法では

$$y \approx f(\bm{x}) = <\bm{\beta}, \bm{\phi}(\bm{x})> = \sum_{i=1}^{N}\alpha_i k(\bm{x}_i, \bm{x}) = \bm{\alpha}^T \bm{k}(\bm{x}) \tag{7.11}$$

を考える．ここで

$$\bm{\alpha} = \begin{bmatrix} \alpha_1 \\ \vdots \\ \alpha_N \end{bmatrix}, \quad \bm{k}(\bm{x}) = \begin{bmatrix} k(\bm{x}_1, \bm{x}) \\ \vdots \\ k(\bm{x}_N, \bm{x}) \end{bmatrix} \tag{7.12}$$

である．このとき，平均二乗誤差は

$$\begin{aligned}\varepsilon_{emp}^2(\bm{\alpha}) &= \frac{1}{N}\sum_{i=1}^{N}\left(y_i - \sum_{j=1}^{N}\alpha_i k(\bm{x}_j, \bm{x}_i)\right)^2 \\ &= \frac{1}{N}(\bm{y}-K\bm{\alpha})^T(\bm{y}-K\bm{\alpha})\end{aligned} \tag{7.13}$$

となる．ここで，Kはグラム行列であり，ベクトル$\bm{y}$と目的変数を並べたベクトルである．

もし，K が正則なら平均二乗誤差を最小とする最適な $\boldsymbol{\alpha}$ は

$$\boldsymbol{\alpha}^* = (K^T K)^{-1} K^T \boldsymbol{y} \tag{7.14}$$

となる。いま，グラム行列 K は対称行列，つまり $K^T = K$ であるから

$$(K^T K)^{-1} K^T = (K^2)^{-1} K = K^{-1} \tag{7.15}$$

となり，最適なパラメータは

$$\boldsymbol{\alpha}^* = K^{-1} \boldsymbol{y} \tag{7.16}$$

のように簡単に書ける。

　このモデルでは，パラメータベクトル $\boldsymbol{\alpha}$ はサンプル数と同じ次元である。つまり，このモデルにはサンプル数と同じだけの自由度があり，つねにすべてのサンプル点を通る予測モデルを実現できる。これでは，一般に汎化性能が低くなってしまう。そこで，カーネル法を用いる場合には，正則化などの汎化性能を向上させる工夫が必要となる。例えば，平均二乗誤差に正則化項として，$\boldsymbol{\alpha}^T K \boldsymbol{\alpha}$ を加えて

$$Q_{kreg}(\boldsymbol{\alpha}) = \frac{1}{N}(\boldsymbol{y} - K\boldsymbol{\alpha})^T (\boldsymbol{y} - K\boldsymbol{\alpha}) + \lambda \boldsymbol{\alpha}^T K \boldsymbol{\alpha} \tag{7.17}$$

を最小とする。ここで，$\lambda > 0$ は，正則化の効果を制御するパラメータである。

　この場合の最適なパラメータベクトル $\boldsymbol{\alpha}$ は

$$\boldsymbol{\alpha}^* = (K + \lambda I)^{-1} \boldsymbol{y} \tag{7.18}$$

となる。これから，最適な非線形回帰関数は

$$f_{kreg}(\boldsymbol{x}) = \boldsymbol{\alpha}^{*T} \boldsymbol{k}(\boldsymbol{x}) = \boldsymbol{y}^T (K + \lambda I)^{-1} \boldsymbol{k}(\boldsymbol{x}) \tag{7.19}$$

となる。

　$\sin(2\pi x)$ にノイズを加えて生成したデータにカーネル回帰を用いてモデルをあてはめた結果を図 **7.1** に示す。カーネル関数としては，Gauss カーネルを用

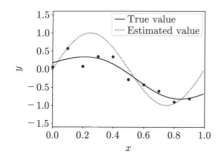

図 **7.1** $\sin(2\pi x)$ にノイズを加えて生成したデータに対するカーネル回帰の例。この例では，Gauss カーネル ($\sigma^2 = 1/16$) を用いた。また，正則化のパラメータは，$\lambda = 0.1$ とした。

いた。Gauss カーネルのパラメータは $\sigma^2 = 1/16$ とした。また，正則化のパラメータは $\lambda = 0.1$ とした。この例からもカーネル回帰により非線形の関係がモデル化できていることがわかる。

7.2.2 カーネル法を用いた最小二乗識別関数の学習

つぎに，5章で紹介した最小二乗線形識別関数をカーネル法を用いて非線形に拡張してみよう。

最小二乗線形識別関数の場合と同様に，K 個のクラス $\{C_1, \cdots, C_K\}$ の識別を考え，クラス C_k の代表ベクトルを k 番目の要素のみが 1 で残りの要素が 0 の K 次元のベクトルとして，最小二乗法によって最適なモデルを求める。

N 個の学習サンプル集合を $\{(\boldsymbol{x}_i, l_i) | i = 1, \cdots, N\}$ とする。ここで，クラスラベルは，$l_i \in \{1, \cdots, K\}$ とする。

モデルとしては

$$\boldsymbol{t} \approx \boldsymbol{f}(\boldsymbol{x}) = A^T \boldsymbol{k}(\boldsymbol{x}) + \boldsymbol{b} \tag{7.20}$$

を考える。これは，$\boldsymbol{k}(\boldsymbol{x})$ を新たな特徴ベクトルと考えて，線形の最小二乗線形識別を考えていることと同じである。ただし，カーネル回帰のところでも述べたように，カーネル法を用いる場合には，汎化性能を向上させるために平均二乗誤差に正則化を加えた最適化の目的関数を導入する必要がある。

平均二乗誤差に正則化項として $\mathrm{tr}(A^T K A)$ を追加すると

7.2 カーネル回帰分析

$$Q^2_{kdreg}(A, \boldsymbol{b}) = \frac{1}{N}\sum_{k=1}^{K}\sum_{i\in C_k}||\boldsymbol{t}_k - \boldsymbol{f}(\boldsymbol{x}_i)||^2 + \mathrm{tr}(A^T K A)$$
$$= \frac{1}{N}\sum_{k=1}^{K}\sum_{i\in C_k}||\boldsymbol{t}_k - (A^T \boldsymbol{k}(\boldsymbol{x}_i) - \boldsymbol{b})||^2 + \mathrm{tr}(A^T K A) \quad (7.21)$$

となる。

これを最小とする最適な $\boldsymbol{b}$ は，最小二乗線形識別関数の場合と同様に

$$\boldsymbol{b}^* = \tilde{\boldsymbol{p}} - A^T \bar{\boldsymbol{k}} \quad (7.22)$$

となる。ここで

$$\bar{\boldsymbol{k}} = \frac{1}{N}\sum_{k=1}^{K}\sum_{i\in C_k}\boldsymbol{k}(\underline{\boldsymbol{x}}_i) \quad (7.23)$$

である。

この結果をモデルの式に代入すると

$$\boldsymbol{f}(\boldsymbol{x}) = \tilde{\boldsymbol{p}} + A^T(\boldsymbol{k}(\boldsymbol{x}) - \bar{\boldsymbol{k}}) \quad (7.24)$$

となる。したがって，目的関数は

$$Q^2_{kdreg}(A, \boldsymbol{b}^*) = \frac{1}{N}\sum_{k=1}^{K}\sum_{i\in C_k}||\boldsymbol{t}_k - \tilde{\boldsymbol{p}} - (A^T\boldsymbol{k}(\boldsymbol{x}_i) - \bar{\boldsymbol{k}})||^2 + \lambda\mathrm{tr}(A^T K A)$$
$$= \mathrm{tr}(\Sigma_{tt}) - 2\mathrm{tr}(A^T\Sigma_{kt}) + \mathrm{tr}(A^T\Sigma_{kk}A) + \lambda\mathrm{tr}(A^T K A) \quad (7.25)$$

となる。ここで

$$\Sigma_{tt} = \frac{1}{N}\sum_{k=1}^{K}\sum_{i\in C_k}(\boldsymbol{t}_k - \tilde{\boldsymbol{p}})(\boldsymbol{t}_k - \tilde{\boldsymbol{p}})^T = \mathrm{diag}(\tilde{P}(C_1), \cdots, \tilde{P}(C_K)) \quad (7.26)$$

$$\Sigma_{kt} = \frac{1}{N} \sum_{k=1}^{K} \sum_{i \in C_k} (k(x_i) - \bar{k})(t_k - \tilde{p})^T$$
$$= \begin{bmatrix} \tilde{P}(C_1)(\bar{k}_1 - \bar{k}) & \cdots & \tilde{P}(C_K)(\bar{k}_K - \bar{k}) \end{bmatrix} \quad (7.27)$$
$$\Sigma_{kk} = \frac{1}{N} \sum_{k=1}^{K} \sum_{i \in C_k} (k(x_i) - \bar{k})(k(x_i) - \bar{k})^T$$
$$= \frac{1}{N} \sum_{i=1}^{N} (k(x_i) - \bar{k})(k(x_i) - \bar{k})^T$$
$$= \frac{1}{N} K \left(I - \frac{1}{N} \mathbf{1}\mathbf{1}^T \right) K^T = \frac{1}{N} K \left(I - \frac{1}{N} \mathbf{1}\mathbf{1}^T \right) K \quad (7.28)$$

である。ただし，$\mathbf{1}$ は，1 を N 個並べた N 次元ベクトルである。また

$$\bar{k}_k = \frac{N_k}{N} \sum_{i \in C_k} k(x_i) \quad (k = 1, \cdots, K) \quad (7.29)$$

である。

これを最小とする最適な係数行列 A は

$$A^* = (\Sigma_{kk} + \lambda I)^{-1} \Sigma_{kt}$$
$$= (\Sigma_{kk} + \lambda I)^{-1} \begin{bmatrix} \tilde{P}(C_1)(\bar{k}_1 - \bar{k}) & \cdots & \tilde{P}(C_K)(\bar{k}_K - \bar{k}) \end{bmatrix} \quad (7.30)$$

となる。これから，最適な識別関数は

$$f_{kdreg}(x) = \begin{bmatrix} \tilde{P}(C_1) \left(1 + (\bar{k}_1 - \bar{k})^T (\Sigma_{kk} + \lambda I)^{-1} (k(x) - \bar{k}) \right) \\ \vdots \\ \tilde{P}(C_K) \left(1 + (\bar{k}_K - \bar{k})^T (\Sigma_{kk} + \lambda I)^{-1} (k(x) - \bar{k}) \right) \end{bmatrix} \quad (7.31)$$

となる。

この結果から，カーネル最小二乗識別関数は，事後確率 $P(C_k|x)$ を

$$\tilde{P}(C_k) \left(1 + (\bar{k}_k - \bar{k})^T (\Sigma_{kk} + \lambda I)^{-1} (k(x) - \bar{k}) \right) \quad (k = 1, \cdots, K) \quad (7.32)$$

のように推定していると解釈できる。

7.3 カーネルサポートベクトルマシン

7.3.1 カーネルサポートベクトルマシンとは

5章で紹介したサポートベクトルマシンは，単純パーセプトロンに汎化性能を向上させるために shrinkage 法を導入して，2クラス識別のための線形識別関数のパラメータを学習する手法であった．そのパラメータを求めるための目的関数は入力ベクトルの内積を用いて定義されているので，カーネル法を用いて非線形のサポートベクトルマシンを実現することができる．

サポートベクトルマシンの目的関数 L_D は，内積をカーネル関数で置き換えると

$$L_D = \sum_{i=1}^{N} \alpha_i - \frac{1}{2} \sum_{i=1}^{N} \sum_{j=1}^{N} \alpha_i \alpha_j t_i t_j k(\boldsymbol{x}_i, \boldsymbol{x}_j) \tag{7.33}$$

のように書ける．

また，最適な識別関数は

$$y = \text{sign} \left(\sum_{i \in S} \alpha_i^* t_i k(\boldsymbol{x}_i, \boldsymbol{x}) - h^* \right) \tag{7.34}$$

のようにカーネル関数を使った形に書ける．

したがって，カーネル関数さえ決めれば，それに対応した非線形のサポートベクトルマシン，すなわち**カーネルサポートベクトルマシン**（kernel SVM）が実現できる．カーネル法と組み合わせて非線形の識別関数を構成できるように拡張されたことで，カーネルサポートベクトルマシンは，現在知られている多くのパターン認識手法の中でも最もパターン認識性能の良い学習モデルの一つと考えられている．

図 **7.2** に非線形のサポートベクトルマシンを用いて構成した識別器の例を示す．この図からも非線形の識別境界が学習できていることがわかる．

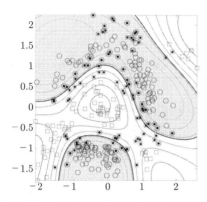 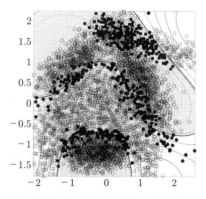

(a) 300個の学習サンプルによる学習結果。2クラスの識別問題で，○と□が各クラスの学習サンプルであり，そのうち小●，小■を含むものはサポートベクトルである。実線が識別境界であり，破線がカーネル値のレベルを表す等高線である。地が灰色の部分が○クラス，白色の部分が□クラスに識別される領域を表す。

(b) 学習に用いていない残りのサンプルの分布。○，□は正しく識別されたサンプル，●，■は誤識別されたサンプルを表す。

図 7.2 Gauss カーネルを利用したサポートベクトルマシンによる識別例（Banana データ）

7.3.2 最適なハイパーパラメータの探索

サポートベクトルマシンの汎化性能を十分に発揮させるためには，誤差と正則化のバランスをとるパラメータや，カーネル関数のパラメータを適切に設定する必要がある．例えば，図 7.3 には，式 (5.86) のパラメータ C を変化させた場合に Gauss カーネルを用いたサポートベクトルマシンが学習した識別境界を示している．$C (> 0)$ は評価関数におけるソフトマージン項（誤差項）の影響度を制御するパラメータであり，C が大きい（または小さい）ほど学習サンプルの誤識別に不寛容（または寛容）な評価関数となる．図を見ると，実際に C が大きくなるほど学習サンプルの誤識別が少なくなっていることがわかる．ただし，C が大きい場合，後述の Gauss パラメータの値によっては学習サンプルに過剰に適合した識別面を構成してしまう恐れがあるため，注意が必要である．

同様に，図 7.4 には，Gauss カーネルのパラメータ σ を変化させた場合のサポートベクトルマシンが学習した識別境界を示す．式 (7.10) を見れば，Gauss

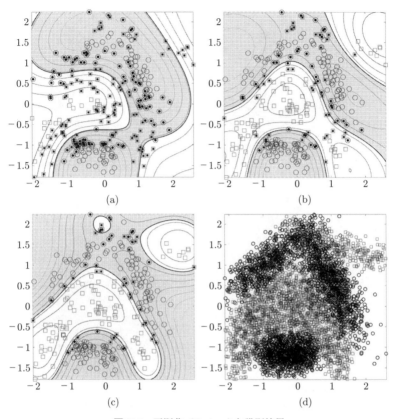

図 **7.3** 正則化パラメータと識別境界

カーネルの値はベクトル x と y の間の距離に応じて定まる「類似度」の一種であることがわかる。このとき，σ は距離に対する類似度の減衰速度を制御する役割を持つ。σ が小さい場合，サンプル間の距離が大きくなると類似度が急速に 0 に近づくことから，各学習サンプル周辺の局所的なサンプル分布をより強く考慮した識別境界が学習される。特に σ を小さくしすぎたときは，一方のクラスの学習サンプルにごく近い領域のみをそのクラスであると識別する偏った境界が構築され，未知サンプルの識別にはまったく適さないことがある（例：図 (a)）。逆に，σ が大きい場合，サンプル間の距離に対して類似度の減衰が遅く，各学習サンプルが遠く離れたサンプルともある程度の類似度を持ちうるた

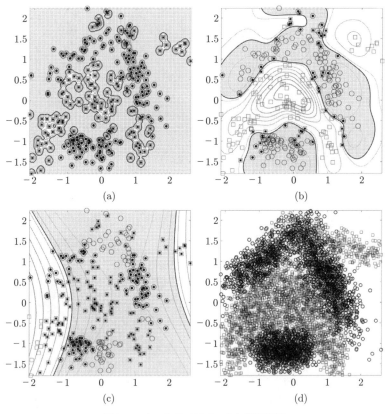

図 7.4 カーネルパラメータと識別境界

め,大域的なサンプル分布を考慮した識別境界が学習される。σ を大きくしすぎたときは,線形モデルに近い単純な識別面が構築され,非線形識別器の利点を生かせないことがある(例:図 (c))。

このように,カーネルサポートベクトルマシンの学習では,これらのパラメータを適切に設定することが非常に重要である。それらを決定する標準的な方法は,交差確認法で推定した汎化誤差を最小化する基準で**格子点探索**(grid search)する方法である。この方法では,探索するパラメータの値の範囲と,探索する間隔(精度)を設定し,任意の範囲と間隔で,パラメータ空間中のすべての点でCV エラー率を評価し,探索した中で最も CV エラー率が低いハイパーパラメー

タを採用する。格子点の設定法としては，$C, \sigma \in \{2^{-15}, 2^{-14}, 2^{-13}, \cdots, 2^{15}\}$ のように，任意に定めた底に対して指数部を一定範囲で変化させることが典型的である。

7.4 カーネル主成分分析

ここでは，6章で紹介した主成分分析をカーネル法を用いて非線形に拡張する方法について紹介する。これを**カーネル主成分分析**（kernel PCA）と呼ぶ。

N 個の M 次元のデータを $\{\boldsymbol{x}_i | i = 1, \cdots, N\}$ とする。カーネル回帰と同様に，特徴ベクトル $\boldsymbol{x}$ を高次元の特徴ベクトル $\boldsymbol{\phi}(\boldsymbol{x})$ に変換し，その空間で線形の主成分分析を行うことを考える。つまり

$$y_1 = <\boldsymbol{\beta}_1, \boldsymbol{\phi}(\boldsymbol{x})> = \sum_{i=1}^{N} \alpha_{i1} k(\boldsymbol{x}_i, \boldsymbol{x}) = \boldsymbol{\alpha}_1^T \boldsymbol{k}(\boldsymbol{x}) \tag{7.35}$$

により第一主成分スコア y_1 を抽出することを考えよう。ここで

$$\boldsymbol{\alpha}_1 = \begin{bmatrix} \alpha_{11} \\ \vdots \\ \alpha_{N1} \end{bmatrix}, \quad \boldsymbol{k}(\boldsymbol{x}) = \begin{bmatrix} k(\boldsymbol{x}_1, \boldsymbol{x}) \\ \vdots \\ k(\boldsymbol{x}_N, \boldsymbol{x}) \end{bmatrix} \tag{7.36}$$

である。また，係数ベクトル $\boldsymbol{\beta}_1$ は，単位ベクトルであるとする。つまり

$$||\boldsymbol{\beta}_1||^2 = <\boldsymbol{\beta}_1, \boldsymbol{\beta}_1> = \sum_{i=1}^{N} \sum_{j=1}^{N} \alpha_{i1} \alpha_{j1} \boldsymbol{\phi}(\boldsymbol{x}_i)^T \boldsymbol{\phi}(\boldsymbol{x}_j) = \boldsymbol{\alpha}_1^T K \boldsymbol{\alpha}_1 \tag{7.37}$$

となる。

N 個の訓練用のサンプルに対する新しい変量（第1主成分の値）は

$$y_{i1} = \boldsymbol{\alpha}_1^T \boldsymbol{k}(\boldsymbol{x}_i) \quad (i = 1, 2, \cdots, N) \tag{7.38}$$

のように表される。これを並べたベクトルを

$$\boldsymbol{y}_1 = \begin{bmatrix} y_{11} & y_{21} & \cdots & y_{N1} \end{bmatrix}^T \tag{7.39}$$

とする。これは，グラム行列 K を用いて，$\boldsymbol{y}_1 = K\boldsymbol{\alpha}_1$ のように書ける。

第一主成分スコアの平均は

$$\bar{y}_1 = \frac{1}{N}\sum_{i=1}^{N} y_{1i} = \frac{1}{N}\boldsymbol{y}_1^T \mathbf{1}_N = \boldsymbol{\alpha}_1^T \left(\frac{1}{N}K^T \mathbf{1}_N\right) = \boldsymbol{\alpha}_1^T \bar{\boldsymbol{k}} \tag{7.40}$$

となる。ここで

$$\bar{\boldsymbol{k}} = \frac{1}{N}\sum_{i=1}^{N} \boldsymbol{k}(\boldsymbol{x}_i) \tag{7.41}$$

である。

したがって，第一主成分スコアの分散は

$$\mathrm{V}_{y1} = \frac{1}{N}\sum_{i=1}^{N}(y_{i1} - \bar{y}_1)^2 = \frac{1}{N}(\boldsymbol{y}_1 - \mathbf{1}_N \bar{y}_1)^T(\boldsymbol{y}_1 - \mathbf{1}_N \bar{y}_1)$$

$$= \boldsymbol{\alpha}_1^T \left(\frac{1}{N}(K - \mathbf{1}_N \bar{\boldsymbol{k}}^T)^T(K - \mathbf{1}_N \bar{\boldsymbol{k}}^T)\right)\boldsymbol{\alpha}_1 = \boldsymbol{\alpha}_1^T \Sigma_{kk} \boldsymbol{\alpha}_1 \tag{7.42}$$

となる。ここで，Σ_{kk} は

$$\Sigma_{kk} = \frac{1}{N}(K - \mathbf{1}_N \bar{\boldsymbol{k}}^T)^T(K - \mathbf{1}_N \bar{\boldsymbol{k}}^T)$$

$$= \frac{1}{N}\sum_{i=1}^{N}(\boldsymbol{k}(\boldsymbol{x}_i) - \bar{\boldsymbol{k}})(\boldsymbol{k}(\boldsymbol{x}_i) - \bar{\boldsymbol{k}})^T \tag{7.43}$$

である。

この分散を最大とするパラメータ $\boldsymbol{\alpha}_1$ は，固有値問題

$$\Sigma_{kk}\boldsymbol{\alpha}_1 = \lambda K \boldsymbol{\alpha}_1 \tag{7.44}$$

の最大固有値に対応する固有ベクトルとして求まる。

第二主成分スコアは，線形の主成分分析と同様に，この固有値問題の 2 番目に大きな固有値に対応する固有ベクトルとして求まる。高次の主成分についても同様である。

7.5 カーネル判別分析

7.5.1 カーネル判別分析とは

カーネル法を用いて,判別分析を非線形に拡張することも可能である。これをカーネル判別分析 (kernel discriminant analysis, **KDA**) と呼ぶ[17),29),32)]。

線形判別分析の場合と同様に,訓練データとして,特徴ベクトル x_i とクラスラベル $l_i \in \{C_1, \cdots, C_K\}$ のペアの集合 $\{(x_i, l_i)|i=1,\cdots,N\}$ が与えられているとする。

カーネル判別分析では,非線形の変換 $\phi(x)$ により高次元の特徴を抽出し,それらの線形結合で判別写像を構成する。ここでは,簡単のため一次元の判別特徴を抽出する場合について考えよう。すなわち

$$y = <\beta, \Phi(x)> \tag{7.45}$$

のような変換を考える。この変換の結合重み β は,訓練サンプルに対する高次元特徴の線形結合として

$$\beta = \sum_{i=1}^{N} \alpha_i \phi(x_i) \tag{7.46}$$

のように書ける。

これを式 (7.45) に代入すると

$$y = \sum_{i=1}^{N} \alpha_i <\phi(x_i), \phi(x)> = \sum_{i=1}^{N} \alpha_i k(x_i, x) = \alpha^T k(x) \tag{7.47}$$

となる。つまり,カーネル判別分析は,$k(x)$ を新たな特徴ベクトルと考え,その特徴ベクトルから線形モデルで判別特徴 y を構成する手法であるといえる。つまり,カーネル特徴ベクトル $k(x)$ に対して,線形判別分析を適用することで,元の特徴ベクトルからは非線形の判別特徴が構成される。したがって,カーネル判別分析は,数学的には,線形判別分析とまったく同じになる。

線形の判別分析と同様に，カーネル判別分析でも判別基準

$$\eta = \frac{\sigma_B^2}{\sigma_W^2} = \frac{\boldsymbol{\alpha}^T \Sigma_B^{(K)} \boldsymbol{\alpha}}{\boldsymbol{\alpha}^T \Sigma_W^{(K)} \boldsymbol{\alpha}} \tag{7.48}$$

を最大とするパラメータ $\boldsymbol{\alpha}$ が求められる。ここで，$\Sigma_B^{(K)}$ および $\Sigma_W^{(K)}$ は，それぞれ，カーネル特徴ベクトル $\boldsymbol{k}(\boldsymbol{x})$ に関する平均クラス間の分散共分散行列，および，平均クラス内の分散共分散行列であり

$$\Sigma_B = \sum_{k=1}^{K} \frac{N_k}{N} (\bar{\boldsymbol{k}}_k - \bar{\boldsymbol{k}})(\bar{\boldsymbol{k}}_k - \bar{\boldsymbol{k}})^T \tag{7.49}$$

$$\Sigma_W = \frac{1}{N} \sum_{k=1}^{K} \sum_{l_i = C_k} (\boldsymbol{k}(\boldsymbol{x}_i) - \bar{\boldsymbol{k}}_k)(\boldsymbol{k}(\boldsymbol{x}_i) - \bar{\boldsymbol{k}}_k)^T \tag{7.50}$$

のように定義される。ここで

$$\bar{\boldsymbol{k}}_k = \frac{1}{N_k} \sum_{l_i = C_k} \boldsymbol{k}(\boldsymbol{x}_i) \tag{7.51}$$

は，各クラスのカーネルベクトルの平均である。

判別基準を最大とする最適なパラメータ $\boldsymbol{\alpha}$ は，線形判別分析と同様に，固有値問題

$$\Sigma_B^{(K)} \boldsymbol{\alpha} = \lambda \Sigma_W^{(K)} \boldsymbol{\alpha} \tag{7.52}$$

の解として求まる。

線形判別分析と同様に

$$\boldsymbol{y} = A^T \boldsymbol{k}(\boldsymbol{x}) \tag{7.53}$$

により，高次元の判別特徴を抽出することができる。この場合の最適なパラメータ行列 A は，一般化固有値問題

$$\Sigma_B^{(K)} A = \Sigma_W^{(K)} A \Lambda, \quad A^T \Sigma_W^{(K)} A = I_L \tag{7.54}$$

の解として求まる。

判別分析は識別に有効な低次元の特徴を抽出する手法であり，汎化性能は比較的良いが，カーネル判別分析の場合には，汎化性能を向上させる工夫が必要となることもある．最も簡単でよく知られている方法は，平均クラス間の分散共分散行列の対角要素に適当な定数を加えて

$$\tilde{\Sigma}_W^{(K)} = \Sigma_W^{(K)} + \alpha I \tag{7.55}$$

のように計算する手法である．これは，各特徴に平均 0 の正規ノイズを加えるのと同様の効果があり，数値計算を安定化させることができる．

7.5.2 カーネル判別分析の適用例

図 7.5 に，Fisher のアヤメのデータ（3 種類のアヤメ，4 種類の特徴（ガクの長さと幅，花びらの長さと幅，各クラス 50 個のサンプル）に対してカーネル判別分析を適応し，二次元の判別特徴を構成した結果を示す．カーネル関数としては，Gauss カーネルを用いた．また，カーネルパラメータは $\sigma^2 = 1.0$ とした．この図から Setosa のサンプルはほぼ一箇所に集まっており，Versicolor と Virginica のサンプルは，直線状に分布していることがわかる．この二次元の判別特徴ベクトルを用いて，クラス平均ベクトルに最も近いクラスに識別させる方法で，訓練に使った 150 個のサンプルを識別させた．その結果，Setosa のすべてのサンプルは正しく識別できたが，Versicolor の 2 個のサンプルを Virginica に誤って識別し，Virginica の 1 個のサンプルを Versicolor に誤って識別した．したがって，平均の識別率は 98% である．

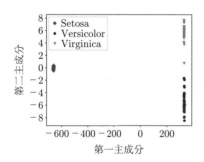

図 7.5 アヤメのデータに対するカーネル判別分析の適用例

8 最適非線形判別分析と判別カーネル

8.1 最適非線形判別写像

 2章では，訓練データから学習したモデルが，究極的にはなにを学習しているのかを明らかにするため，訓練サンプルが無限にあり，データの背後の確率的な関係が完全にわかっていると仮定して，変分法を用いて，最適な予測，および，最適な識別のための最適非線形関数を導出した．その結果，最適な予測のための非線形関数は，目的変数の条件付き期待値を出力する関数であり，最適な識別のための最適非線形関数は，事後確率を要素とするベクトルを出力する関数であることを示した．

 Otsu は，2章と同様に，訓練サンプルが無限にあり，データの背後の確率的な関係が完全にわかっていると仮定して，判別基準を最大とする最適な非線形判別関数を変分法を用いて導出した[30),31)]．ここでは，まず，その導出の詳細を紹介する．そのあとで，導出した最適な非線形判別写像と線形判別分析との関係について議論する．

8.1.1 最適非線形判別写像の導出

入力ベクトル $\bm{x} = \begin{bmatrix} x_1 & x_2 & \ldots & x_m \end{bmatrix}$ の非線形の関数を

$$y = y(x_1, x_2, \cdots, x_m) = y(\bm{x}) \tag{8.1}$$

とする．

8.1 最適非線形判別写像

このとき，K クラスの識別問題に対して，新しい変量 y の各クラスの平均は

$$\bar{y}_k = \int y(\boldsymbol{x})p(\boldsymbol{x}|C_k)d\boldsymbol{x} \tag{8.2}$$

となる．ここで，$P(\boldsymbol{x}|C_k)$ は，クラス C_k でベクトル $\boldsymbol{x}$ が得られる条件付き確率である．また，全平均は

$$\bar{y}_T = \int y(\boldsymbol{x})p(\boldsymbol{x})d\boldsymbol{x} = \int y(\boldsymbol{x})\sum_{k=1}^{K}P(C_k)p(\boldsymbol{x}|C_k)d\boldsymbol{x}$$
$$= \sum_{k=1}^{K}P(C_k)\int y(\boldsymbol{x})p(\boldsymbol{x}|C_k)d\boldsymbol{x} = \sum_{k=1}^{K}P(C_k)\bar{y}_k \tag{8.3}$$

となる．

各クラスの分散は

$$\sigma_k^2 = \int (y-\bar{y}_k)^2 p(\boldsymbol{x}|C_k)d\boldsymbol{x} = \int y^2 p(\boldsymbol{x}|C_k)d\boldsymbol{x} - \bar{y}_k^2 \tag{8.4}$$

となる．したがって，クラス内分散，および，クラス間分散は，それぞれ

$$\sigma_W^2 = \sum_{k=1}^{K}P(C_k)\sigma_k^2 = \int y^2 p(\boldsymbol{x})d\boldsymbol{x} - \sum_{k=1}^{K}P(C_k)\bar{y}_k^2 \tag{8.5}$$

$$\sigma_B^2 = \sum_{k=1}^{K}P(C_k)(\bar{y}_k - \bar{y}_T)^2 = \sum_{k=1}^{K}P(C_k)\bar{y}_k^2 - \bar{y}_T^2 \tag{8.6}$$

となる．また，全分散は

$$\sigma_T^2 = \int (y-\bar{y}_T)^2 p(\boldsymbol{x})d\boldsymbol{x} = \int y^2 p(\boldsymbol{x})d\boldsymbol{x} - \bar{y}_T^2 \tag{8.7}$$

となる．これらの式から，線形判別分析の場合と同様に，$\sigma_T^2 = \sigma_W^2 + \sigma_B^2$ が成り立つことがわかる．

Otsu は，判別基準 $\eta = \sigma_B^2/\sigma_W^2$ が最大となる最適な非線形判別関数を導出したが，ここでは，それと等価な判別基準 $\gamma = \sigma_B^2/\sigma_T^2$ を最大とするような非線形関数 $y(\boldsymbol{x})$ を変分法で求める．判別基準 $\gamma = \sigma_B^2/\sigma_T^2$ を最大とすることは，制約条件 $\sigma_T^2 = 1$ のもとで，σ_B^2 を最大とすることと同値であるから，λ を Lagrange 未定乗数として

$$J[y] = \sigma_B^2 - \lambda(\sigma_T^2 - 1)$$

$$= \sum_{k=1}^{K} P(C_k)\bar{y}_k^2 - \bar{y}_T^2 - \lambda \left(\int y^2 p(\boldsymbol{x})d\boldsymbol{x} - \bar{y}_T^2 - 1 \right)$$

$$= \sum_{k=1}^{K} P(C_k)\bar{y}_k^2 - (1-\lambda)\bar{y}_T^2 - \lambda \int y^2 p(\boldsymbol{x})d\boldsymbol{x} - \lambda \quad (8.8)$$

を最大とする関数 $y_{opt}(\boldsymbol{x})$ を求めればよい.

2章と同様に, 最適解 $y_{opt}(\boldsymbol{x})$ の近傍での摂動

$$y_\delta(\boldsymbol{x}) = y_{opt}(\boldsymbol{x}) + \delta\eta(\boldsymbol{x}) \quad (8.9)$$

を考える. ここで, $\eta(\boldsymbol{x})$ は任意の関数とする.

このとき, $y_\delta(\boldsymbol{x})$ のクラス平均および全平均は

$$\bar{y}_k^{(\delta)} = \int y_\delta(\boldsymbol{x})p(\boldsymbol{x}|C_k)d\boldsymbol{x} = \int (y_{opt}(\boldsymbol{x}) + \delta\eta(\boldsymbol{x}))p(\boldsymbol{x}|C_k)d\boldsymbol{x}$$

$$= \int y_{opt}(\boldsymbol{x})p(\boldsymbol{x}|C_k)d\boldsymbol{x} + \delta \int \eta(\boldsymbol{x})p(\boldsymbol{x}|C_k)d\boldsymbol{x} \quad (8.10)$$

および

$$\bar{y}_T^{(\delta)} = \int y_\delta(\boldsymbol{x})p(\boldsymbol{x})d\boldsymbol{x} = \int (y_{opt}(\boldsymbol{x}) + \delta\eta(\boldsymbol{x}))p(\boldsymbol{x})d\boldsymbol{x}$$

$$= \int y_{opt}(\boldsymbol{x})p(\boldsymbol{x})d\boldsymbol{x} + \delta \int \eta(\boldsymbol{x})p(\boldsymbol{x})d\boldsymbol{x} \quad (8.11)$$

となる. これらから, 式 (8.8) に $y_\delta(\boldsymbol{x})$ を代入すると

$$J[y_\delta] = \sum_{k=1}^{K} P(C_k)(\bar{y}_k^{(\delta)})^2 - (1-\lambda)(\bar{y}_T^{(\delta)})^2 - \lambda \int (y_\delta)^2 p(\boldsymbol{x})d\boldsymbol{x} - \lambda$$

$$(8.12)$$

となる. したがって, $J[y_\delta]$ の δ での微分は

$$\frac{dJ[y_\delta]}{d\delta} = 2\sum_{k=1}^{K} P(C_k)\bar{y}_k^{(\delta)}\frac{\partial \bar{y}_k^{(\delta)}}{\partial \delta} - 2(1-\lambda)\bar{y}_T^{(\delta)}\frac{\partial \bar{y}_T^{(\delta)}}{\partial \delta}$$

$$-2\lambda \int y_\delta \frac{\partial \bar{y}_\delta}{\partial \delta} p(\boldsymbol{x}) d\boldsymbol{x} \tag{8.13}$$

となる。ここで

$$\frac{\partial \bar{y}_\delta}{\partial \delta} = \bar{\eta}(\boldsymbol{x}) \tag{8.14}$$

$$\frac{\partial \bar{y}_k^{(\delta)}}{\partial \delta} = \int \eta(\boldsymbol{x}) p(\boldsymbol{x}|C_k) d\boldsymbol{x} \tag{8.15}$$

$$\frac{\partial \bar{y}_T^{(\delta)}}{\partial \delta} = \int \eta(\boldsymbol{x}) p(\boldsymbol{x}) d\boldsymbol{x} \tag{8.16}$$

であるから，$\dfrac{dJ[y_\delta]}{d\delta}$ の $\delta = 0$ での値は

$$\left.\frac{dJ[y_\delta]}{d\delta}\right|_{\delta=0} = 2\int \Bigg(\sum_{k=1}^K P(C_k)\bar{y}_k^{(opt)} p(\boldsymbol{x}|C_k) - (1-\lambda)\bar{y}_T^{(opt)} p(\boldsymbol{x})$$
$$- \lambda y_{opt}(\boldsymbol{x})p(\boldsymbol{x}) \Bigg) \eta(\boldsymbol{x}) d\boldsymbol{x} \tag{8.17}$$

となる。ただし

$$\bar{y}_k^{(opt)} = \int y_{opt}(\boldsymbol{x}) p(\boldsymbol{x}|C_k) d\boldsymbol{x} \tag{8.18}$$

$$\bar{y}_T^{(opt)} = \int y_{opt}(\boldsymbol{x}) p(\boldsymbol{x}) d\boldsymbol{x} = \sum_{k=1}^K P(C_k) \bar{y}_k^{(opt)} \tag{8.19}$$

である。

目的関数 J は，$\delta = 0$ で最大となるので，$\left.\dfrac{dJ[y_\delta]}{d\delta}\right|_{\delta=0}$ は 0 となるはずである。また，$\eta(\boldsymbol{x})$ は任意の関数であるから，最適解の必要条件は

$$\lambda y_{opt}(\boldsymbol{x})p(\boldsymbol{x}) = \sum_{k=1}^K \bar{y}_k^{(opt)} P(C_k) p(\boldsymbol{x}|C_k) - (1-\lambda)\bar{y}_T^{(opt)} p(\boldsymbol{x}) \tag{8.20}$$

となる。これを変形すると

$$\lambda(y_{opt}(\boldsymbol{x}) - \bar{y}_T^{(opt)}) = \sum_{k=1}^K \bar{y}_k^{(opt)} P(C_k|\boldsymbol{x}) - \bar{y}_T^{(opt)}$$

$$= \sum_{k=1}^{K} P(C_k|\boldsymbol{x})(\bar{y}_k^{(opt)} - \bar{y}_T^{(opt)}) \tag{8.21}$$

となる．

ここで，この両辺の条件付き期待値を取ってみよう．左辺は

$$(\text{左辺}) = \int \lambda(y_{opt}(\boldsymbol{x}) - \bar{y}_T^{(opt)})p(\boldsymbol{x}|C_l)d\boldsymbol{x} = \lambda(\bar{y}_l^{(opt)} - \bar{y}_T^{(opt)}) \tag{8.22}$$

となる．一方，右辺は

$$(\text{右辺}) = \int \sum_{k=1}^{K} P(C_k|\boldsymbol{x})(\bar{y}_k^{(opt)} - \bar{y}_T^{(opt)})p(\boldsymbol{x}|C_l)d\boldsymbol{x}$$

$$= \frac{1}{P(C_l)} \sum_{k=1}^{K} \int P(C_k|\boldsymbol{x})P(C_l|\boldsymbol{x})p(\boldsymbol{x})d\boldsymbol{x}(\bar{y}_k^{(opt)} - \bar{y}_T^{(opt)})$$

$$= \frac{1}{P(C_l)} \sum_{k=1}^{K} \gamma(C_k, C_l)(\bar{y}_k^{(opt)} - \bar{y}_T^{(opt)}) \tag{8.23}$$

となる．ここで

$$\gamma(C_k, C_l) = \int P(C_k|\boldsymbol{x})P(C_l|\boldsymbol{x})p(\boldsymbol{x})d\boldsymbol{x} \tag{8.24}$$

である．これは，事後確率の積の期待値であり，2章でもふれた．

いま，$u_l = \bar{y}_l^{(opt)} - \bar{y}_T^{(opt)}, (l = 1, \cdots, K)$ とおくと，式 (8.22), (8.23) から，u_l に関する関係式

$$\lambda P(C_l)u_l = \sum_{k=1}^{K} \gamma(C_k, C_l)u_k \quad (l = 1, \cdots, K) \tag{8.25}$$

が得られる．これを行列とベクトルを用いて表現すると

$$\Gamma\boldsymbol{u} = \lambda P \boldsymbol{u} \tag{8.26}$$

となる．ここで，$\boldsymbol{u} = \begin{bmatrix} u_1 & u_2 & \cdots & u_K \end{bmatrix}^T$, $P = \text{diag}(P(C_l))$, および，$\Gamma = \begin{bmatrix} \gamma(C_k, C_l) \end{bmatrix}$ である．これは，$\boldsymbol{u}$ が一般化固有値問題の固有ベクトルとなることを示している．このとき，最適な関数 $y_{opt}(\boldsymbol{x})$ は

8.1 最適非線形判別写像

$$y_{opt}(\boldsymbol{x}) = \frac{1}{\lambda}\sum_{k=1}^{K}P(C_k|\boldsymbol{x})u_k + \bar{y}_T^{(opt)} \tag{8.27}$$

のように書ける.判別基準は,原点の取り方に依存しないので,定数項 $\bar{y}_T^{(opt)}$ を無視し,固有ベクトルは大きさに無関係な概念であるから, $\hat{u}_l = \dfrac{u_l}{\lambda}$ $(l=1,\cdots,L)$ とおくと

$$y_{opt}(\boldsymbol{x}) = \sum_{k=1}^{K}P(C_k|\boldsymbol{x})\hat{u}_k \tag{8.28}$$

のように変形できる.

このとき,最適な非線形判別写像のクラス平均および全平均は,それぞれ

$$\begin{aligned}
\bar{y}_k^{(opt)} &= \int y_{opt}(\boldsymbol{x})p(\boldsymbol{x}|C_k)d\boldsymbol{x} = \int \left(\sum_{l=1}^{K}P(C_l|\boldsymbol{x})\hat{u}_l\right)p(\boldsymbol{x}|C_k)d\boldsymbol{x} \\
&= \frac{1}{P(C_k)}\sum_{l=1}^{K}\left(\int P(C_l|\boldsymbol{x})P(C_k|\boldsymbol{x})p(\boldsymbol{x})d\boldsymbol{x}\right)\hat{u}_l \\
&= \frac{1}{P(C_k)}\sum_{l=1}^{K}\gamma(C_l,C_k)\hat{u}_l
\end{aligned} \tag{8.29}$$

$$\begin{aligned}
\bar{y}_T^{(opt)} &= \int y_{opt}(\boldsymbol{x})p(\boldsymbol{x})d\boldsymbol{x} = \sum_{k=1}^{K}P(C_k)\bar{y}_k^{(opt)} \\
&= \sum_{k=1}^{K}P(C_k)\frac{1}{P(C_k)}\sum_{l=1}^{K}\gamma(C_l,C_k)\hat{u}_l = \sum_{l=1}^{K}\sum_{k=1}^{K}\gamma(C_l,C_k)\hat{u}_l \\
&= \sum_{l=1}^{K}P(C_l)\hat{u}_l
\end{aligned} \tag{8.30}$$

のようになる.

いま, $u_k = \bar{y}_k^{(opt)} - \bar{y}_T^{(opt)}$ $(k=1,\cdots,K)$ に,これらを代入すると

$$\begin{aligned}
u_k &= \bar{y}_k^{(opt)} - \bar{y}_T^{(opt)} \\
&= \frac{1}{P(C_k)}\sum_{l=1}^{K}\left(\gamma(C_l,C_k) - P(C_l)P(C_k)\right)\hat{u}_l
\end{aligned}$$

$$= \frac{1}{P(C_k)} \sum_{l=1}^{K} (\gamma(C_l, C_k) - P(C_l)P(C_k)) \frac{u_l}{\lambda} \quad (k = 1, \cdots, K) \tag{8.31}$$

となる.

これらを行列を用いて表現すると

$$[\Gamma - \boldsymbol{p}\boldsymbol{p}^T]\boldsymbol{u} = \lambda P \boldsymbol{u} \tag{8.32}$$

となる.ここで,$\boldsymbol{p} = \begin{bmatrix} P(C_1) & P(C_2) & \cdots & P(C_K) \end{bmatrix}^T$ である.

固有方程式 (8.26) と式 (8.32) を比べると,一見異なる固有方程式のように見えるが,じつは固有方程式 (8.26) の最大固有値は 1 であり,対応する固有ベクトルは $\boldsymbol{1} = \begin{bmatrix} 1 & 1 & \cdots & 1 \end{bmatrix}^T$ となる.式 (8.32) は,固有方程式 (8.26) から最大固有値 1 と対応する固有ベクトル $\boldsymbol{1}$ の影響を取り除いた固有方程式である.

ここでは一次元の最適な非線形判別写像を導出したが,主成分分析や線形判別分析と同様に,固有方程式 (8.32)

$$[\Gamma - \boldsymbol{p}\boldsymbol{p}^T]U = PU\Lambda \tag{8.33}$$

の固有値を大きい順に $L(\leq K - 1)$ 個とることで,L 次元の判別特徴ベクトルを求める非線形判別写像を

$$\boldsymbol{y}_{opt}(\boldsymbol{x}) = \sum_{k=1}^{K} P(C_k|\boldsymbol{x})\boldsymbol{u}_k \tag{8.34}$$

のように構成することができる.ここで,$U = \begin{bmatrix} \boldsymbol{u}_1 & \cdots & \boldsymbol{u}_K \end{bmatrix}^T$,および,$\Lambda = \mathrm{diag}(\lambda_1, \cdots, \lambda_L)$ である.

この結果は,判別基準を最大とする最適な非線形判別写像は,式 (8.33) の一般化固有値問題の固有ベクトル $\boldsymbol{u}_k$ をクラスの代表ベクトルとして,それらの事後確率 $P(C_k|\boldsymbol{x})$ を重み係数とする線形結合として与えられることを示している.これは,1 章で示したベイズ識別や 2 章で示した識別のための最適な非線形識別関数と首尾一貫した結果である.

8.1.2 事後確率ベクトルの線形判別分析

前節で導出した式 (8.34) は

$$\boldsymbol{y}_{opt}(\boldsymbol{x}) = \sum_{k=1}^{K} P(C_k|\boldsymbol{x})\boldsymbol{u}_k = U^T \boldsymbol{b}(\boldsymbol{x}) \tag{8.35}$$

のように表すことができる。ここで

$$\boldsymbol{b}(\boldsymbol{x}) = \begin{bmatrix} P(C_1|\boldsymbol{x}) & \cdots & P(C_K|\boldsymbol{x}) \end{bmatrix}^T \tag{8.36}$$

は，事後確率 $P(C_k|\boldsymbol{x}), (k=1,\cdots,K)$ を要素とするベクトルである。これは，判別基準を最大とする最適な非線形判別写像は，事後確率を要素とするベクトル $\boldsymbol{b}(\boldsymbol{x})$ の線形変換として求まることを示している。

そこで，ここでは，事後確率を要素とするベクトル $\boldsymbol{b}(\boldsymbol{x})$ に対して，線形判別分析を適用してみよう。つまり，式 (8.35) の係数行列 U を線形判別分析によって求める。6章で示したように，判別基準を最大とする線形判別写像の係数行列 U は，固有値問題

$$\Phi_B U = \Phi_T U \Lambda \tag{8.37}$$

の固有ベクトルを並べた行列として求めることができる。この場合の平均クラス間分散共分散行列 Φ_B と全分散共分散行列 Φ_T は，それぞれ

$$\Phi_T = \int (\boldsymbol{b}(\boldsymbol{x}) - \bar{\boldsymbol{b}}_T)(\boldsymbol{b}(\boldsymbol{x}) - \bar{\boldsymbol{b}}_T)^T p(\boldsymbol{x}) d\boldsymbol{x} \tag{8.38}$$

$$\Phi_B = \sum_{k=1}^{K} P(C_k)(\bar{\boldsymbol{b}}_k - \bar{\boldsymbol{b}}_T)(\bar{\boldsymbol{b}}_k - \bar{\boldsymbol{b}}_T)^T \tag{8.39}$$

である。ここで，$\bar{\boldsymbol{b}}_k$，および，$\bar{\boldsymbol{b}}_T$ は，事後確率ベクトル $\boldsymbol{b}(\boldsymbol{x})$ のクラス C_k での平均，および，クラスを無視した全平均である。ここで，Γ，Φ_T，および，Φ_B には

$$\Phi_T = \Gamma - \boldsymbol{p}\boldsymbol{p}^T \tag{8.40}$$

$$\Phi_B = [\Gamma - \boldsymbol{p}\boldsymbol{p}^T] P^{-1} [\Gamma - \boldsymbol{p}\boldsymbol{p}^T] \tag{8.41}$$

のような関係が成り立つので，式 (8.37) の固有値問題は

$$[\Gamma - \boldsymbol{p}\boldsymbol{p}^T]U = PU\Lambda \tag{8.42}$$

のように書き換えることができる。これは，まさに式 (8.33) の固有値問題と同じである。つまり，前節で導出した判別基準を最大とする最適な非線形判別写像は，事後確率を要素とするベクトル $\boldsymbol{b}(\boldsymbol{x})$ に対して線形判別分析により構成した判別写像に一致することを示している。これは，事後確率を推定することができれば，それらを並べたベクトルを特徴ベクトルと考えて線形判別分析を適用することで，判別基準を最大とする最適な非線形判別写像を構成することができることを意味している。

8.1.3 最適非線形判別写像の線形近似

4 章では，線形回帰によって得られる線形回帰関数が，条件付き確率の線形近似を通して回帰のための最適な非線形回帰関数を近似していると解釈できることを示した。また，5 章では，多クラス識別のための線形識別関数は，事後確率の線形近似を通して識別のための最適な非線形識別関数を近似していると解釈できることを示した。

前節では，判別基準を最大とする最適な非線形判別写像でも事後確率が重要な役割を担っていることを示した。そこで，5 章と同様に，事後確率の線形近似を通した判別基準を最大とする最適な非線形判別写像の近似について考えてみる。

5 章で示したように，事後確率 $P(C_k|\boldsymbol{x})$ の線形近似は

$$L(C_k|\boldsymbol{x}) = P(C_k)\left(1 + (\bar{\boldsymbol{x}}_k - \bar{\boldsymbol{x}}_T)^T \Sigma_T^{-1}(\boldsymbol{x} - \bar{\boldsymbol{x}}_T)\right) \tag{8.43}$$

で与えられる。

式 (8.35) の事後確率 $P(C_k|\boldsymbol{x})$ をその事後確率の線形近似 $L(C_k|\boldsymbol{x})$ で置き換えると

$$\boldsymbol{y} = \sum_{k=1}^{K} L(C_k|\boldsymbol{x})\boldsymbol{u}_k = U^T P M^T \Sigma_T^{-1}(\boldsymbol{x} - \bar{\boldsymbol{x}}_T) + U^T \boldsymbol{p} \tag{8.44}$$

となる．ここで，行列 M は

$$M = [(\bar{\boldsymbol{x}}_1 - \bar{\boldsymbol{x}}_T), \cdots, (\bar{\boldsymbol{x}}_K - \bar{\boldsymbol{x}}_T)]^T \tag{8.45}$$

である．

同様に，式 (8.33) の固有値問題の $\gamma(C_k, C_l)$ に現れる事後確率 $P(C_k|\boldsymbol{x})$ をその事後確率の線形近似 $L(C_k|\boldsymbol{x})$ で置き換えると

$$\Gamma - \boldsymbol{p}\boldsymbol{p}^T = P M^T \Sigma_T^{-1} M P \tag{8.46}$$

となる．これから，式 (8.33) の固有値問題の事後確率の線形近似を通した線形近似は

$$P M^T \Sigma_T^{-1} M P U = P U \Lambda \tag{8.47}$$

となる．これに行列 M を左からかけ，$A = \Sigma_T^{-1} M P U$ とおき，変形すると

$$M P M^T \Sigma_T^{-1} M P U = M P U \Lambda$$
$$M P M^T A = M P U \Lambda$$
$$\Sigma_B A = \Sigma_T A \Lambda \tag{8.48}$$

のように，線形判別分析の一般化固有値問題に一致することがわかる．つまり，線形判別分析は，事後確率の線形近似を通した最適な非線形判別写像の線形近似であると解釈できることを示している．

このことは，なんらかの方法で事後確率を推定することができれば，その推定値を用いて，非線形の判別写像を構成することができることを示している．次節では，いくつかの典型的な事後確率の推定法を利用して，非線形の判別写像を構成する方法について紹介する．

8.2 事後確率の近似を通した非線形判別分析

8.1.3項において,最適非線形判別写像の式 (8.34) に現れる事後確率 $P(C_k|\boldsymbol{x})$ を線形近似すると,従来の線形判別分析と等価な判別写像が現れることを示した。ここでは,同じ事後確率を線形近似以外のさまざまな方法で近似・推定することにより,最適非線形判別写像からいくつかの非線形近似写像を導出する。そのような写像のそれぞれが新たな非線形判別写像となり,土台となる確率推定法の性質に応じた判別空間が構築されることを見ていく[22]〜[25],[27]。

なお,以下では各クラスの事前確率 $P(C_k)$ には推定値として N_k/N (ただし,N_k はクラス C_k のデータ数,N は総データ数) を用いる。

8.2.1 正規分布を仮定することによる非線形判別分析

各クラスの特徴ベクトル $\boldsymbol{x}$ の確率密度関数 $p(\boldsymbol{x}|C_k)$ が M 次元正規分布

$$p(\boldsymbol{x}|C_k) = p(\boldsymbol{x}|\boldsymbol{\mu}_k, \Sigma_k)$$
$$= \frac{1}{(\sqrt{2\pi})^M \sqrt{\det(\Sigma_k)}} \exp\left\{-\frac{1}{2}(\boldsymbol{x}-\boldsymbol{\mu}_k)^T \Sigma_k^{-1}(\boldsymbol{x}-\boldsymbol{\mu}_k)\right\} \tag{8.49}$$

に従うと仮定する。3.2.1 項で示したように,各クラス C_k の学習サンプルから平均ベクトルと分散共分散行列を計算すれば,それらがパラメータ $\boldsymbol{\mu}_k, \Sigma_k$ の (最尤推定における) 最適な推定量となる。このようにして $p(\boldsymbol{x}|C_k)$ を推定すれば,ベイズの定理から,事後確率は

$$P(C_k|\boldsymbol{x}) = \frac{P(C_k)p(\boldsymbol{x}|C_k)}{\sum_{l=1}^{K} P(C_l)p(\boldsymbol{x}|C_l)} \tag{8.50}$$

と求めることができる。

このようにして得た $P(C_k|\boldsymbol{x})$ を式 (8.24) に代入し,固有方程式 (8.33) の Γ を計算して U について解けば,各クラスの代表ベクトル $\boldsymbol{u}_k$ が得られる。この

u_k を最適非線形判別写像の式 (8.34) の計算に用いることは,各クラスの分布 $p(x|C_k)$ を正規分布で近似することを通じて最適非線形判別写像に現れる事後確率を非線形近似することを意味し,これにより一つの非線形判別写像が構成できる。

8.2.2 K-最近傍法を用いた非線形判別分析

3.3.3項で示したように,K-最近傍法を用いた確率分布推定では,事後クラス確率を $P(C_k|x) = K_k/K$ により推定する。ただし,K_k はサンプル x に最も近い K 個のサンプルの中に含まれるクラス C_k のサンプル数を表す。この推定値を用いて固有方程式 (8.33) を解き,それによって得られるクラス代表ベクトル u_k を式 (8.34) の計算に用いることで,K-最近傍法に基づく非線形判別写像が得られる。

8.2.3 ロジスティック回帰に基づく非線形判別分析

5.6.3項で述べた多項ロジスティック回帰は,一般化線形モデルに基づく多クラスの非線形回帰モデルであり,K クラスの識別問題における事後クラス確率 $P(C_k|x)$ を式 (5.129) の形で推定することが可能である。これを用いて固有方程式 (8.33) を解くことで,ロジスティック回帰に基づく非線形判別分析(ロジスティック判別分析[25]) が構成される。

4.5.1項で述べたリッジ回帰と同様に,ロジスティック回帰モデルのパラメータを求める際にパラメータベクトルの二乗ノルムによって正則化を行うことも可能である。これを L2 ロジスティック回帰と呼び,ロジスティック回帰の過学習を抑制する作用がある。それによって求めた事後クラス確率から非線形判別写像を導出することで,L2 正則化の効果を導入した判別空間が構築される[27]。

8.2.4 非線形判別空間の比較

図 8.1 に Wine データに対する主成分分析,線形判別分析,および本節で述べてきた各種の非線形判別分析で構成した部分空間を示す。事後確率の近似を通し

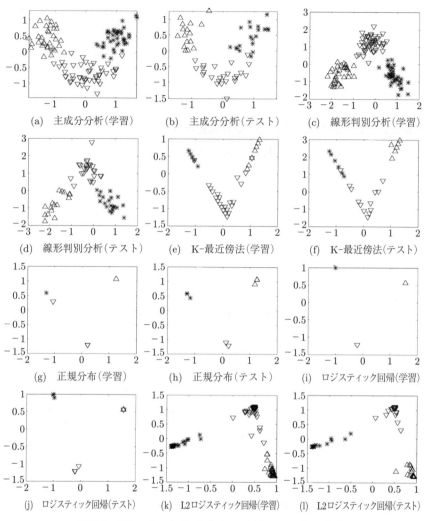

図 8.1 Wine データ（3クラス，13次元，178サンプル）の主成分空間および判別空間。△，▽，∗が各クラスのサンプルを表す。ここでは各クラスの 2/3 のサンプルを学習用（各空間構築用），残りの 1/3 をテスト用とした。

た非線形判別分析の特徴として，サンプルが $K-1$ 次元空間中の単体（simplex）の内部または境界上に分布する点が挙げられる。ここでは $K=3$ より，各サンプルは二次元単体（すなわち三角形）内に分布する。このことは，事後確率の

8.2 事後確率の近似を通した非線形判別分析

近似を通した非線形判別分析が，確率の条件 $\sum_{k=1}^{K} P(C_k|\boldsymbol{x}) = 1$ を満たすベクトル $\boldsymbol{b}(\boldsymbol{x})$ に対する線形変換であることに由来する。

単体の各頂点は各クラスの代表ベクトル，すなわち特定のクラスである事後確率がちょうど1となる点を表す。あるクラスの頂点の近くにあるサンプルほど，高い確率でそのクラスに属すると識別されたことを意味する。サンプルが単体の辺上にある場合，その両端にある二つの頂点が表すクラスの事後確率が0でないことを意味し，面の内部にある場合は，3クラスすべての事後確率が0でないことを意味する。例えば，K-最近傍法に基づく非線形判別空間を見ると，各サンプルがどのクラスである確率が高いと評価されているのかがよくわかる。

ロジスティック回帰に基づく非線形判別空間では，各クラスの学習用サンプルがそれぞれのクラス代表ベクトルにきれいに集約されていることがわかる。これは，「可能な限りクラス内の分散を小さくしつつクラス間の分散を大きくする」という判別規準の尺度における理想的な解である。一方で，テスト用サンプルの分布を見てみると，▽クラスのサンプルの一つが△クラスの代表ベクトル付近に写像されており，誤識別となることがわかる。この判別空間において，学習用データの判別規準の式 (6.72) は理論上の最大値（$J = 1$）となったが，テスト用データでは $J = 0.9505$ となった。これらより，ロジスティック回帰に基づく非線形判別分析が構築した判別空間は，やや過学習気味になっていることが予想される。

これに対し，L2 正則化を導入したロジスティック回帰では，正則化の影響によって少なからぬ学習用サンプルがおのおののクラス代表から散らばった位置にあるものの，その分布はテスト用サンプルとよく似た傾向になっていることがわかる。このとき，判別規準の値は学習用データで $J = 0.9659$，テスト用データで $J = 0.9648$ となっており，学習用データに対しては正則化なしの場合（$= 1$）より低い値となったが，テスト用データの値との乖離は改善された。また，テスト用データに対するベイズ識別の誤識別も 0 となっており，L2 正則化によって過学習を抑えた汎化性の高い判別空間を構築できていることがわ

かる。

主成分分析の可視化結果を見ると，Wine データは各クラスの分布がそれぞれおおむね正規分布に従っていそうであることが予想される。実際，正規分布を仮定することを通じた非線形判別分析の判別空間は，ロジスティック回帰の場合のように，判別規準の意味で理想的な解に近い分布になっている。また，ベイズ識別によるテスト用データの識別率も 100%であり，高い汎化性能が実現されていることがわかる。

8.3 判別カーネル

前章で紹介した事後確率推定に基づく非線形判別分析の理論によって，カーネル法を別の視点から眺めてみることが可能になる。本章では，最適非線形判別分析の双対問題を考えることにより，式 (8.34) の最適非線形判別写像から（判別規準 J の意味で）最適なカーネル関数を導出してみる。これを**判別カーネル**(discriminant kernel) と呼ぶ[21],[23],[26]。

8.3.1 最適非線形判別分析の双対問題

最適非線形判別分析の一般化固有値問題の式 (8.33) の左から $P^{-1/2}$ を掛けると

$$P^{-1/2}[\Gamma - \boldsymbol{p}\boldsymbol{p}^T]P^{-1/2}P^{1/2}U = P^{1/2}U\Lambda \tag{8.51}$$

のような固有値問題が得られる。ここで，$\tilde{U} = P^{1/2}U$ とおけば

$$(P^{-1/2}[\Gamma - \boldsymbol{p}\boldsymbol{p}^T]P^{-1/2})\tilde{U} = \tilde{U}\Lambda \tag{8.52}$$

の形に整理される。また，この $\tilde{U}$ を用いて最適非線形判別写像 $\boldsymbol{y}_{opt}(\boldsymbol{x})$ から定数ベクトル $U^T\boldsymbol{p}$ を引いた写像 $\boldsymbol{y}(\boldsymbol{x})$ は

$$\boldsymbol{y}(\boldsymbol{x}) = \boldsymbol{y}_{opt}(\boldsymbol{x}) - U^T\boldsymbol{p} = U^T(\boldsymbol{b}(\boldsymbol{x}) - \boldsymbol{p})$$

8.3 判別カーネル

$$= U^T \tilde{\boldsymbol{b}}(\boldsymbol{x}) = \tilde{U}^T P^{-1/2} \tilde{\boldsymbol{b}}(\boldsymbol{x}) = \tilde{U}^T \boldsymbol{\phi}(\boldsymbol{x}) \tag{8.53}$$

と書ける。ただし、$\tilde{\boldsymbol{b}}(\boldsymbol{x}) = \begin{bmatrix} P(C_1|\boldsymbol{x}) - P(C_1) & \cdots & P(C_K|\boldsymbol{x}) - P(C_K) \end{bmatrix}^T$
および $\boldsymbol{\phi}(\boldsymbol{x}) = P^{-1/2} \tilde{\boldsymbol{b}}(\boldsymbol{x})$ である。

いま、N 個の学習サンプル $\boldsymbol{x}_i$ が与えられたとき、クラス代表ベクトルから成る行列 $\tilde{U}$ を決定するための固有値問題は

$$(\Phi^T \Phi)\tilde{U} = \tilde{U}\Lambda \tag{8.54}$$

のように書ける。ただし、$\Phi = \begin{bmatrix} \boldsymbol{\phi}(\boldsymbol{x}_1) & \cdots & \boldsymbol{\phi}(\boldsymbol{x}_n) \end{bmatrix}^T$ である。

この固有値問題の式 (8.54) は、特異値分解により

$$(\Phi \Phi^T)V = V\Lambda \tag{8.55}$$

とも書くことができる。行列 Φ の特異値分解における性質から、これらの固有値問題の式 (8.54)、式 (8.55) はたがいに同じ固有値を持ち、またそれぞれの固有ベクトルの行列 $\tilde{U}$ と V の間には $\tilde{U} = \Phi^T V \Lambda^{-1/2}$ という関係性が成り立つ。

これを最適非線形判別写像の式 (8.53) の $\tilde{U}$ に代入すると

$$\boldsymbol{y} = \Lambda^{-1/2} V^T \Phi \boldsymbol{\phi}(\boldsymbol{x}) = \sum_{i=1}^{n} \Lambda^{-1/2} \boldsymbol{v}_i \boldsymbol{\phi}(\boldsymbol{x}_i)^T \boldsymbol{\phi}(\boldsymbol{x}) = \sum_{i=1}^{n} \boldsymbol{\alpha}_i k(\boldsymbol{x}_i, \boldsymbol{x}) \tag{8.56}$$

という形が得られる。ただし、$\boldsymbol{\alpha}_i = \Lambda^{-1/2} \boldsymbol{v}_i$ および $k(\boldsymbol{x}_i, \boldsymbol{x}) = \boldsymbol{\phi}(\boldsymbol{x}_i)^T \boldsymbol{\phi}(\boldsymbol{x})$ である。この関数 $k(\boldsymbol{x}_i, \boldsymbol{x})$ は、最適非線形判別写像の双対表現から自然に導出されたカーネル関数である。このカーネルを整理すると

$$\begin{aligned} k(\boldsymbol{x}_i, \boldsymbol{x}) &= \boldsymbol{\phi}(\boldsymbol{x}_i)^T \boldsymbol{\phi}(\boldsymbol{x}) \\ &= (P^{-1/2}\tilde{\boldsymbol{b}}(\boldsymbol{x}_i))^T P^{-1/2} \tilde{\boldsymbol{b}}(\boldsymbol{x}) = \tilde{\boldsymbol{b}}(\boldsymbol{x}_i)^T P^{-1} \tilde{\boldsymbol{b}}(\boldsymbol{x}) \\ &= \begin{bmatrix} \dfrac{P(C_1|\boldsymbol{x}_i)}{P(C_1)} & \cdots & \dfrac{P(C_K|\boldsymbol{x}_i)}{P(C_K)} \end{bmatrix} \begin{bmatrix} P(C_1|\boldsymbol{x}) \\ \vdots \\ P(C_K|\boldsymbol{x}) \end{bmatrix} \end{aligned}$$

$$= \sum_{k=1}^{K} \frac{P(C_k|\boldsymbol{x}_i)P(C_k|\boldsymbol{x})}{P(C_k)} \tag{8.57}$$

という形が得られる.以上より,最適非線形判別分析は,その双対表現を考えたとき,カーネル関数

$$k(\boldsymbol{x},\boldsymbol{x}') = \sum_{k=1}^{K} \frac{P(C_k|\boldsymbol{x})P(C_k|\boldsymbol{x}')}{P(C_k)} \tag{8.58}$$

を用いるカーネル判別分析であると解釈できる.これを**判別カーネル関数**(discriminant kernel fucntion, **DKF**) と呼ぶ[23),26)].

判別カーネルは,各クラスに関する事前確率および事後確率から定義された関数である.したがって,最適非線形判別分析における議論と同様に,判別カーネルの値を実際に計算するためには,あらかじめ訓練データからそれらの確率分布を推定しておく必要がある.

8.3.2 有効なカーネルの条件

判別カーネルの式 (8.58) は,ベイズの定理の式 (1.1) によって

$$k(\boldsymbol{x},\boldsymbol{x}') = \sum_{k=1}^{K} P(C_k) \frac{P(\boldsymbol{x}|C_k)}{p(\boldsymbol{x})} \frac{P(\boldsymbol{x}'|C_k)}{p(\boldsymbol{x}')} \tag{8.59}$$

と書き換えられる.これを行列形式で表すと

$$k(\boldsymbol{x},\boldsymbol{x}') = \boldsymbol{D}(\boldsymbol{x})^T P \boldsymbol{D}(\boldsymbol{x}') \tag{8.60}$$

となる.ただし

$$\boldsymbol{D}(\boldsymbol{x}) = \left[\frac{p(\boldsymbol{x}|C_1)}{p(\boldsymbol{x})} \quad \cdots \quad \frac{p(\boldsymbol{x}|C_K)}{p(\boldsymbol{x})} \right]^T \tag{8.61}$$

は各クラスごとの尤度比を並べたベクトルである.このように,判別カーネルは事前確率 $P(C_k)$ を対角成分とする行列 P によって尤度比行列 $\boldsymbol{D}$ どうしの積を重み付けした形とみなすことができる.

この形から,判別カーネルが Mercer の定理を満たす(すなわち有効なカー

ネルである）ことを確認する。一般に，行列 A が対称かつ半正定値であるとき，$\boldsymbol{x}^T A \boldsymbol{x}'$ は有効なカーネル関数である[18]。また，$k(\boldsymbol{x}, \boldsymbol{x}')$ が有効なカーネル関数であるとき，任意の写像 $\boldsymbol{f}(\boldsymbol{x})$ に対して $k(\boldsymbol{f}(\boldsymbol{x}), \boldsymbol{f}(\boldsymbol{x}'))$ も有効なカーネル関数となる[18]。したがって，有効なカーネル $k(\boldsymbol{x}, \boldsymbol{x}')$ として $\boldsymbol{x}^T A \boldsymbol{x}'$ （ただし，A は対称半正定値行列とする）を与えれば，任意の写像 $\boldsymbol{f}(\boldsymbol{x})$ に対して $\boldsymbol{f}(\boldsymbol{x})^T A \boldsymbol{f}(\boldsymbol{x})$ も有効なカーネルとなる。この形は，A を P，$\boldsymbol{f}(\boldsymbol{x})$ を $\boldsymbol{D}(\boldsymbol{x})$ と置き直せば，式 (8.60) の右辺と一致する。いま，事前確率行列 $P = \mathrm{diag}(P(C_1), \cdots, P(C_K))$ は対称行列である。また，P の各要素 $P(C_k)$ は非負であることから，P の各固有値 λ_k はいずれも非負であり，すなわち P は半正定行列となる。したがって，行列 P は対称かつ半正定値である。以上より，判別カーネルは有効なカーネルである。

8.3.3 判別カーネルと周辺化カーネルの関係

ここでは，判別カーネルと Tsuda の周辺化カーネル[33]の関係を示しておこう。$\boldsymbol{x} \in \mathbf{R}^M$ を観測変数，h を有限集合 $\mathcal{H}$ における潜在変数とする。また，$\boldsymbol{z} = [\boldsymbol{x}, h]$ を結合変数，$k_{\boldsymbol{z}}(\boldsymbol{z}, \boldsymbol{z}')$ を $\boldsymbol{z}$ に対するカーネル関数（結合カーネル）とする。このとき，次式のように潜在変数 h の事後分布を周辺化することで得られる関数

$$k_M(\boldsymbol{x}, \boldsymbol{x}') = \sum_{h \in \mathcal{H}} \sum_{h' \in \mathcal{H}} p(h|\boldsymbol{x}) p(h'|\boldsymbol{x}') k_{\boldsymbol{z}}(\boldsymbol{z}, \boldsymbol{z}') \tag{8.62}$$

を**周辺化カーネル**（marginalized kernel）と呼ぶ。これは結合カーネル $k_{\boldsymbol{z}}$ の潜在変数 h に関する期待値を関数値とするカーネルである。事後分布 $p(h|\boldsymbol{x})$ は通常は未知であるため，与えられた学習サンプルから推定する必要がある。

ここで，つぎの結合カーネルを考える。

$$k_{\boldsymbol{z}}(\boldsymbol{z}, \boldsymbol{z}') = \delta_{hh'} \boldsymbol{x}^T \Sigma_h^{-1} \boldsymbol{x}' \tag{8.63}$$

ただし，Σ_h は h の分散共分散行列であり，$\delta_{hh'}$ は Kronecker のデルタ記号である。この結合カーネル $k_{\boldsymbol{z}}$ を用いたとき，周辺化カーネルの式 (8.62) はつぎ

のように表される．

$$k_M(\boldsymbol{x}, \boldsymbol{x}') = \sum_{h \in \mathcal{H}} p(h|\boldsymbol{x})p(h|\boldsymbol{x}')\boldsymbol{x}^T \Sigma_h^{-1} \boldsymbol{x}' \tag{8.64}$$

いま，潜在変数 $h \in \mathcal{H}$ を K クラスの識別問題におけるクラスラベル $C_k \in C = \{C_1, \cdots, C_K\}$ として扱うことを考える．これにより，潜在変数の事後分布 $p(h|\boldsymbol{x})$ がクラス事後確率 $P(C_k|\boldsymbol{x})$ に置き換わるため，判別カーネルとの類似性が現れる．このとき，周辺化カーネルの式 (8.64) はつぎの形となる．

$$k_M(\boldsymbol{x}, \boldsymbol{x}') = \sum_{k=1}^{K} P(C_k|\boldsymbol{x})P(C_k|\boldsymbol{x}')\boldsymbol{x}^T \Sigma_k^{-1} \boldsymbol{x}' \tag{8.65}$$

ここで，Σ_k はクラス C_k の学習サンプルから計算される分散共分散行列であるとする．この関数は式 (8.36) の事後確率ベクトル $\boldsymbol{b}(\boldsymbol{x})$ を用いてつぎの行列形式で表すことができる．

$$k_M(\boldsymbol{x}, \boldsymbol{x}') = \boldsymbol{b}(\boldsymbol{x})^T W_M \boldsymbol{b}(\boldsymbol{x}') \tag{8.66}$$

ただし，$W_M = \mathrm{diag}(\boldsymbol{x}^T \Sigma_1^{-1} \boldsymbol{x}', \cdots, \boldsymbol{x}^T \Sigma_K^{-1} \boldsymbol{x}')$ である．

一方，式 (8.36) および $P = \mathrm{diag}(P(C_1), \cdots, P(C_K))$ より，判別カーネル (8.58) もつぎの行列形式で表すことができる．

$$k(\boldsymbol{x}, \boldsymbol{x}') = \boldsymbol{b}(\boldsymbol{x})^T P^{-1} \boldsymbol{b}(\boldsymbol{x}') \tag{8.67}$$

以上の式 (8.66) と式 (8.67) を比べ，判別カーネルと周辺化カーネルの関係性を考えてみる．両式はいずれも入力 $\boldsymbol{x}$ の事後確率ベクトル $\boldsymbol{b}(\boldsymbol{x})$ の重み付きの積の形を取る点で共通しているが，それぞれの重み行列（W_M または P^{-1}）に違いがある．判別カーネルに現れる重み行列 P^{-1} は，クラス C_k の事前確率 $P(C_k)$ の逆数によって構成されている．一方で，周辺化カーネルの重み行列 W_M は，元の特徴 $\boldsymbol{x}$ を各クラスごとの分散共分散行列で正規化したものである．

判別カーネルと周辺化カーネルの差異は，これらの重み行列の違いに集約されているといえる．判別カーネルは事後確率を事前確率で正規化したものであり，すなわち純粋に確率的情報のみを用いて構成されている（言い換えれば，元

の特徴 x はもはや用いられていない)。一方で,周辺化カーネルは事後確率と正規化された入力 x とのハイブリッドになっている。

8.3.4 判別カーネルの族

最適な非線形回帰や非線形判別分析の議論と同様に,事前分布や事後分布を推定する手法に応じてさまざまな判別カーネルを導出することができる。ここでは事後確率 $P(C_k|x)$ を線形近似した場合と,正規分布で近似した場合の 2 通りを紹介する。

〔1〕 線形判別カーネル　式 (8.43) の $L(C_k|x)$ を事後分布の近似値とみなし,判別カーネルの式 (8.58) の中に現れる $P(C_k|x)$ に代入すると

$$\begin{aligned}k_L(x, x') &= \sum_{k=1}^{K} \frac{L(C_k|x)L(C_k|x')}{P(C_k)} \\&= \sum_{k=1}^{K} P(C_k) \left(1 + (\bar{x}_k - \bar{x}_T)^T \Sigma_T^{-1}(x - \bar{x}_T)\right) \\&\quad \times \left(1 + (\bar{x}_k - \bar{x}_T)^T \Sigma_T^{-1}(x' - \bar{x}_T)\right) \\&= 1 + (x - \bar{x}_T)^T \Sigma_T^{-1} \Sigma_B \Sigma_T^{-1}(x' - \bar{x}_T)\end{aligned} \quad (8.68)$$

というカーネルが得られる。

8.3.1 項で述べたとおり,判別カーネルとは最適非線形判別分析をカーネル判別分析の一種であると解釈したときに自然に導出されるカーネル関数である。また,8.1.3 項において,最適非線形判別分析の事後確率を線形近似すると線形判別分析と等価になることを示した。これらを踏まえると,式 (8.68) のカーネル k_L は,線形判別分析をカーネル判別分析の一種であると考えたときに出現する自然なカーネル関数である。これを線形判別カーネルと呼ぶ[23]。

〔2〕 正規判別カーネル　8.2.1 項と同様に,分布 $p(x|C_k)$ が式 (8.49) の正規分布 $p(x|\mu_k, \Sigma_k)$ に従うと仮定すると,式 (8.61) の尤度比ベクトルを

$$D_G(x) = \left[\frac{p(x|\mu_k, \Sigma_k)}{p(x)} \quad \cdots \quad \frac{p(x|\mu_k, \Sigma_k)}{p(x)}\right]^T \quad (8.69)$$

のように近似することができる。ただし，$p(\boldsymbol{x}) = \sum_{k=1}^{K} P(C_k) p(\boldsymbol{x}|\boldsymbol{\mu}_k, \Sigma_k)$ である。これを用いた判別カーネル

$$k_G(\boldsymbol{x}, \boldsymbol{x}') = \boldsymbol{D}_G(\boldsymbol{x})^T P \boldsymbol{D}_G(\boldsymbol{x}') \tag{8.70}$$

を正規判別カーネルと呼ぶ。

ここで，一般的なカーネルと判別カーネルとの違いを図で確認してみよう。図 8.2 に示される○および△は，平均・分散がたがいに異なる二つの二次元正規分布から生成したサンプルである。図 (a) の二つの図は，ある一つのサンプル（大きな●，▲）を $\boldsymbol{x}$ としたときの Gauss カーネルの関数値 $k(\boldsymbol{x}, \boldsymbol{x}')$ を表している。図中の各点 $\boldsymbol{x}'$ の明るさ（輝度値）によって中心点 $\boldsymbol{x}$ と各点 $\boldsymbol{x}'$ のカー

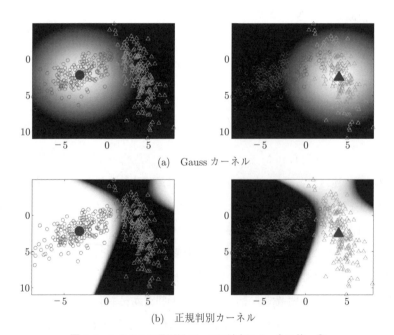

(a) Gauss カーネル

(b) 正規判別カーネル

図 8.2　2 クラスの識別用データに対するカーネル値。○がクラス 1，△がクラス 2 のサンプルを表す。それぞれ大きなマーカー（●，▲）がカーネル $k(\boldsymbol{x}, \boldsymbol{x}')$ の中心点 $\boldsymbol{x}$ を表す。それぞれ左図は $\boldsymbol{x} = ●$，右図は $\boldsymbol{x} = ▲$ としたときのカーネル値を示す。

ネル値 $k(\boldsymbol{x}, \boldsymbol{x}')$ の大きさを表現している．Gauss カーネルのパラメータ σ の値は手動により $\sigma = 2^{-3}$ と定めた．通常，カーネルパラメータ σ はクラスや次元によらず単一の固定値とするため，そのカーネル値は図のように $\boldsymbol{x}$ を中心として各軸に等方な円状の分布を持つことになる．したがって，各サンプル $\boldsymbol{x}$ に対する個々のカーネル値 $k(\boldsymbol{x}, \boldsymbol{x}')$ は，必ずしも各クラスのデータ構造を反映した情報になっているとはいえない．

一方，図 (b) の二つの図は，正規判別カーネルの関数値を表している．確率推定に用いる正規分布 $p(\boldsymbol{x}|\bar{\boldsymbol{x}}_k, \Sigma_k)$ のパラメータ $\bar{\boldsymbol{x}}_k, \Sigma_k$ は，図中のサンプルから求めている．ちょうど二つのクラスの境界付近に明暗の境目（すなわちカーネル値の大きな変化）があり，個々のカーネル値 $k(\boldsymbol{x}, \boldsymbol{x}')$ そのものにクラスの情報が取りこまれていることが確認できる．

図 **8.3** は，線形判別カーネル，正規判別カーネル，正規周辺化カーネルのグラム行列を可視化した図である．ここではグラム行列の値が大きいほど高輝度（白色）で描画している．ここで，正規周辺化カーネルは，$p(\boldsymbol{x}|C_k)$ が正規分布に従うことを仮定して得た事後クラス確率 $P(C_k|\boldsymbol{x})$ を周辺化カーネルの式 (8.66) の計算に使用して得たカーネルである．

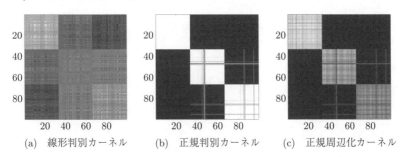

図 **8.3** Iris データに対する線形判別カーネル（Linear DK），正規判別カーネル（Gaussian DK），正規周辺化カーネル（Gaussian MK）のグラム行列．各軸の数値はサンプル番号であり，1～33 がクラス 1，34～66 がクラス 2，67～99 がクラス 3 のサンプル番号となる．

正規判別カーネルは純粋に確率情報のみから構成されるカーネルであり，一部のサンプルを除いて同一クラス中での行列値（⇔サンプル間類似度）が一様

に高い値（白色）になっており，またほかのクラス間での行列値は逆にほぼ0（黒色）となっている。これにより，各クラスのまとまりを表す対角線上の三つのブロックが明瞭に浮かび上がった状態となっている。一方，正規周辺化カーネルは元のサンプル（特徴量）の情報と確率情報の積として定義されるカーネルである。これにより，正規判別カーネルと同様にクラス間の差異を明瞭に捉えつつ，各クラス内でのサンプル間の差異の情報も適度に保った表現になっていると考えられる。

付　　　　　録

A.1　線形代数のまとめ

A.1.1　ベ　ク　ト　ル

d 個の要素を持つ d 次元の列ベクトルを以下のように表す。

$$\boldsymbol{x} = \begin{bmatrix} x_1 \\ x_2 \\ \vdots \\ x_d \end{bmatrix} \tag{A.1}$$

d 個の要素を持つ d 次元の行ベクトルを以下のように表す。

$$\boldsymbol{x}^T = \begin{bmatrix} x_1 & x_2 & \ldots & x_d \end{bmatrix} \tag{A.2}$$

ただし，$\boldsymbol{x}^T$ はベクトル $\boldsymbol{x}$ の転置を示す。

A.1.2　行　　　　　列

$m \times n$ 個の要素からなる行列を以下のように表す。このような行列を $m \times n$ 行列と呼ぶ。

$$A = \begin{bmatrix} \boldsymbol{a}_1 & \boldsymbol{a}_2 & \ldots & \boldsymbol{a}_n \end{bmatrix} = \begin{bmatrix} a_{11} & a_{12} & \cdots & a_{1n} \\ a_{21} & a_{22} & \cdots & a_{2n} \\ \vdots & \vdots & \ddots & \vdots \\ a_{m1} & a_{m2} & \cdots & a_{mn} \end{bmatrix} \tag{A.3}$$

$m \times n$ 行列の行と列を入れ替えた行列を，行列の転置と呼び，以下のように表す。この行列は，$n \times m$ 行列になる。

$$A^T = \begin{bmatrix} \boldsymbol{a}_1^T \\ \boldsymbol{a}_2^T \\ \vdots \\ \boldsymbol{a}_n^T \end{bmatrix} = \begin{bmatrix} a_{11} & a_{21} & \cdots & a_{m1} \\ a_{12} & a_{22} & \cdots & a_{m2} \\ \vdots & \vdots & \ddots & \vdots \\ a_{1n} & a_{2n} & \cdots & a_{mn} \end{bmatrix} \tag{A.4}$$

以下のように, $m = n$ となるような行列を正方行列と呼ぶ.

$$
A = \begin{bmatrix} a_{11} & a_{12} & \cdots & a_{1m} \\ a_{21} & a_{22} & \cdots & a_{2m} \\ \vdots & \vdots & \ddots & \vdots \\ a_{m1} & a_{m2} & \cdots & a_{mm} \end{bmatrix} \tag{A.5}
$$

自分自身の転置と等しくなるような行列を対称行列と呼ぶ.つまり, $A = A^T$ となるような行列が対称行列である.例えば,以下の行列は対称行列である.

$$
A = \begin{bmatrix} 1 & 3 & 5 \\ 3 & 2 & 4 \\ 5 & 4 & 3 \end{bmatrix} \tag{A.6}
$$

以下のような対角要素以外のすべての要素が 0 となるような特別な行列を対角行列と呼ぶ.

$$
D = \begin{bmatrix} d_1 & 0 & \cdots & 0 \\ 0 & d_2 & \cdots & 0 \\ \vdots & \vdots & \ddots & \vdots \\ 0 & 0 & \cdots & d_m \end{bmatrix} = \mathrm{diag}(d_1, d_2, \cdots, d_m) \tag{A.7}
$$

対角要素がすべて 1 で,非対角要素がすべて 0 の行列を単位行列と呼び,I で表す.

$$
I = \begin{bmatrix} 1 & 0 & \cdots & 0 \\ 0 & 1 & \cdots & 0 \\ \vdots & \vdots & \ddots & \vdots \\ 0 & 0 & \cdots & 1 \end{bmatrix} = \mathrm{diag}(1, 1, \cdots, 1) = \begin{bmatrix} \delta_{ij} \end{bmatrix} \tag{A.8}
$$

ここで,記号 δ_{ij} は Kronecker のデルタと呼ばれる記号であり

$$
\delta_{ij} = \begin{cases} 1 & (i = j) \\ 0 & (i \neq j) \end{cases} \tag{A.9}
$$

のように定義される.

A.1.3 ベクトルの内積とノルム

同じ要素数を持つ二つのベクトル $\boldsymbol{x}$ と $\boldsymbol{y}$ の内積を以下のように定義する.

$$\boldsymbol{x}^T\boldsymbol{y} = \begin{bmatrix} x_1 & x_2 & \ldots & x_m \end{bmatrix} \begin{bmatrix} y_1 \\ y_2 \\ \vdots \\ y_m \end{bmatrix} = \sum_{i=1}^{m} x_i y_i = \boldsymbol{y}^T\boldsymbol{x} \tag{A.10}$$

ベクトル $\boldsymbol{x}$ のノルム(長さ)を以下のように定義する.

$$||\boldsymbol{x}|| = \sqrt{\boldsymbol{x}^T\boldsymbol{x}} = \sqrt{\sum_{i=1}^{m} x_i^2} \tag{A.11}$$

したがって,二つのベクトル $\boldsymbol{x}$ と $\boldsymbol{y}$ の差 $\boldsymbol{x}-\boldsymbol{y}$ のノルムは,ベクトル $\boldsymbol{x}$ とベクトル $\boldsymbol{y}$ の普通のユークリッド距離と同じになる.

$$||\boldsymbol{x}-\boldsymbol{y}|| = \sqrt{(\boldsymbol{x}-\boldsymbol{y})^T(\boldsymbol{x}-\boldsymbol{y})} = \sqrt{\sum_{i=1}^{m} (x_i - y_i)^2} \tag{A.12}$$

A.1.4 二つのベクトルのなす角

二つのベクトル $\boldsymbol{x}$ と $\boldsymbol{y}$ のなす角を θ とすると,そのコサインは以下のようになる.

$$\cos\theta = \frac{\boldsymbol{x}^T\boldsymbol{y}}{||\boldsymbol{x}||||\boldsymbol{y}||} \tag{A.13}$$

特に,二つのベクトルが直交する場合 ($\theta = \pi/2$,または,$\theta = 3\pi/2$ の場合) には,$\cos\theta = 0$ となるので

$$\boldsymbol{x}^T\boldsymbol{y} = 0 \tag{A.14}$$

のように内積が 0 となる.

また,二つのベクトルが平行な場合 ($\theta = 0$,または,$\theta = \pi$ の場合) には,$\cos\theta = \pm 1$ となるので

$$||\boldsymbol{x}^T\boldsymbol{y}|| = ||\boldsymbol{x}||||\boldsymbol{y}|| \tag{A.15}$$

の関係が成り立つ.

一般に,$-1 \leq \cos\theta \leq 1$ であるので

$$||\boldsymbol{x}^T\boldsymbol{y}|| \leq ||\boldsymbol{x}||||\boldsymbol{y}|| \tag{A.16}$$

が成り立つ.この不等式は Cauchy–Schwarz の不等式と呼ばれている.

A.1.5 行列とベクトルの積

$m \times n$ 行列 A と n 個の要素を持つ列ベクトル $\boldsymbol{x}$ との積は

$$\boldsymbol{y} = A\boldsymbol{x} = \begin{bmatrix} a_{11} & a_{12} & \cdots & a_{1n} \\ a_{21} & a_{22} & \cdots & a_{2n} \\ \vdots & \vdots & \ddots & \vdots \\ a_{m1} & a_{m2} & \cdots & a_{mn} \end{bmatrix} \begin{bmatrix} x_1 \\ x_2 \\ \vdots \\ x_n \end{bmatrix} = \begin{bmatrix} \sum_{j=1}^{n} a_{1j}x_j \\ \sum_{j=1}^{n} a_{2j}x_j \\ \vdots \\ \sum_{j=1}^{n} a_{mj}x_j \end{bmatrix} \quad \text{(A.17)}$$

のように定義される。ここで，$\boldsymbol{y}$ は m 個の要素を持つ列ベクトルとなる。

A.1.6 行列の積

$m \times n$ 行列 A と $n \times l$ 行列 B の積は

$$\begin{aligned} AB &= \begin{bmatrix} a_{11} & a_{12} & \cdots & a_{1n} \\ a_{21} & a_{22} & \cdots & a_{2n} \\ \vdots & \vdots & \ddots & \vdots \\ a_{m1} & a_{m2} & \cdots & a_{mn} \end{bmatrix} \begin{bmatrix} b_{11} & b_{12} & \cdots & b_{1l} \\ b_{21} & b_{22} & \cdots & b_{2l} \\ \vdots & \vdots & \ddots & \vdots \\ b_{n1} & b_{n2} & \cdots & b_{nl} \end{bmatrix} \\ &= \begin{bmatrix} \sum_{j=1}^{n} a_{1j}b_{j1} & \sum_{j=1}^{n} a_{1j}b_{j2} & \cdots & \sum_{j=1}^{n} a_{1j}b_{jl} \\ \sum_{j=1}^{n} a_{2j}b_{j1} & \sum_{j=1}^{n} a_{2j}b_{j2} & \cdots & \sum_{j=1}^{n} a_{2j}b_{jl} \\ \vdots & \vdots & \ddots & \vdots \\ \sum_{j=1}^{n} a_{mj}b_{j1} & \sum_{j=1}^{n} a_{mj}b_{j2} & \cdots & \sum_{j=1}^{n} a_{mj}b_{jl} \end{bmatrix} \end{aligned} \quad \text{(A.18)}$$

のように定義される。このとき，AB は $m \times l$ 行列となる。

この特別な場合として，二つのベクトル $\boldsymbol{x}$ と $\boldsymbol{y}$ の積は

$$\boldsymbol{x}^T \boldsymbol{y} = \sum_{i=1}^{m} x_i y_i \quad \text{(A.19)}$$

あるいは

$$\boldsymbol{x}\boldsymbol{y}^T = \begin{bmatrix} x_1 \\ x_2 \\ \vdots \\ x_m \end{bmatrix} \begin{bmatrix} y_1 & y_2 & \cdots & y_n \end{bmatrix} = \begin{bmatrix} x_1 y_1 & x_1 y_2 & \cdots & x_1 y_n \\ x_2 y_1 & x_2 y_2 & \cdots & x_2 y_n \\ \vdots & \vdots & \ddots & \vdots \\ x_m y_1 & x_m y_2 & \cdots & x_m y_n \end{bmatrix} \quad (A.20)$$

のようになる。

A.1.7 直交行列

転置した行列との積が単位行列，つまり

$$T^T T = T T^T = I \quad (A.21)$$

となるような行列 T を直交行列という。$T = \begin{bmatrix} \boldsymbol{t}_1 & \boldsymbol{t}_2 & \cdots & \boldsymbol{t}_p \end{bmatrix}$ とすると

$$T^T T = \begin{bmatrix} \boldsymbol{t}_1^T \\ \boldsymbol{t}_2^T \\ \vdots \\ \boldsymbol{t}_p^T \end{bmatrix} \begin{bmatrix} \boldsymbol{t}_1 & \boldsymbol{t}_2 & \cdots & \boldsymbol{t}_p \end{bmatrix} = \begin{bmatrix} \boldsymbol{t}_1^T \boldsymbol{t}_1 & \boldsymbol{t}_1^T \boldsymbol{t}_2 & \cdots & \boldsymbol{t}_1^T \boldsymbol{t}_p \\ \boldsymbol{t}_2^T \boldsymbol{t}_1 & \boldsymbol{t}_2^T \boldsymbol{t}_2 & \cdots & \boldsymbol{t}_2^T \boldsymbol{t}_p \\ \vdots & \vdots & \ddots & \vdots \\ \boldsymbol{t}_p^T \boldsymbol{t}_1 & \boldsymbol{t}_p^T \boldsymbol{t}_2 & \cdots & \boldsymbol{t}_p^T \boldsymbol{t}_p \end{bmatrix}$$

$$= \begin{bmatrix} 1 & 0 & \cdots & 0 \\ 0 & 1 & \cdots & 0 \\ \vdots & \vdots & \ddots & \vdots \\ 0 & 0 & \cdots & 1 \end{bmatrix} \quad (A.22)$$

となる。つまり

$$\boldsymbol{t}_i^T \boldsymbol{t}_j = \delta_{ij} \quad (i = 1, \cdots, p; j = 1, \cdots, p) \quad (A.23)$$

であり，$\{\boldsymbol{t}_i\}$ は正規直交系であることがわかる。

A.1.8 行列のトレース

正方行列を

$$A = \begin{bmatrix} a_{11} & a_{12} & \cdots & a_{1m} \\ a_{21} & a_{22} & \cdots & a_{2m} \\ \vdots & \vdots & \ddots & \vdots \\ a_{m1} & a_{m2} & \cdots & a_{mm} \end{bmatrix} \quad (A.24)$$

とすると，この対角要素の和

$$\mathrm{tr}(A) = a_{11} + a_{22} + \cdots + a_{mm} \tag{A.25}$$

を行列 A のトレースという。

行列のトレースには

$$\mathrm{tr}(A+B) = \mathrm{tr}(A) + \mathrm{tr}(B) \tag{A.26}$$

あるいは

$$\mathrm{tr}(AB) = \mathrm{tr}(BA) \tag{A.27}$$

のような性質が成り立つ。

A.1.9 二次形式

正方行列 A とベクトル $\boldsymbol{x}$ に対して

$$\boldsymbol{x}^T A \boldsymbol{x} = \begin{bmatrix} x_1 & x_2 & \cdots & x_m \end{bmatrix} \begin{bmatrix} a_{11} & a_{12} & \cdots & a_{1m} \\ a_{21} & a_{22} & \cdots & a_{2m} \\ \vdots & \vdots & \ddots & \vdots \\ a_{m1} & a_{m2} & \cdots & a_{mm} \end{bmatrix} \begin{bmatrix} x_1 \\ x_2 \\ \vdots \\ x_m \end{bmatrix}$$

$$= \sum_{i=1}^{n} \sum_{j=1}^{n} a_{ij} x_i x_j \tag{A.28}$$

を二次形式と呼ぶ。なお，二次形式は

$$\boldsymbol{x}^T A \boldsymbol{x} = \mathrm{tr}(\boldsymbol{x}^T A \boldsymbol{x}) = \mathrm{tr}(A \boldsymbol{x} \boldsymbol{x}^T) \tag{A.29}$$

のようにトレースを用いて表現することもできる。

A.1.10 行列式

m 次正方行列 A の行列式は

$$\det(A) = |A| = \begin{vmatrix} a_{11} & a_{12} & \cdots & a_{1m} \\ a_{21} & a_{22} & \cdots & a_{2m} \\ \vdots & \vdots & \ddots & \vdots \\ a_{m1} & a_{m2} & \cdots & a_{mm} \end{vmatrix}$$

$$= \sum_{\sigma \in S_m} \mathrm{sgn}(\sigma) a_{1\sigma(1)} a_{2\sigma(2)} \cdots a_{m\sigma(m)} \tag{A.30}$$

のように定義される。ここで，σ は m 文字の置換であり，$\mathrm{sgn}(\sigma)$ は置換 σ が偶置換なら 1，奇置換なら -1 を与える関数である。具体的には

$$\begin{vmatrix} a & b \\ c & d \end{vmatrix} = ad - bc \tag{A.31}$$

あるいは

$$\begin{vmatrix} a_{11} & a_{12} & a_{13} \\ a_{21} & a_{22} & a_{23} \\ a_{31} & a_{32} & a_{33} \end{vmatrix} = a_{11}a_{22}a_{33} + a_{13}a_{21}a_{32} + a_{12}a_{23}a_{31}$$
$$- a_{13}a_{22}a_{31} - a_{11}a_{23}a_{32} - a_{12}a_{21}a_{33} \tag{A.32}$$

である。

m 次正方行列 A と B に対して

$$\det(A^T) = \det(A) \tag{A.33}$$
$$\det(AB) = \det(A)\det(B) \tag{A.34}$$

が成り立つ。

m 次正方行列 $A = [a_{ij}]$ の第 i 行と第 j 列を除いて得られる $m-1$ 次正方行列を A'_{ij} で表す。また

$$\tilde{a}_{ij} = (-1)^{i+j}\det(A'_{ij}) \tag{A.35}$$

を行列 A の (i,j) 余因子と呼ぶ。

このとき，行列 A の行列式は

$$\det(A) = a_{i1}\tilde{a}_{i1} + \cdots + a_{im}\tilde{a}_{im} \quad (i = 1, \cdots, m) \tag{A.36}$$

のように展開できる。これを行列 A の第 i 行に関する余因子展開という。同様に

$$\det(A) = a_{1j}\tilde{a}_{1j} + \cdots + a_{mj}\tilde{a}_{mj} \quad (j = 1, \cdots, m) \tag{A.37}$$

のようにも展開できる。これを行列 A の第 j 列に関する余因子展開という。

m 次正方行列 A の余因子を要素に持つ行列 $\tilde{A} = \begin{bmatrix} \tilde{a}_{ij} \end{bmatrix}$ の転置行列 $\tilde{A}^T$ を A の余因子行列という。

余因子行列と行列式には

$$A\tilde{A}^T = \tilde{A}^T A = \det(A)I \tag{A.38}$$

のような関係が成り立つ。

A.1.11 逆　行　列

正方行列 A に対して

$$AA^{-1} = A^{-1}A = I \tag{A.39}$$

となるような行列 A^{-1} を A の逆行列という．A の行列式 $|A|$ が 0 でないなら，A には逆行列が存在し，そのような A を正則という．つまり，A が正則なら逆行列 A^{-1} が存在する．

もし，A が正則なら A の逆行列は，行列式と余因子行列を用いて

$$A^{-1} = \frac{\tilde{A}^T}{\det(A)} \tag{A.40}$$

のように書ける．

A.1.12　固有値と固有ベクトル

正方行列 A に対して

$$A\boldsymbol{x} = \lambda \boldsymbol{x} \tag{A.41}$$

を満たすスカラー λ を行列 A の固有値という．また，ベクトル $\boldsymbol{x}$ を固有値 λ に対する固有ベクトルと呼ぶ．

固有値は，固有方程式

$$\phi_A(\lambda) = |A - \lambda I| = 0 \tag{A.42}$$

の解であり，A が $p \times p$ 行列なら，重複度を含めて p 個存在する．それらを $\lambda_1, \lambda_2, \cdots, \lambda_p$ とすると，それぞれに対する固有ベクトルが存在する．固有値 λ_i に対する固有ベクトル $\boldsymbol{x}_i$ は，連立方程式

$$A\boldsymbol{x}_i - \lambda_i \boldsymbol{x}_i = \boldsymbol{0} \tag{A.43}$$

の解として求めることができる．

また，トレースと行列式は，これらの固有値を用いて

$$\mathrm{tr}(A) = \lambda_1 + \lambda_2 + \cdots + \lambda_p \tag{A.44}$$

および

$$\det(A) = \lambda_1 \lambda_2 \cdots \lambda_p \tag{A.45}$$

のように表現できることが知られている．

さらに，A が実対称行列なら，その固有値はすべて実数になり，対応する固有ベクトルも実数ベクトルとなる．

また，異なる固有値に対する固有ベクトルは直交することが知られている．

A.1.13 実対称行列の対角化

実対称行列 A の固有値を $\lambda_1, \lambda_2, \cdots, \lambda_p$ とし，対応する固有ベクトルを $\boldsymbol{t}_1, \boldsymbol{t}_2, \cdots, \boldsymbol{t}_p$ とする．つまり

$$A\boldsymbol{t}_i = \lambda_i \boldsymbol{t}_i \quad (i = 1, \cdots, p) \tag{A.46}$$

とする．ただし，各固有ベクトルのノルムを 1 に正規化しているとする．つまり，$\|\boldsymbol{t}_i\| = 1$ とする．さらに，固有ベクトルはたがいに直交するとする．つまり

$$\boldsymbol{t}_i^T \boldsymbol{t}_j = \delta_{ij} \quad (i = 1, \cdots, p; j = 1, \cdots, p) \tag{A.47}$$

とする．このとき，固有ベクトルを並べた行列 $T = \begin{bmatrix} \boldsymbol{t}_1 & \boldsymbol{t}_2 & \cdots & \boldsymbol{t}_p \end{bmatrix}$ は，直交行列 ($T^T T = T T^T = I$) になる．

いま

$$\begin{aligned}
AT &= A \begin{bmatrix} \boldsymbol{t}_1 & \boldsymbol{t}_2 & \cdots & \boldsymbol{t}_p \end{bmatrix} = \begin{bmatrix} A\boldsymbol{t}_1 & A\boldsymbol{t}_2 & \cdots & A\boldsymbol{t}_p \end{bmatrix} \\
&= \begin{bmatrix} \lambda_1 \boldsymbol{t}_1 & \lambda_2 \boldsymbol{t}_2 & \cdots & \lambda_p \boldsymbol{t}_p \end{bmatrix} = T \begin{bmatrix} \lambda_1 & 0 & \cdots & 0 \\ 0 & \lambda_2 & \cdots & 0 \\ \vdots & \vdots & \ddots & \vdots \\ 0 & 0 & \cdots & \lambda_p \end{bmatrix} = T\Lambda
\end{aligned} \tag{A.48}$$

となる．この両辺に左から T^T を掛けると

$$T^T A T = T^T T \Lambda = \Lambda \tag{A.49}$$

のように A を対角行列 Λ に変換できる．

A.1.14 行列のスペクトル分解

先と同様に，実対称行列 A の固有値を対角要素とする対角行列を $\Lambda = \mathrm{diag}(\lambda_1, \lambda_2, \cdots, \lambda_p)$ とし，固有ベクトルを並べた行列を $T = \begin{bmatrix} \boldsymbol{t}_1 & \boldsymbol{t}_2 & \cdots & \boldsymbol{t}_p \end{bmatrix}$ とすると，$AT = T\Lambda$ が成り立つ．この両辺に右から T^T を掛けると

$$A = ATT^T = T\Lambda T^T = \lambda_1 \boldsymbol{t}_1 \boldsymbol{t}_1^T + \lambda_2 \boldsymbol{t}_2 \boldsymbol{t}_2^T + \cdots + \lambda_p \boldsymbol{t}_p \boldsymbol{t}_p^T \tag{A.50}$$

のようになる．これは，行列 A が固有値 λ_i に対応する固有ベクトル $\boldsymbol{t}_i$ から作られる行列 $\boldsymbol{t}_i \boldsymbol{t}_i^T$ を固有値で重みを付けて足し合わせる形に分解できることを示している．このような分解を行列 A のスペクトル分解と呼ぶ．

A.1.15 特異値分解（SVD）

実数を要素とする $m \times n$ 行列 B に対して

$$BB^T \tag{A.51}$$

は，$m \times m$ 実対称行列になる．同様に

$$B^T B \tag{A.52}$$

は，$n \times n$ 実対称行列になる．

ここで，これらの行列 BB^T および $B^T B$ のスペクトル分解を考えてみる．BB^T の固有値を対角要素とする対角行列を $D^2 = \mathrm{diag}(d_1^2, d_2^2, \cdots, d_r^2, 0, \cdots, 0)$ とし，対応する固有ベクトルを並べた行列を S とすると，固有値問題は

$$(BB^T)S = SD^2 \tag{A.53}$$

と表すことができる．したがって，BB^T のスペクトル分解は

$$(BB^T) = SD^2 S^T \tag{A.54}$$

のように表される．$B^T B$ の固有値は，この場合には，BB^T の固有値と同じになり，固有値を対角要素とする対角行列は D^2 に一致する．一方，固有ベクトルは異なり，それを並べた行列を V とすると，固有値問題は

$$(B^T B)V = VD^2 \tag{A.55}$$

と表すことができる．したがって，$B^T B$ のスペクトル分解は

$$(B^T B) = VD^2 V^T \tag{A.56}$$

のように表される．

いま，実対称行列のスペクトル分解と同様に

$$B = SDV^T = d_1 \boldsymbol{s}_1 \boldsymbol{v}_1^T + d_2 \boldsymbol{s}_2 \boldsymbol{v}_2^T + \cdots + d_r \boldsymbol{s}_r \boldsymbol{v}_r^T \tag{A.57}$$

のような B の分解を考えてみる．これを，行列 B の特異値分解（singular value decomposition, SVD）という．これは，行列 B を固有ベクトル $\boldsymbol{s}_i$ と $\boldsymbol{v}_i$ の積で作られる行列 $\boldsymbol{s}_i \boldsymbol{v}_i^T$ を固有値 d_i で重みつけて足し合わせる形に分解できることを示している．

この分解を用いると

$$BB^T = SDV^TVDS^T = SD^2S^T \tag{A.58}$$

および

$$B^TB = VDS^TSDV^T = VD^2V^T \tag{A.59}$$

のようになることが確かめられる。

A.1.16 線形独立と線形従属

p 個のベクトル $\boldsymbol{a}_1, \boldsymbol{a}_2, \cdots, \boldsymbol{a}_p$ について，その線形結合が $\boldsymbol{0}$ となる，つまり

$$c_1\boldsymbol{a}_1 + c_2\boldsymbol{a}_2 + \cdots + c_p\boldsymbol{a}_p = \boldsymbol{0} \tag{A.60}$$

となるのは，$c_1 = c_2 = \cdots = c_p = 0$ のときに限られるなら，これらのベクトルの組 $\boldsymbol{a}_1, \boldsymbol{a}_2, \cdots, \boldsymbol{a}_p$ は，線形独立（一次独立）という。このとき，これらのベクトルの組の中のどのベクトルも，ほかのベクトルの線形結合として表せない。

逆に，これらのベクトルの組が線形独立でないとき，これらのベクトルを線形従属（一次従属）という。これらのベクトルの組が線形従属なら，この組の中に，ほかのベクトルの線形結合として表されるベクトルが存在する。

A.1.17 行列の階数（ランク）

行列 $A = \begin{bmatrix} \boldsymbol{a}_1 & \boldsymbol{a}_2 & \cdots & \boldsymbol{a}_p \end{bmatrix}$ の p 個のベクトルのうち，線形独立になるベクトルの最大個数を $\mathrm{rank}(A)$ で表し，これを行列 A の階数（ランク）という。

もし，行列 A が $p \times p$ の正方行列で，$\mathrm{rank}(A) = p$ なら，A は正則である。つまり，逆行列が存在する。逆に，$\mathrm{rank}(A) \neq p$ なら A は正則ではなく，逆行列を持たない。

A.1.18 行空間・列空間

ある行列 A の行空間（または列空間）とは，その行列の各行ベクトル（または各列ベクトル）の線型結合として生じうるベクトルをすべて集めた集合のことをいう。

行列 $A = \begin{bmatrix} \boldsymbol{a}_1^T & \boldsymbol{a}_2^T & \cdots & \boldsymbol{a}_p^T \end{bmatrix}^T$ の行空間のことを，行ベクトル $\boldsymbol{a}_1^T, \boldsymbol{a}_2^T, \cdots, \boldsymbol{a}_p^T$ が張る空間という。同様に，行列 $A = \begin{bmatrix} \boldsymbol{a}_1 & \boldsymbol{a}_2 & \cdots & \boldsymbol{a}_p \end{bmatrix}$ の列空間のことを，列ベクトル $\boldsymbol{a}_1, \boldsymbol{a}_2, \cdots, \boldsymbol{a}_p$ が張る空間という。

A.2 ベクトル・行列の微分と最適化の基礎

A.2.1 ベクトル・行列に関する勾配

m 個の変数を持つ関数

$$f(\boldsymbol{x}) = f(x_1, x_2, \cdots, x_m) : R^m \to R \tag{A.61}$$

を考える.この関数に対して,その勾配(微分)を

$$\nabla f(\boldsymbol{x}) = \frac{\partial f(\boldsymbol{x})}{\partial \boldsymbol{x}} = \begin{bmatrix} \dfrac{\partial f(\boldsymbol{x})}{\partial x_1} \\ \dfrac{\partial f(\boldsymbol{x})}{\partial x_2} \\ \vdots \\ \dfrac{\partial f(\boldsymbol{x})}{\partial x_m} \end{bmatrix} \tag{A.62}$$

で定義する.

同様に,ベクトル関数

$$\boldsymbol{f}(\boldsymbol{x}) = \begin{bmatrix} f_1(\boldsymbol{x}) \\ f_2(\boldsymbol{x}) \\ \vdots \\ f_n(\boldsymbol{x}) \end{bmatrix} : R^m \to R^n \tag{A.63}$$

の微分を

$$\frac{\partial \boldsymbol{f}(\boldsymbol{a})}{\partial \boldsymbol{x}} = \begin{bmatrix} \dfrac{\partial f_1(\boldsymbol{x})}{\partial x_1} & \dfrac{\partial f_1(\boldsymbol{x})}{\partial x_2} & \cdots & \dfrac{\partial f_1(\boldsymbol{x})}{\partial x_m} \\ \dfrac{\partial f_2(\boldsymbol{x})}{\partial x_1} & \dfrac{\partial f_2(\boldsymbol{x})}{\partial x_2} & \cdots & \dfrac{\partial f_2(\boldsymbol{x})}{\partial x_m} \\ \vdots & \vdots & \ddots & \vdots \\ \dfrac{\partial f_n(\boldsymbol{x})}{\partial x_1} & \dfrac{\partial f_n(\boldsymbol{x})}{\partial x_2} & \cdots & \dfrac{\partial f_n(\boldsymbol{x})}{\partial x_m} \end{bmatrix} \tag{A.64}$$

で定義する.

また,$m \times n$ 行列 A を引数に持つ関数

$$f(A) : \mathbf{R}^{m \times n} \to \mathbf{R} \tag{A.65}$$

の A による微分を

$$\frac{\partial f(A)}{\partial A} = \begin{bmatrix} \dfrac{\partial f(A)}{\partial a_{11}} & \dfrac{\partial f(A)}{\partial a_{12}} & \cdots & \dfrac{\partial f(A)}{\partial a_{1n}} \\ \dfrac{\partial f(A)}{\partial a_{21}} & \dfrac{\partial f(A)}{\partial a_{22}} & \cdots & \dfrac{\partial f(A)}{\partial a_{2n}} \\ \vdots & \vdots & \ddots & \vdots \\ \dfrac{\partial f(A)}{\partial a_{m1}} & \dfrac{\partial f(A)}{\partial a_{m2}} & \cdots & \dfrac{\partial f(A)}{\partial a_{mn}} \end{bmatrix} \tag{A.66}$$

で定義する.

A.2.2 ベクトル・行列に関する微分の公式

ベクトル・行列の微分に関して，以下のような公式が成り立つ．

$$\frac{\partial A\boldsymbol{x}}{\partial \boldsymbol{x}} = A \tag{A.67}$$

$$\frac{\partial \boldsymbol{a}^T \boldsymbol{x}}{\partial \boldsymbol{x}} = \frac{\partial \boldsymbol{x}^T \boldsymbol{a}}{\partial \boldsymbol{x}} = \boldsymbol{a} \tag{A.68}$$

$$\frac{\partial \boldsymbol{x}^T A \boldsymbol{x}}{\partial \boldsymbol{x}} = (A + A^T)\boldsymbol{x} \tag{A.69}$$

特に，行列 A が対称行列なら $A = A^T$ となるので

$$\frac{\partial \boldsymbol{x}^T A \boldsymbol{x}}{\partial \boldsymbol{x}} = 2A\boldsymbol{x} \tag{A.70}$$

となる．

また，トレースと行列での微分に関して，以下のような微分公式が成り立つ．

$$\frac{\partial \mathrm{tr}(A^T B)}{\partial A} = B \tag{A.71}$$

$$\frac{\partial \mathrm{tr}(A^T BA)}{\partial A} = 2BA \tag{A.72}$$

正方行列 A に対して，行列式の余因子展開を用いると

$$\frac{\partial \det(A)}{\partial A} = \tilde{A} \tag{A.73}$$

となる．また，正方行列 A が正則なら

$$\frac{\partial \log |\det(A)|}{\partial A} = (A^T)^{-1} \tag{A.74}$$

となる．

A.2.3 最急降下法

関数 $f(\boldsymbol{x})$ の最大値，あるいは，最小値を求める問題を最適化問題という．

最も簡単な最適化問題の解法は，適当な初期値から初めて逐次小さな値をみつけていく繰返し最適化法である．そのなかでも勾配を利用して，つぎの値を決める最も簡単な手法が最急降下法である．

最急降下法では，例えば，最小値を求める場合には，勾配と反対方向にちょっとだけ動かした点をつぎの点として，それを繰り返すことで，局所最小値を求める．具体的には

$$\boldsymbol{x}^{t+1} \Leftarrow \boldsymbol{x}^t - \alpha \left(\frac{\partial f(\boldsymbol{x})}{\partial \boldsymbol{x}} \right)_{\boldsymbol{x}=\boldsymbol{x}^t} \tag{A.75}$$

でつぎの値を求める．ここで，α は探索の幅を指定する小さな値である．最小値ではなく最大値を求める場合には，式中の $-\alpha$ を $+\alpha$ に置き換えればよい．

A.2.4 Newton 法

探索の各点で関数 $f(\boldsymbol{x})$ を二次近似することで，つぎの探索点を決定する最適化手法は，Newton 法と呼ばれている．現時点での探索点を $\boldsymbol{x}^t$ とすると，この点から微小に動かした点 $\boldsymbol{x}^t + \boldsymbol{\delta}$ を考える．この点での関数 f の Taylor 展開をして，二次まで近似すると

$$f(\boldsymbol{x}^t + \boldsymbol{\delta}) \approx f(\boldsymbol{x}^t) + \left(\frac{\partial f(\boldsymbol{x})}{\partial \boldsymbol{x}}\right)\boldsymbol{\delta} + \frac{1}{2}\boldsymbol{\delta}^T\left(\frac{\partial^2 f(\boldsymbol{x})}{\partial \boldsymbol{x} \partial \boldsymbol{x}^T}\right)\boldsymbol{\delta} \tag{A.76}$$

となる．これを最小とする変化量 $\boldsymbol{\delta}$ を求めるために，これを $\boldsymbol{\delta}$ で偏微分して $\boldsymbol{0}$ とおくと

$$\left(\frac{\partial f(\boldsymbol{x})}{\partial \boldsymbol{x}}\right) + \left(\frac{\partial^2 f(\boldsymbol{x})}{\partial \boldsymbol{x} \partial \boldsymbol{x}^T}\right)\boldsymbol{\delta} = \boldsymbol{0} \tag{A.77}$$

となり，これから

$$\boldsymbol{\delta} = -\left(\frac{\partial^2 f(\boldsymbol{x})}{\partial \boldsymbol{x} \partial \boldsymbol{x}^T}\right)^{-1}\left(\frac{\partial f(\boldsymbol{x})}{\partial \boldsymbol{x}}\right) \tag{A.78}$$

となる．したがって，Newton 法の更新式は

$$\boldsymbol{x}^{t+1} \Leftarrow \boldsymbol{x}^t + \boldsymbol{\delta} = \boldsymbol{x}^t - \left(\frac{\partial^2 f(\boldsymbol{x})}{\partial \boldsymbol{x} \partial \boldsymbol{x}^T}\right)^{-1}\left(\frac{\partial f(\boldsymbol{x})}{\partial \boldsymbol{x}}\right)_{\boldsymbol{x}=\boldsymbol{x}^t} \tag{A.79}$$

となる．

A.2.5 制約条件がある場合の最適化

制約条件

$$g(\boldsymbol{x}) = 0 \tag{A.80}$$

のもとで，関数 $f(\boldsymbol{x})$ の最小値，あるいは，最大値を求める問題は，制約条件付き最適化問題と呼ばれている．

制約条件付きの最適化問題は，Lagrange の未定乗数 λ を導入して，新たな関数

$$Q(\boldsymbol{x}, \lambda) = f(\boldsymbol{x}) + \lambda g(\boldsymbol{x}) \tag{A.81}$$

を構成し，この関数 $Q(\boldsymbol{x}, \lambda)$ の最適解を求めれば，求めたい制約条件付き最適化問題の解となることが知られている．

A.3 確率統計の基礎

A.3.1 一つの離散変数の確率

有限個の離散的な値 $X = \{v_1, v_2, \cdots, v_m\}$ をとる変数 x があるとき

$$p_i = \Pr[x = v_i] \quad (i = 1, \cdots, m) \tag{A.82}$$

が，確率の条件

$$p_i \geq 0, \quad \sum_{i=1}^{m} p_i = 1 \tag{A.83}$$

を満たすとき，p_i を x が値 v_i をとる確率という．例えば，サイコロでは，$X = \{1, 2, \cdots, 6\}$ であり，それぞれの目が出る確率は，$p_i = 1/6$ で与えられる．

$\Pr[x = v]$ $(v \in X)$ を変数 x になんらかの確率値を割り当てる関数とみなし，$P(x)$ とも書く．これを確率関数ないし確率分布という．また，このとき，x を離散確率変数という．

A.3.2 一つの離散変数の場合の統計量

離散変数 x に対する確率分布 $P(x)$ の平均値，期待値，二次のモーメントおよび分散は，以下のように定義される．

$$\text{平均値}: E[x] = \mu = \sum_{x \in X} xP(x) = \sum_{i=1}^{m} v_i p_i \tag{A.84}$$

$$\text{期待値}: E[f(x)] = \sum_{x \in X} f(x) P(x) \tag{A.85}$$

$$\text{二次のモーメント}: E[x^2] = \sum_{x \in X} x^2 P(x) \tag{A.86}$$

$$\text{分 散}: V[x] = \sigma^2 = E[(x-\mu)^2] = \sum_{x \in X} (x-\mu)^2 P(x) = E[x^2] - (E[x])^2 \tag{A.87}$$

A.3.3 二つの離散変数の確率

二つの離散変数 x, y が，それぞれ，有限個の離散的な値 $X = \{v_1, v_2, \cdots, v_m\}$，および，$Y = \{w_1, w_2, \cdots, w_n\}$ をとるとき，それらの変数に関する確率を以下のように定義する．

$$p_{ij} = \Pr[x = v_i, y = w_j] = P(x,y) \tag{A.88}$$

これを x と y の同時確率という.ただし,この場合の確率の条件は以下となる.

$$p_{ij} \geq 0, \quad \sum_{i=1}^{m}\sum_{j=1}^{n} p_{ij} = 1 \tag{A.89}$$

同時確率 $P(x,y)$ で一つの変数について確率の総和をとった量を周辺分布といい,以下のように定義される.

$$P_y(y) = \sum_{x \in X} P(x,y), \quad P_x(x) = \sum_{y \in Y} P(x,y) \tag{A.90}$$

A.3.4 条件付き確率

変数 y の値がわかった場合に変数 x がある値をとる確率を条件付き確率と呼び,以下のように定義する.

$$P(x|y) = \frac{P(x,y)}{P_y(y)} = \frac{P_x(x)P(y|x)}{P_y(y)} \tag{A.91}$$

例えば,一つのサイコロを振ったとき,出た目が,奇数か偶数かを表す変数を x とし,1 が出るか,それ以外の目が出るかを表す変数を y とすると

$$P(y=1|x=奇数) = \frac{P(x=奇数, y=1)}{P_x(x=奇数)} = \frac{1/6}{1/2} = \frac{1}{3} \tag{A.92}$$

となる.同様に

$$P(y \neq 1|x=偶数) = \frac{P(x=偶数, y \neq 1)}{P_x(x=偶数)} = \frac{1/2}{1/2} = 1 \tag{A.93}$$

となる.

A.3.5 二つの離散変数の場合の統計量

離散変数が二つの場合,期待値および各変数についての平均値は,以下のように定義される.

$$期待値: E[f(x,y)] = \sum_{x \in X} \sum_{y \in Y} f(x,y) P(x,y) \tag{A.94}$$

$$平均値: \mu_x = E[x] = \sum_{x \in X} \sum_{y \in Y} x P(x,y) = \sum_{x \in X} x P_x(x) \tag{A.95}$$

$$\mu_y = E[y] = \sum_{x \in X} \sum_{y \in Y} y P(x,y) = \sum_{y \in Y} y P_y(y) \tag{A.96}$$

A.3 確率統計の基礎   213

また，分散，共分散，相関係数は以下のように定義される．

$$\text{分散}: V(x) = E[(x-\mu_x)^2] = \sum_{x \in X}\sum_{y \in Y}(x-\mu_x)^2 P(x,y) \tag{A.97}$$

$$V(y) = E[(y-\mu_y)^2] = \sum_{x \in X}\sum_{y \in Y}(y-\mu_y)^2 P(x,y) \tag{A.98}$$

$$\text{共分散}: \text{COV}(x,y) = E[(x-\mu_x)(y-\mu_y)]$$

$$= \sum_{x \in X}\sum_{y \in Y}(x-\mu_x)(y-\mu_y)P(x,y) \tag{A.99}$$

$$\text{相関係数}: \rho_{xy} = \frac{\text{COV}(x,y)}{\sqrt{V(x)V(y)}} \tag{A.100}$$

A.3.6 多変量離散変数の場合

d 個の離散変数からなるベクトル $\boldsymbol{x} = \begin{bmatrix} x_1 & \cdots & x_d \end{bmatrix}^T$ があり，$\boldsymbol{x}$ がとりうる値の集合を $X^{(d)}$ とすると，$\boldsymbol{x}$ の関数 $P(\boldsymbol{x})$ が確率の条件

$$P(\boldsymbol{x}) \geq 0, \quad \sum_{\boldsymbol{x} \in X^{(d)}} P(\boldsymbol{x}) = 1 \tag{A.101}$$

を満たすとき，これを $\boldsymbol{x}$ の確率関数または確率分布と呼ぶ．

このとき，平均および共分散はつぎのベクトルおよび行列として定義される．

$$\text{平均ベクトル}: E[\boldsymbol{x}] = \boldsymbol{\mu} = \sum_{\boldsymbol{x} \in X^{(d)}} \boldsymbol{x} P(\boldsymbol{x}) \tag{A.102}$$

$$\text{分散共分散行列}: \Sigma = E[(\boldsymbol{x}-\boldsymbol{\mu})(\boldsymbol{x}-\boldsymbol{\mu})^T] = E[\boldsymbol{x}\boldsymbol{x}^T] - \boldsymbol{\mu}\boldsymbol{\mu}^T \tag{A.103}$$

A.3.7 一つの連続変数の確率密度

連続な値をとる変数の場合には，確率密度を考える必要がある．いま，x を連続な値を取る変数とすると，確率密度の条件

$$p(x) \geq 0, \quad \int_{-\infty}^{\infty} p(x)dx = 1 \tag{A.104}$$

を満たす $p(x)$ を確率密度関数と呼ぶ．また，このとき，x を連続確率変数という．

A.3.8 一つの連続変数の場合の統計量

離散変数の場合と同様に，期待値，平均，分散を以下のように定義する．

$$\text{期待値}: E[f(x)] = \int_{-\infty}^{\infty} f(x)p(x)dx \tag{A.105}$$

平　均：$\mu = E[x] = \displaystyle\int_{-\infty}^{\infty} xp(x)dx$ \hfill (A.106)

分　散：$V(x) = E[(x-\mu)^2] = \displaystyle\int_{-\infty}^{\infty} (x-\mu)^2 p(x)dx$ \hfill (A.107)

A.3.9　二つの連続変数の確率密度

二つの連続変数 x, y の関数 $p(x, y)$ が確率密度の条件

$$p(x,y) \geq 0, \quad \int_{-\infty}^{\infty}\int_{-\infty}^{\infty} p(x,y)dxdy = 1 \tag{A.108}$$

を満たすとき，$p(x, y)$ を x と y の同時確率密度関数と呼ぶ．

周辺分布関数は以下のように定義される．

$$p(y) = \int_{-\infty}^{\infty} p(x,y)dx, \quad p(x) = \int_{-\infty}^{\infty} p(x,y)dy \tag{A.109}$$

A.3.10　連続変数の場合の条件付き確率

同時確率密度関数 $p(x, y)$ において，y が与えられたときの x の条件付き確率密度関数は，以下のように定義される．

$$p(x|y) = \frac{p(x,y)}{p(y)} = \frac{p(x)p(y|x)}{p(y)} \tag{A.110}$$

A.3.11　二つの連続変数の場合の統計量

同時確率密度関数 $p(x, y)$ の期待値，平均，分散，共分散を以下のように定義する．

期待値：$E[f(x,y)] = \displaystyle\int_{-\infty}^{\infty}\int_{-\infty}^{\infty} f(x,y)p(x,y)dxdy$ \hfill (A.111)

平　均：$\mu_x = E[x] = \displaystyle\int_{-\infty}^{\infty}\int_{-\infty}^{\infty} xp(x,y)dxdy = \int_{-\infty}^{\infty} xp(x)dx$ \hfill (A.112)

$\mu_y = E[y] = \displaystyle\int_{-\infty}^{\infty}\int_{-\infty}^{\infty} yp(x,y)dxdy = \int_{-\infty}^{\infty} yp(y)dy$ \hfill (A.113)

分　散：$V(x) = E[(x-\mu_x)^2] = \displaystyle\int_{-\infty}^{\infty}\int_{-\infty}^{\infty} (x-\mu_x)^2 p(x,y)dxdy$ \hfill (A.114)

$V(y) = E[(y-\mu_y)^2] = \displaystyle\int_{-\infty}^{\infty}\int_{-\infty}^{\infty} (y-\mu_y)^2 p(x,y)dxdy$ \hfill (A.115)

共分散：$\mathrm{COV}(x,y) = E[(x-\mu_x)(y-\mu_y)]$

$$= \int_{-\infty}^{\infty}\int_{-\infty}^{\infty} (x-\mu_x)(y-\mu_y)p(x,y)dxdy \tag{A.116}$$

$$= E[xy] - \mu_x\mu_y = \int_{-\infty}^{\infty}\int_{-\infty}^{\infty} xyp(x,y)dxdy - \mu_x\mu_y \tag{A.117}$$

A.3.12 多変量連続変数の確率密度

d 個の連続変数からなるベクトル $\boldsymbol{x} = \begin{bmatrix} x_1 & \cdots & x_d \end{bmatrix}^T$ の関数 $p(\boldsymbol{x})$ が，条件

$$p(\boldsymbol{x}) \geq 0, \quad \int p(\boldsymbol{x})d\boldsymbol{x} = \int_{-\infty}^{\infty} \cdots \int_{-\infty}^{\infty} p(x_1, \cdots, x_d)dx_1 \cdots dx_d = 1 \tag{A.118}$$

を満たすとき，これを $\boldsymbol{x}$ の確率密度関数と呼ぶ。

A.3.13 多変量連続変数の場合の統計量

$p(\boldsymbol{x})$ に関する期待値，平均ベクトル，分散共分散行列は，以下のように定義される。

$$期待値：E[f(\boldsymbol{x})] = \int f(\boldsymbol{x})p(\boldsymbol{x})d\boldsymbol{x} \tag{A.119}$$

$$平均ベクトル：\boldsymbol{\mu} = E[\boldsymbol{x}] = \int \boldsymbol{x}p(\boldsymbol{x})d\boldsymbol{x} \tag{A.120}$$

$$分散共分散行列：\Sigma = E[(\boldsymbol{x} - \boldsymbol{\mu})(\boldsymbol{x} - \boldsymbol{\mu})^T] = \int (\boldsymbol{x} - \boldsymbol{\mu})(\boldsymbol{x} - \boldsymbol{\mu})^T p(\boldsymbol{x})d\boldsymbol{x} \tag{A.121}$$

A.3.14 情報量とエントロピー

多変量離散変数 $\boldsymbol{x} \in X$ の確率関数 $P(\boldsymbol{x})$, $Q(\boldsymbol{x})$ および多変量連続変数 $\boldsymbol{y} \in Y$ の確率密度関数 $p(\boldsymbol{y})$, $q(\boldsymbol{y})$ に関する情報量，エントロピー，Kullback-Leibler 情報量，クロスエントロピーは，以下のように定義される。

$$情報量：I(\boldsymbol{x}) = -\log P(\boldsymbol{x}) \tag{A.122}$$

$$I(\boldsymbol{y}) = -\log p(\boldsymbol{y}) \tag{A.123}$$

エントロピー（平均情報量）：

$$H(X) = \sum_{\boldsymbol{x} \in X} P(\boldsymbol{x})I(\boldsymbol{x}) = -\sum_{\boldsymbol{x} \in X} P(\boldsymbol{x}) \log P(\boldsymbol{x}) \tag{A.124}$$

$$H(Y) = \int p(\boldsymbol{y})I(\boldsymbol{y})d\boldsymbol{y} = -\int p(\boldsymbol{y}) \log p(\boldsymbol{y})d\boldsymbol{y} \tag{A.125}$$

なお，上記の $H(X)$ は $H(P)$, $H(Y)$ は $H(p)$ とも書く。

クロスエントロピー（交差エントロピー）：

$$CE(P, Q) = E_P[-\log Q(\boldsymbol{x})] = -\sum_{\boldsymbol{x} \in X} P(\boldsymbol{x}) \log Q(\boldsymbol{x}) \tag{A.126}$$

$$CE(p,q) = E_p[-\log q(\boldsymbol{y})] = -\int p(\boldsymbol{y}) \log q(\boldsymbol{y}) d\boldsymbol{y} \tag{A.127}$$

Kullback-Leibler 情報量：

$$D_{KL}(P||Q) = \sum_{\boldsymbol{x} \in X} P(\boldsymbol{x}) \log \frac{P(\boldsymbol{x})}{Q(\boldsymbol{x})} \tag{A.128}$$

$$= CE(P,Q) - H(P) \tag{A.129}$$

$$D_{KL}(p||q) = \int p(\boldsymbol{y}) \log \frac{p(\boldsymbol{y})}{q(\boldsymbol{y})} d\boldsymbol{y} \tag{A.130}$$

$$= CE(p,q) - H(p) \tag{A.131}$$

多変量離散変数 $\boldsymbol{x}_1 \in X_1$, $\boldsymbol{x}_2 \in X_2$ の確率関数 $P(\boldsymbol{x}_1, \boldsymbol{x}_1)$ および多変量連続変数 $\boldsymbol{y}_1 \in Y_1$, $\boldsymbol{y}_2 \in Y_2$ の確率密度関数 $p(\boldsymbol{y}_1, \boldsymbol{y}_2)$ に関する条件付きエントロピーおよび相互情報量は，以下のように定義される．

条件付きエントロピー：

$$H(X_1|X_2) = -\sum_{\boldsymbol{x}_1 \in X_1} P(\boldsymbol{x}_1|\boldsymbol{x}_2) \log P(\boldsymbol{x}_1|\boldsymbol{x}_2) \tag{A.132}$$

$$H(Y_1|Y_2) = -\int p(\boldsymbol{y}_1|\boldsymbol{y}_2) \log p(\boldsymbol{y}_1|\boldsymbol{y}_2) d\boldsymbol{y}_1 \tag{A.133}$$

相互情報量：

$$I(X_1, X_2) = -\sum_{\boldsymbol{x}_1 \in X_1} \sum_{\boldsymbol{x}_2 \in X_2} P(\boldsymbol{x}_1, \boldsymbol{x}_2) \log \frac{P(\boldsymbol{x}_1, \boldsymbol{x}_2)}{P(\boldsymbol{x}_1)P(\boldsymbol{x}_2)} \tag{A.134}$$

$$= H(X_1) - H(X_1|X_2) = H(X_2) - H(X_2|X_1) \tag{A.135}$$

$$I(Y_1, Y_2) = -\iint p(\boldsymbol{y}_1, \boldsymbol{y}_2) \log \frac{p(\boldsymbol{y}_1, \boldsymbol{y}_2)}{p(\boldsymbol{y}_1)p(\boldsymbol{y}_2)} d\boldsymbol{y}_1 d\boldsymbol{y}_2 \tag{A.136}$$

$$= H(Y_1) - H(Y_1|Y_2) = H(Y_2) - H(Y_2|Y_1) \tag{A.137}$$

引用・参考文献

1) Y. LeCun, B. Boser, J.S. Denker, D. Henderson, R.E. Howard, W. Hubbard, and L.D. Jackel：Backpropagation applied to handwritten zip code recognition, Neural Computation, **1**, 4, pp.541-551 (1989)
2) A. Krizhevsky, I. Sutskever, and G.E. Hinton：ImageNet classification with deep convolutional neural networks, Proc. Conf. Neural Information Processing Systems, pp.1097-1105 (2012)
3) R.O. Duda, P.E. Hart, and D.G. Stork：Pattern Classification (Second Edition), John Wiley & Sons, Inc. (2001)
4) T. Cover and P. Hart：Nearest neighbor pattern classification, IEEE Trans. on Information Theory, IT-11, pp.21–27 (1967)
5) T. Hastie, R. Tibshirani, and J. Friedman：The Elements of Statistical Learning – Data Mining, Inference, and Prediction – (Second Edition), Springer (2009)
6) A.P. Dempster, N.M. Laird, and D.B. Rubin：Maximum likelihood from incomplete data via the EM algorithm, Journal of Royal Statistical Society, B-39, pp.1-38 (1977)
7) S. Amari：Information geometry of the EM and em algorithms for neural networks, Neural Networks, **8**, 9, pp.1379-1408 (1995)
8) Yeh, I-Cheng：Modeling slump flow of concrete using second-order regressions and artificial neural networks, Cement and Concrete Composites, **29**, 6, pp.474-480 (2007)
9) J.A. Mclaughlin and J. Raviv：Nth-order autocorrelations in pattern recognition, Information and Control, **12**, pp.121-142 (1968)
10) B. Schölkopf, A. Smola, R. Williamson, and P.L. Bartlett：New support vector algorithms, Neural Computation, **12**, pp.1207-1245 (2000)
11) A. Krizhevsky, I. Sutskever, and G.E. Hinton：ImageNet classification with deep convolutional neural networks, Proc. Conf. Neural Information Processing Systems, pp.1097-1105 (2012)

12) K. Fukushima : Neocognitron: A self-organizing neural network model for a mechanism of pattern recognition unaffected by shift in position, Biological Cybernetics, **36**, 4, pp.193-202 (1980)
13) G. Cybenko : Approximation by Superpositions of a Sigmoidal Function, Math. Control Signals Systems, **2**, pp.303-314 (1989)
14) 赤穂昭太郎：カーネル多変量解析−非線形データ解析の新しい展開−，岩波書店 (2008)
15) 福水健次：カーネル法入門−正定値カーネルによるデータ解析−，朝倉書店 (2010)
16) N. Otsu and T. Kurita : A new scheme for practical, flexible and intelligent vision systems, Proc. IAPR Workshop on Computer Vision, pp.431-435 (1988)
17) G. Baudat and F. Anouar : Generalized discriminant analysis using a kernel approach, Neural Computation, **12**, 10, pp.2385-2404 (2000)
18) C.M. Bishop : Pattern Recognition and Machine Learning, Springer (2006)
19) R.A. Fisher : The Use of Multiple Measurements in Taxonomic Problems, Annals of Eugenics, **7**, pp.179–188 (1936)
20) A. Frank and A. Asuncion : UCI Machine Learning Repository, University of California, School of Information and Computer Science, 2010, http://archive.ics.uci.edu/ml.
21) A. Hidaka and T. Kurita : Discriminant Kernels based Support Vector Machine, The First Asian Conference on Pattern Recognition (ACPR 2011), Beijing, China, Nov. 28-30, pp.159-163 (2011)
22) A. Hidaka and T. Kurita : Nonlinear Discriminant Analysis based on Probability Estimation by Gaussian Mixture Model, Proc. of IAPR Joint International Workshops on Statistical Techniques in Pattern Recognition (SPR2014) and Structural and Syntactic Pattern Recognition (SSPR2014), pp.133-142 (2014)
23) A. Hidaka and T. Kurita : Optimum Nonlinear Discriminant Analysis and Discriminant Kernel Support Vector Machine, IEICE TRANSACTIONS on Information and Systems, **E99-D**, 11, pp.2734-2744 (Nov. 1, 2016)
24) T. Kurita, H. Asoh, and N. Otsu : Nonlinear discriminant features constructed by using outputs of multilayer perceptron, Proceeding of the International Symposium on Speech, Image Processing and Neural Networks (ISSIPNN' 94), **2**, pp.417-420 (1994)

25) T. Kurita, K. Watanabe, and N. Otsu : Logistic Discriminant Analysis, Proc. of 2009 IEEE International Conference on Systems, Man, and Cybernetics, San Antonio, Texas, USA., October 11-14, pp.2236-2241 (2009)
26) T. Kurita : Discriminant Kernels derived from the Optimum Nonlinear Discriminant Analysis, Proc. of 2011 International Joint Conference on Neural Networks, San Jose, California, USA, July 31 - August 5 (2011)
27) T. Kurita, K. Watanabe, and A. Hidaka : Sparse Logistic Discriminant Analysis, Proc. of IEEE International Conference on System, Man, and Cybernetics, Manchester, UK., October 13-16 (2013)
28) P. McCullagh and J. Nelder : Generalized Linear Models, Chapman and Hall (1989)
29) S. Mika, G. Ratsch, J. Weston, B. Scholkopf, A. Smola, and K. Muller : Fisher discriminant analysis with kernels, Proc. IEEE Neural Networks for Signal Processing Workshop, pp.41-48 (1999)
30) N. Otsu : Nonlinear discriminant analysis as a natural extension of the linear case, Behavior Metrika, **2**, pp.45-59 (1975)
31) N. Otsu : Optimal linear and nonlinear solutions for least-square discriminant feature extraction, Proceedings of the 6th International Conference on Pattern Recognition, pp.557-560 (1982)
32) J. Shawe-Taylor and N. Cristianini : Kernel Methods for Pattern Analysis, Cambridge University Press (2004)
33) K. Tsuda, T. Kin, and K. Asai : Marginalized kernels for biological sequences, Bioinformatics, 18(90001): S268-S275 (2002)

あとがき

　ベイズ識別の理論では，対象の観測値とクラスとの確率的な関係が完全にわかっているという仮定のもとで，識別誤りを最小とする最適な方式が事後確率が最大のクラスに識別方式となることが知られている．本書では，機械学習の最も基本的なタスクである，回帰と識別に対して，同様に，背後の確率的な関係が完全にわかっている場合について，変分法を用いて，最適な非線形関数を導出した．その結果，回帰のための最適な非線形関数は予測したい値の条件付き期待値となり，識別のための最適な非線形関数は事後確率を要素とするベクトルを出力する関数となる．同様の仮定のもと，判別基準を最大とする最適な非線形判別関数が事後確率を要素とするベクトルの線形判別分析となることを示した．これらの結果は，回帰や識別において，条件付き確率密度関数や事後確率の推定が本質的に重要であることを示唆している．つまり，なんらかの方法で条件付き確率密度関数や事後確率が推定できれば，回帰や識別のための最適な非線形関数が求まることになる．

　しかしながら，現実には，背後の確率的な関係があらかじめわかることはほとんどない．線形回帰，判別分析などの多くの現実的な手法では，有限個の訓練サンプルから回帰や識別のための関数を直接構成している．そのため，このような手法で構成された関数が，条件付き確率密度関数や事後確率の推定とどのように関係しているのかについては明白ではない．本書では，それらの手法が，条件付き確率密度関数や事後確率の近似を通した最適な非線形関数の近似になっていることを示した．最適な関数がなにかを知り，有限個の訓練サンプルからどのようにその究極の最適な関数を近似的に実現しているかを理解するというアプローチにより，それぞれの手法の特性をより深く理解できたと自負している．

あとがき

　昨今，画像認識などで高い識別能力を示した深層学習が多くの応用分野で利用されるようになってきている。これらの手法では，大量の訓練データから非常に多くのパラメータを持つ複雑なモデルを構築することが行われている。深層学習の画像識別への応用では，Convolutional Nueral Network（CNN）などの脳の視覚野の情報処理を模倣した複雑なモデルを用いて，大量の訓練データから事後確率を推定していると解釈することもできるが，一般の非線形関数ではなく，このようなネットワークの構造による制約を課した非線形関数を採用することで，未学習のデータに対する高い性能が実現できているのかもしれない。

　筆者の知る限りでは，本書のようなアプローチで書かれた書籍はあまり見かけない。線形回帰や線形判別分析を個別に勉強しても，それらの手法が本質的になにを実現しようとしており，それらはどのように関係しているのかについて，もう少し統一的な理解がしたいと思っている読者に対して，本書の内容は，一つの答えを与えることができたと考えている。本書で採用した最適な関数がなにかを知り，各手法がそれをどのように近似しているのかを知るというアプローチは，ほかの課題にも適用可能であると考えられる。今後，本書のようなアプローチを採用して，既存手法の理解や新たな手法の開発に挑戦する読者が現れることを期待したい。

索 引

【あ】
赤池情報量基準 77
誤り訂正学習 90

【い】
一対一方式 116
一対多方式 116
一般化線形モデル 99

【お】
重み共有 135

【か】
回帰分析 10
核関数に基づく方法 31
学習係数 91
確率的勾配降下法 93
過適合 73
カーネル回帰分析 160
カーネル関数 72
カーネルサポート
　ベクトルマシン 165
カーネル主成分分析 169
カーネルトリック 107
カーネル判別分析 171
カーネル法 157

【き】
機械学習 10
記述長最小化 77
教師あり学習 2
寄与率 142

【く】
クラス 1
クラスタ 2
グラム行列 159
クロスエントロピー 10

【け】
決定関数 4
決定境界 87
決定面 87

【こ】
交差確認法 76
交差係数 14
高次局所自己相関 52
格子点探索 168
誤差逆伝播 133
混合パラメータ 38
混合分布 38
混合分布モデル 26

【さ】
最近傍識別 35
最尤法 26
サポートベクトルマシン 107

【し】
識別関数 4
事後確率 3
事前確率 3
周辺化カーネル 191
縮小推定法 80
主成分 138

主成分スコア 138
主成分分析 136
条件付きエントロピー 24
深層学習 1

【せ】
正規化指数関数 122
正定値カーネル 159
セミパラメトリック
　モデル 26
線形回帰分析 45
線形回帰モデル 45
線形しきい素子 88
線形識別関数 7
線形分離可能 88

【そ】
相互情報量 24
ソフトマージン 111
ソフトマックス関数 122
損失関数 4

【た】
対数尤度 27
多項式回帰 69
多項ロジスティック回帰 123
多層パーセプトロン 131
畳込みニューラル
　ネットワーク 10
多変量正規分布 6
単純パーセプトロン 89

【ち】
超平面 87

索　引

【て】
デルタルール　93
テンプレートマッチング　8

【と】
統計的決定理論　2
特徴空間　1
特徴ベクトル　1

【に】
二次識別関数　7

【ね】
ネオコグニトロン　135

【の】
ノンパラメトリックモデル　25

【は】
パーセプトロン　89
パターン認識　1
バックプロパゲーション法　133
パラメトリックモデル　25
汎化性能　74
判別カーネル　188
判別カーネル関数　190
判別基準　147
判別空間　147
判別特徴　148
判別分析　147

【へ】
平均二乗誤差　10
ベイズ決定理論　2
ベイズ識別方式　3, 5
ベイズ情報量規準　79
ベイズ推定　26

ベイズの公式　4
変分法　11

【ま】
マージン最大化　107

【ゆ】
尤度　27
尤度比検定　5

【り】
リッジ回帰　80
リプレゼンター定理　158

【る】
累積寄与率　142

【ろ】
ロジスティック回帰　98
ロジスティック関数　98

【A】
ADALINE　92
AIC　77

【B】
BIC　79

【C】
CNN　10
CV　76

【D】
DKF　190

【E】
EMアルゴリズム　40

【F】
Fisher情報行列　101
Fisher情報量　101

【G】
GLM　99

【H】
Hesse行列　102
HLAC　52

【K】
KDA　171
Kullback-Leibler情報量　23
K-最近傍識別規則　35
K-最近傍法　31

【L】
lasso　84

【M】
MDL　77
MLP　131
MLR　123

【P】
Parzenの窓関数　33
PCA　136

【S】
SGD　93
SVM　107

【W】
weight decay法　105
Widrow-Hoffの学習規則　93

―― 著者略歴 ――

栗田 多喜夫(くりた たきお)
1981年　名古屋工業大学工学部電子工学科卒業
1981年　電子技術総合研究所 研究員
1990年　電子技術総合研究所 主任研究官
1993年　博士(工学)(筑波大学)
2001年　産業技術総合研究所 脳神経情報研究部門 副研究部門長(～2010年)
2002年　筑波大学大学院教授(連携大学院, ～2010年)
2010年　広島大学大学院教授
　　　　現在に至る

日高 章理(ひだか あきのり)
2004年　茨城大学理学部卒業
2006年　修士(工学)(筑波大学大学院システム情報工学研究科コンピュータサイエンス専攻)
2009年　博士(工学)(筑波大学大学院システム情報工学研究科コンピュータサイエンス専攻)
2009年　東京電機大学助教
2018年　東京電機大学准教授
　　　　現在に至る

統計的パターン認識と判別分析
Statistical Pattern Recognition and Discriminant Analysis

　　　　　　　　　　　　　　　Ⓒ Takio Kurita, Akinori Hidaka 2019

2019年1月15日　初版第1刷発行

検印省略

著　者	栗　田　多喜夫
	日　高　章　理
発行者	株式会社　コロナ社
	代表者　牛来真也
印刷所	三美印刷株式会社
製本所	有限会社　愛千製本所

112-0011 東京都文京区千石 4-46-10
発行所　株式会社　コ　ロ　ナ　社
CORONA PUBLISHING CO., LTD.
Tokyo Japan
振替 00140-8-14844・電話(03)3941-3131(代)
ホームページ　http://www.coronasha.co.jp

ISBN 978-4-339-02831-7　C3355　Printed in Japan　　　　(新井)

〈出版者著作権管理機構 委託出版物〉
本書の無断複製は著作権法上での例外を除き禁じられています。複製される場合は、そのつど事前に、出版者著作権管理機構(電話 03-5244-5088, FAX 03-5244-5089, e-mail: info@jcopy.or.jp)の許諾を得てください。

本書のコピー、スキャン、デジタル化等の無断複製・転載は著作権法上での例外を除き禁じられています。購入者以外の第三者による本書の電子データ化及び電子書籍化は、いかなる場合も認めていません。
落丁・乱丁はお取替えいたします。

コンピュータサイエンス教科書シリーズ

（各巻A5判）

■編集委員長　曽和将容
■編集委員　　岩田　彰・富田悦次

配本順				頁	本体
1.	(8回)	情報リテラシー	立花康夫 曽和将容 春日秀雄 共著	234	2800円
2.	(15回)	データ構造とアルゴリズム	伊藤大雄 著	228	2800円
4.	(7回)	プログラミング言語論	大山口通夫 五味弘 共著	238	2900円
5.	(14回)	論理回路	曽和将容 範公可 共著	174	2500円
6.	(1回)	コンピュータアーキテクチャ	曽和将容 著	232	2800円
7.	(9回)	オペレーティングシステム	大澤範高 著	240	2900円
8.	(3回)	コンパイラ	中田育男 監修 中井央	206	2500円
10.	(13回)	インターネット	加藤聰彦 著	240	3000円
11.	(4回)	ディジタル通信	岩波保則 著	232	2800円
12.	(16回)	人工知能原理	加納政芳 山田雅之 遠藤守 共著	232	2900円
13.	(10回)	ディジタルシグナル 　　プロセッシング	岩田彰 編著	190	2500円
15.	(2回)	離散数学 ─CD-ROM付─	牛島和夫 編著 相廣利雄 朝民一 共著	224	3000円
16.	(5回)	計算論	小林孝次郎 著	214	2600円
18.	(11回)	数理論理学	古川康一 向井国昭 共著	234	2800円
19.	(6回)	数理計画法	加藤直樹 著	232	2800円
20.	(12回)	数値計算	加古孝 著	188	2400円

以下続刊

3.	形式言語とオートマトン	町田元 著	9.	ヒューマンコンピュータ 　　　インタラクション	田野俊一 高野健太郎 共著
14.	情報代数と符号理論	山口和彦 著	17.	確率論と情報理論	川端勉 著

定価は本体価格+税です。
定価は変更されることがありますのでご了承下さい。

図書目録進呈◆

自然言語処理シリーズ

(各巻A5判)

■監修　奥村　学

配本順			頁	本体
1. (2回)	言語処理のための機械学習入門	高村大也著	224	2800円
2. (1回)	質問応答システム	磯崎・東中・永田・加藤共著	254	3200円
3.	情報抽出	関根聡著		
4. (4回)	機械翻訳	渡辺・今村・賀沢・Graham・中澤共著	328	4200円
5. (3回)	特許情報処理：言語処理的アプローチ	藤井・谷川・岩山・難波・山本・内山共著	240	3000円
6.	Web言語処理	奥村学著		
7. (5回)	対話システム	中野・駒谷・船越・中野共著	296	3700円
8. (6回)	トピックモデルによる統計的潜在意味解析	佐藤一誠著	272	3500円
9. (8回)	構文解析	鶴岡・岡尾・宮慶・雅祐介共著	186	2400円
10. (7回)	文脈解析 ―述語項構造・照応・談話構造の解析―	笹野・飯田・遼平・龍共著	196	2500円
11. (10回)	語学学習支援のための言語処理	永田亮著	222	2900円
12. (9回)	医療言語処理	荒牧英治著	182	2400円
13.	言語処理のための深層学習入門	渡邉・渡辺・進藤・吉野・小田共著		

定価は本体価格+税です。
定価は変更されることがありますのでご了承下さい。

図書目録進呈◆

マルチエージェントシリーズ

(各巻A5判)

■編集委員長　寺野隆雄
■編集委員　和泉　潔・伊藤孝行・大須賀昭彦・川村秀憲・倉橋節也
　　　　　　栗原　聡・平山勝敏・松原繁夫（五十音順）

配本順			頁	本体
A-1		マルチエージェント入門	寺野隆雄他著		
A-2	（2回）	マルチエージェントのための データ解析	和泉　潔・斎藤正也・山田健太共著	192	2500円
A-3		マルチエージェントのための 人工知能	栗原　聡・川村秀憲・松井藤五郎共著		
A-4		マルチエージェントのための 最適化・ゲーム理論	平山勝敏・松原繁夫・松井俊浩共著		
A-5		マルチエージェントのための モデリングとプログラミング	倉橋・高橋・中島・山根共著		
A-6		マルチエージェントのための 行動科学：実験経済学からのアプローチ	西野成昭・花木伸行共著		
B-1		マルチエージェントによる 社会制度設計	伊藤孝行著		
B-2	（1回）	マルチエージェントによる 自律ソフトウェア設計・開発	大須賀・田原・中川・川村共著	224	3000円
B-3		マルチエージェントシミュレーションによる 人流・交通設計	野田五十樹・山下倫央・藤井秀樹共著		
B-4		マルチエージェントによる 協調行動と群知能	秋山英三・佐藤浩・栗原　聡共著		
B-5		マルチエージェントによる 組織シミュレーション	寺野隆雄著		
B-6		マルチエージェントによる 金融市場のシミュレーション	高安(美)・高安(秀)・山田・和泉・水田共著		

定価は本体価格＋税です。
定価は変更されることがありますのでご了承下さい。

図書目録進呈◆

シリーズ 情報科学における確率モデル

(各巻A5判)

■編集委員長　土肥　正
■編集委員　　栗田多喜夫・岡村寛之

配本順				頁	本体
1	(1回)	統計的パターン認識と判別分析	栗田多喜夫／日高章理 共著	236	3400円
2		ボルツマンマシン	恐神貴行 著		近刊
3		捜索理論における確率モデル	宝崎隆祐／飯田耕司 共著		近刊
4		マルコフ決定過程 ―理論とアルゴリズム―	中出康一 著		近刊
5		エントロピーの幾何学	田中　勝 著		近刊
		確率システムにおける制御理論	向谷博明 著		
		システム信頼性の数理	大鑄史男 著		
		マルコフ連鎖と計算アルゴリズム	岡村寛之 著		
		確率モデルによる性能評価	笠原正治 著		
		ソフトウェア信頼性のための統計モデリング	土肥　正／岡村寛之 共著		
		ファジィ確率モデル	片桐英樹 著		
		高次元データの科学	酒井智弥 著		
		リーマン後の金融工学	木島正明 著		

定価は本体価格+税です。
定価は変更されることがありますのでご了承下さい。

図書目録進呈◆